人工智能治理与区块链革命

高奇琦　等著

上海人民出版社

总序

区块链革命：智能社会的生产关系基础

非常高兴能与上海人民出版社合作推出这一套“独角兽·区块链”书系。我在这里对上海人民出版社领导和编辑老师的高瞻远瞩表示敬意，因为国内目前还没有一套严谨的学术丛书就区块链对人类社会影响进行整体讨论。我们希望可以把这套书系打造成国内社会科学界第一套对区块链的整体性影响进行讨论并引领该领域学术研究的丛书。

我在这里主要讨论两个问题。

第一个问题是区块链与其他相关技术在整个智能革命中的意义和关系。我习惯用“云、大、物、智、链”五个词来概括智能革命中最重要的五个相关技术。这五个词分别代表云计算、大数据、物联网、人工智能和区块链。除了区块链之外，前四个技术都主要对整个智能革命发挥加速作用，而只有区块链是智能革命这辆快速行进汽车中的制动系统。云计算像是汽车的动力系统，大数据像是汽车的石油，物联网像是汽车的感应装置，人工智能则像是汽车加速的油门。这四个技术联合起来会对整个智能革命形成巨大的推动作用，共同构成智能革命的加速器。然而，高速前进的汽车如果没有刹车，一旦方向错误就有可能会产生巨大的负面效应。因此，区块链在中间承担了控制节奏的功能，其更像是对整个智能革命调控方向、调节速度的中控系统。

第二个问题是区块链对人类社会的巨大影响。我这里用三个革命来概括。

第一，社会革命。人类社会一直面临的合作难题是奥尔森所总结的“集体行动的困境”，即如何把各自独立行动的个体联合起来行动。区块链发挥的重大意义，其可以通过智能合约把人类社会个体的力量加总起来，大大降低了人类社会的协作成本。从这个意义上讲，区块链是一个巨大的高效率协同系统，通过反复地及时对账和确认信息，从而推动人类社会降低交易成本和增加协同效率。

第二，价值革命。之前人类社会一直面临中心化机构过多攫取利润的问题。一旦形成中心化，中心化机构便利用资源集聚优势对人类成员在生产过程中产生的价值进行垄断。而区块链却提供了一个新的空间，即由社会个体共同来组成一个多中心平台。换言之，这里的平台本身就是分布式的，并以此来保证价值归劳动者。这就产生了一次新的价值革命。这一种价值革命可以促进劳动者在这一分布式平台上进行更加高效率的合作。

第三，治理革命。区块链同样可以被理解成一个多方协商的民主治理机制。治理与管理明显不同。管理是工业化时代形成的自上而下的结构性约束模式，而治理则是信息社会和智能社会后逐步形成的、需要通过上下结合和充分发挥多方利益相关主体意愿的多主体协同系统。治理是近二十年来社会科学研究的热点概念，然而如何通过技术手段来推动治理目标的实现一直是难题。从这一意义上讲，与智能革命的其他四大技术相比，区块链对社会的整体影响会更大。从技术特征上，区块链最接近治理概念，因此，在区块链的技术基础之上，会产生人类社会一次新的治理革命。

我们这套书系采取了译著和原创相结合的方式。目前中国社会科学正处在一个引进消化和自主创新的交汇点上。区块链作为一个新兴技术，对未来社会的巨大影响还没有完全发挥出来。中国首次与西方国家同步站在智能革命的门槛上，同时来观察区块链对人类社会的巨大影响，这就需要中国学者更多地从原创性的角度来思考这一问题。同时，西方学者由于其学术的敏锐性等原因已经在这一问题上有了一些研究成果。我们同样需要把这些优秀成果翻译进来，对其去伪存真，取其精华，去其糟粕。

因此，我们这套书系希望把两者结合起来。一方面将国外的优秀成果引入进来，另一方面也把我们国内的优秀原创性成果展示出来，这样就可以形成一个系统叠加效应，这也恰恰是区块链精神的一种体现。同时，上海人民出版社已经在与国外相关出版社进行联系，将来在时机成熟时把我们的原创作品翻译出去，这也可以算作是中国的社会科学界对全球知识共同体的一种贡献。

高奇琦

2020 年 10 月 21 日

目　录

CONTENTS

引言

人工智能、区块链与国家治理现代化

对百年未有之大变局的理解，要从四次工业革命的角度进行完善。当下进行的是第四次工业革命，也可以被总结为智能革命。在这次革命中，以中国为代表的发展中国家与以美国为代表的发达国家形成新时代以科技为核心的竞争关系。这可以视为当前全球大变局的科技维度。之前的三次工业革命都是由西方发达国家主导。第一次工业革命由英国来主导，第二次工业革命由德国和美国共同主导，第三次工业革命由美国主导。此前西方发达国家垄断了科技革命的主导权，而在第四次工业革命中，中国首次代表发展中国家与发达国家展开竞争。这是以美国为首的西方发达国家担忧中国科技快速进步，甚至遏制中国技术发展的重要背景。科学技术是第一生产力。西方发达国家在近代的发展中已经习惯了对科技的主导，所以西方发达国家不愿意让发展中国家获得科技的主导权。因此当发展中国家表现出科技的部分优势时，西方国家就会通过专利战略、交流限制等一系列综合方法对发展中国家的科技进步进行遏制。这些措施共同构成发达国家在科技领域的霸权活动。中美贸易争端自发生以来，美国在科技领域的一系列霸权行为便是这一特征的明显佐证。

当下的智能革命有两大重要技术，一种是智能技术，另一种是区块链技术。其一，智能技术不仅包括人工智能技术，还包括生物智能技术。生物智能技术又包括脑科学、神经认知以及基因编辑等与生命科学相关的技术。从这个意义上看，能源技术、材料技术也都是智能革命的重要辅助技术。在这些技术的辅助下，生物智能的智能化程度会大大提高，同时，人工智能的运算效率、资源消耗以及配套硬件都可以得到改善。智能技术所产生的巨大生产力将为解决人类的贫困和发展问题提供基本的技术支持。

其二，区块链技术。未来，链和链之间的交流会变得非常重要。目前要实现数据在不同区块链之间的交流和互通，主要解决方案是侧链技术。从长远来看，将来区块链的“链”需要逐渐形成交错复杂的网状结构，并逐步构成下一代互联网，即价值互联网。

智能技术和区块技术分别是智能革命的两大核心，也可以视为智能革命的AB两面。智能技术和区块技术的联合，可以为国家治理现代化提供重要的帮助。智能技术可以更好地解决国家治理现代化中的效率问题。人类社会面临的重要难题就是资源稀缺和生产效率低下。资源稀缺是人类社会产生激烈竞争和矛盾的重要因素。然而，生产力革命可以极大地丰富生产资料以及生活物品，从而对未来丰裕社会的形成产生深远影响。智能革命在丰富生产资料的同时，可以使人们拥有更多的时间来思考更加复杂的问题，并进行更有意义的创新性活动，这就越来越接近马克思所说的“自由人的联合体”的状态。

但需要注意的是，智能技术最大的问题在于其可能会导致隐私和安全的问题。这些问题则需要通过区块技术进行解决。目前区块技术的主流是区块链技术。区块链技术由四大关键技术构成，分别是分布式账本、点对点传输、共识机制和密码学方法。分布式账本可以更好地解决安全问题。由于数据分布存储于不同的区块中，因此这种多中心的存储方式可以有效解决单一账本的安全问题。密码学方法则可以有效应对人们最为关心的隐私问题。人与人、区块与区块之间的数据交换通过密码学的加密算法，可以在保障隐私的同时提升效率，这使得区块链技术成为智能革命的另一面。

整体来看，国家治理现代化的关键首先是以智能技术为核心的生产力革命，另一关键是以区块技术为核心的生产关系革命。这两种技术的结合会更快地推动发展中国家的治理现代化。一方面可以使发展中国家的生产力实现跨越式提升，另一方面生产关系的变革可以帮助发展中国家解决长期面临的文化以及人才困境。并且，这两种技术的整合性作用不仅可以为中国的国家治理现代化提供重要支持，还可以为其他发展中国家的发展提供新的选择和参考。

经过数年推广，智能技术已经在国内获得较为广泛的认可和接受。但是区块链技术作为新生事物，在普通民众中还存在许多理解障碍。这是区块链技术在未来的推广和发展中面临的重要困难。因此，未来如何更好地传播、发展和应用区块链技术将成为未来智能革命的重要一环。

中国在区块链技术的发展中，可能需要在如下方面进行更大的努力：

第一，要在区块链的核心技术上形成突破。目前区块链的基础性技术仍然以西方技术为中心。例如，国内区块链中一些成熟的应用主要建立在以太坊（Ethereum）和超级账本（Hyperledger）两大技术之上，而这两大技术都建立在国外平台上，因此长期来看可能面临诸多风险。在这一意义上，开发我国本土的区块链核心技术就显得至关重要。

第二，要加快推动央行国家数字货币的发行。如果缺乏货币的支持，区块链技术的应用就缺乏着力点。因此国家数字货币的发行至关重要。国家数字货币的发行一方面可以减少金融犯罪、打击腐败等，同时也可以助力各地正在大力推动的区块链项目的落地。

第三，要警惕区块链项目的投资风险。区块链技术的应用要更加突出问题的解决。因此在宣传区块链技术的过程中，要避免各地出现盲目跟风，甚至“蹭热点”的现象。要大力推动各地基于区块链开展原创性项目。同时，要警惕一些不法分子利用区块链技术进行伪装，以金融创新的名义开展诈骗活动，形成类似 P2P 的金融风险。一旦这类诈骗事件频发，就会严重阻碍区块链技术的推广与长期发展。

第一章

智能革命与全球大变局

两次世界大战与前两次工业革命主导国之间的科技话语权争夺密切相关。第三次工业革命则成为美苏冷战和美日竞争的技术与时代背景。拉美和东亚的发展结果差异可以通过其对第三次工业革命的不同参与程度加以解释。近年来，中美在贸易等领域的摩擦也可以从第四次工业革命主导权竞争的角度进行分析。人工智能是第四次工业革命的引领性技术。中国已经在数据、市场和政府等方面形成了一定的优势，但同时在智能硬件、算法框架、原始创新等方面存在较大差距。美国应该抛弃当前狭隘的冷战思维，需要从人类社会整体利益的角度来看待各国在人工智能发展问题上的竞争与合作。尽管美国对中国采取了技术封堵的策略，但中国则应以更具柔性的竞争性合作方式加以回应。人工智能的加速发展会使人类社会在未来面临一系列具有高度挑战性的问题，因此需要世界各国联合起来，共同建立和发起人工智能全球治理领域的规则与倡议，以保障人工智能的健康发展。

目前人工智能在全球范围内掀起了一场具有新的历史特点的深刻革命。毋庸置疑，这场革命将对人类社会产生前所未有的冲击。美国在人工智能技术发展上具有超级权力，而西方其他国家则可能在人工智能时代沦为美国的附庸。在人工智能技术的发展上，美国的优势体现为“三全”和“三互动”。相较而言，中国也拥有一定的竞争优势，其主要体现在拥有庞大而活跃的市场以及高水平的科研队伍等方面。需要说明的是，美国的霸权地位存在“阿喀琉斯之踵”，即其人工智能观念的思想来源主要是以基督教文化为基础的“末世论”与超人文化。这种观念给未来人工智能的发展注入了某种不确定性。然而，从中国传统文化发展出的“共生论”和人本文化，却可以为人工智能的发展指明新的方向。

前两次工业革命与世界政治格局

早在两个世纪前，马克思就指出，科学技术是生产力的重要组成部分：“同价值转化为资本时的情形一样，在资本的进一步发展中，我们看到：一方面，资本是以生产力的一定的现有的历史发展为前提的。在这些生产力中也包括科学，另一方面，资本又推动和促进生产力向前发展。”[1] 虽然马克思将科学技术看成是与资本、劳动等同样重要的生产要素。但在当代中国的国际政治研究中，从科学技术角度来全面分析国际政治变迁的理论却相对较少。[2] 这一部分笔者试从四次工业革命的视角来考察国际政治经济格局的变迁，并在此基础上探索人工智能对于当前国际政治经济格局的影响。

第一次工业革命是以蒸汽机为中心展开的，主导国家是英国。[3] 蒸汽机在工业革命以前就曾出现过。在瓦特之前，纽科门发明了常压蒸汽机，但此时蒸汽机并没有被应用于大规模的工业生

[1]《马克思恩格斯全集》第三十一卷，人民出版社 1998 年版，第 94 页。

[2] 国内在这一领域最重要的著作是黄琪轩：《大国权力转移与技术变迁》，上海交通大学出版社 2013 年版。

[3] [美] 斯塔夫里阿诺斯：《全球通史》，北京大学出版社 2015 年版，第 485—488 页。

产。[1] 而在瓦特改良了蒸汽机后，蒸汽机被用于纺织，此后又推广至瓷器制造等领域，并极大地推动了英国手工业的发展。自此之后，英国成为世界工厂。

第二次工业革命是以电气和内燃机为中心的，主导的国家是德国和美国。德国之所以主导第二次工业革命，有如下例证。在电力行业中最重要的几项发明都是由德国人完成的。例如，西门子发明了自激式直流发电机。在他之前也有人发明了发电机，但西门子发明的发电机相当于瓦特的蒸汽机，具有划时代意义。[2] 有轨电车也由西门子发明。[3] 核心内燃机是由德国人本茨和戴勒姆最先开始应用的。[4] 这使德国在第二次工业革命中获得主导地位。此外，美国在第二次工业革命中也享有一定的主导权。例如，电力革命中重要的发明，如电灯的大规模应用与美国人爱迪生有关。[5] 美国人特斯拉在 1886 年研制出两相异步电动机，并于 1901 年在美国的密西西比河流域建成了 50 千伏的高压电线。[6] 流水线的生产模式是由美国人福特率先应用于汽车行业的。此外，美国莱特兄弟发明了飞机，由此开创了航空业。[7] 所以说，第二次工业革命中最重要的主导者是德国，其次是美国。

[1] [美] 贾雷德·戴蒙德:《枪炮、病菌和钢铁：人类社会的命运》，上海译文出版社 2000 年版，第 262 页。

[2] 王玉仓:《科学技术史》，中国人民大学出版社 2004 年版，第 316 页。

[3] 姜振寰:《技术通史》，中国社会科学出版社 2017 年版，第 213—214 页。

[4] 王玉仓:《科学技术史》，中国人民大学出版社 2004 年版，第 321 页。

[5] [美] 乔治·巴萨拉:《技术发展简史》，复旦大学出版社 2000 年版，第 50—53 页。

[6] 王玉仓:《科学技术史》，中国人民大学出版社 2004 年版，第 316—317 页。

[7] 姜振寰:《技术通史》，中国社会科学出版社 2017 年版，第 294—295 页、第 320—322 页。

然而，为什么英国之前的技术优势没有促使它成为第二次工业革命的主导者？笔者认为主要有如下几点原因。

第一，英国国内市场相对狭小，因此英国通过贸易获得的财富，又重新回到殖民地进行再投资。这一点可以解释英国的工业生产为什么没能再进一步扩大。相比第一次工业革命，第二次工业革命中工厂的规模更大，需要更多的资本，所以银行业在其中就会发挥重要的作用。但是英国的银行业并没有把钱投入到本国工业的扩大化上，而是大量投入到海外殖民地业务上，因为在海外殖民地业务推广上，英国资本可以赚到更多的钱。由此英国产生了一种金融模式：在伦敦的证券交易市场上，英国的经纪人把海外殖民地的项目打包做成一个漂亮的产品，放在伦敦证券交易所上市以募集资金，获利之后再抛售掉。[1]

第二，英国政府对前沿技术的认知和相关政策变得越来越保守。当时，英国已经将蒸汽机用于公共汽车等领域，但是《机动车法案》在很大程度上却阻止了汽车工业的发展。1865 年英国议会通过了《机动车法案》。该法案规定，每一辆在道路上行驶的机动车，必须至少由三个人驾驶，其中一人必须在车前 50 米以外步行作引导，还要用红旗不断摇动为机动车开道，并且速度不能超过每小时 4 英里（每小时 6.4 公里）。[2] 这部法案后被人嘲笑为“红旗法案”。该法案的出台，主要是作为既得利益集团的马车制造和运营商们精心策划运作的结果。直到 1895 年，即 30 年后该法案才被

[1] [英] 克拉潘：《现代英国经济史（上卷·第二分册）》，商务印刷出版社 1964 年版，第 604—609 页。

[2] Great Britain, *The Statutes of the United Kingdom of Great Britain and Ireland*, His Majesty's Statute and Law Printers, 1807—1869, p. 101.

废除。由于“马车集团”代表的是落后的生产力，所以直接导致当时工业革命的引领国英国失去了成为汽车大国的机会。与此同时，汽车工业在德国和美国迅速崛起。[1]

因此，到20世纪初时，德国和美国在第二次工业革命中迅速腾飞，而英国尽管具有较大的经济体量，但是在第二次工业革命时期，技术已经不再领先。由此产生了巨大的矛盾：老牌资本主义国家英国拥有较大的经济体量和较多的殖民地，而新兴资本主义国家德国尽管在技术上很领先，但是它的殖民地较少。同时，德国在多个技术领域挑战英国，这是英国不能容忍的。这种矛盾最终以第一次世界大战的方式爆发。第一次世界大战主要是在英国和德国之间展开，而这两个国家分别是第一次工业革命和第二次工业革命的主导者，因此这一次世界大战也可以被看作是老牌资本主义国家和新兴资本主义国家在争夺科技革命话语权上的冲突。在国际政治上，德国表现得更加激进，而美国采取孤立主义的态度，对欧洲大陆的局势表现得漠不关心，因此美国没有跟英国发生直接冲突。[2]

第二次世界大战可以被看成是第一次世界大战结果的延伸。战争和科技的密切关系可以从另外一个事例中得到佐证：如果德国化学家弗里茨·哈勃没有成功地将氨的生产工业化并将其用于生产炸药，那么第一次世界大战可能在1914年前后就结束了。[3] 当然第

[1] Maxwell Lay, *Ways of the World: A History of the World's Roads and of the Vehicles that Used them*, Rutgers University Press, 1999, pp. 138—141.

[2] [美] 斯塔夫里阿诺斯：《全球通史》，北京大学出版社2005年版，第639—659页。

[3] 姜振寰：《技术通史》，中国社会科学出版社2017年版，第298—300页。

一次世界大战以德国失败告终。尽管在战略上失败了，但是德国的产业并没有受到大的打击，并且一战结束后，在美国资本的支持下，德国的产业在某种程度上还得到了发展，因此失败结果和战争赔款等外在约束与德国自身经济实力的上升之间形成了巨大的反差。也正是由于克虏伯等巨头的支持，希特勒在上台后才力图改变一战后的赔款格局。从某种意义上看，此后希特勒的侵略行为实际上也是在为这些大企业开辟新的生存空间，而这些企业在德国对外战争中同样发挥了巨大的作用。[1]

在日本明治维新之后，日本的企业快速发展，赶上了第二次工业革命的步伐。[2]这也是日本在中日、日俄等一系列战争中取得优势的重要原因。日本的一些知名企业如松下、尼康、三菱和丰田对日本在第二次世界大战中的侵略活动形成了重要支撑。例如，三菱是日军武器的制造主力。战列舰“武藏”号、零式战斗机，以及各种步兵战车、重型坦克、雷达等都由三菱生产。松下电器几乎生产了日军所有军用通信设备的整机和部件，尼康生产军用光学仪器，而丰田则为日军生产了大量的军用卡车。[3]

第三次工业革命：美苏冷战与美日竞争

第三次工业革命是信息革命，主要在美国主导下完成。第三次工业革命可以分为如下四个阶段：第一代到第四代计算机的研发、计算机的出现、互联网的出现，以及智能手机和移动互联网的出

[1] 丁建弘：《德国通史》，上海社会科学院出版社2002年版，第330—335页。
[2] 杨栋梁：《日本近现代经济史》，世界知识出版社2010年版，第72—107页。
[3] 盛红生：《日本侵华战争中的隐蔽参战者——日本企业》，载《日本侵华史研究》2012年第1期。

现。这四个阶段基本上都是美国主导的。[1]

如前文所述，美国尽管已经参与并主导了第二次工业革命，然而优势并不明显。但在第一次和第二次世界大战，德国的实力消耗巨大，同时老牌的资本主义国家英国等国国力也受到了损耗，而美国非本土作战且两次均为中途加入世界大战，这就使得美国能够隔岸观火并趁机赶超。在两次世界大战中，美国从战争中直接获得了巨大的利益，军火交易刺激了美国工业在大萧条之后的复苏。同时，在二战中，大量欧洲人才（特别是德国人才）涌入美国，这一点也成为美国在第三次工业革命中主导的重要支撑因素。[2]

在第三次工业革命中，对美国挑战最大的是苏联。在计算机发展的早期，苏联也建立了一定规模的信息工业。[3]但在中后期，苏联输掉了这一竞争，其中最根本的原因就是苏联在推动技术进步时使用的是举国体制，而没有有效地将军事上的优势转化为民用产品，这使得苏联的技术进步不能持久。在苏联和美国竞争的初期，苏联有巨大的技术优势，这体现在氢弹爆炸以及空间计划上。同时，苏联在工程学、数学、物理学等领域都取得了巨大的成就，为科技创新奠定了良好的基础。萃智系统也为苏联的创新提供了可操作性的方案。

[1] 有关计算机的论述详见姜振寰：《技术通史》，中国社会科学出版社 2017 年版，第 377—380 页。互联网及移动互联网的部分，见姜振寰：《技术通史》，中国社会科学出版社 2017 年版，第 403—405 页。智能手机见侯剑华、屠一云：《国际智能手机技术前沿及对中国技术战略的启示》，载《科技管理研究》2015 年第 11 期。

[2] 梁茂信：《二战后专业技术人才跨国迁移的趋势分析》，载《史学月刊》2011 年第 12 期。

[3] Seymour Goodman, *Soviet Computing and Technology Transfer: An Overview*, World Politics, Vol.31: 4, p. 540 (1979).

但是，苏联最大的问题就在于整个技术领域的进步是以国家力量为主进行推动的，其民间力量的作用微乎其微。更为重要的是，在计划经济的体制之下，创新效率是很低的。由于许多技术没有向民用转化，所以并未发挥出应有的效果。[1]同时美国也对苏联进行了诱导和陷阱策略。美国在苏联竞争中突然采取缓和战略，并低于苏联自身研发成本的价格，提供电子元器件的产品，苏联觉得这样的产品既便宜又好用，然后逐渐就放弃了自己的元器件的生产，逐步从向西方购买。直到20世纪七八十年代，苏联的计算机产业在竞争中越来越弱势，直至最后被淘汰。[2]

日本从20世纪70年代开始推动芯片产业发展，逐渐成为美国最重要的竞争对手。一方面，日本在芯片产业上的崛起主要依靠通产省的主导。通产省通过产业政策进行产业整合，将芯片领域一些有竞争力的公司联合起来形成产业联盟，共同应对来自国际的产业竞争。[3]另一方面，日本的企业家们纷纷响应国家产业政策的号召，企业家和科研人员进行大量的技术引进和技术创新。[4]因此到20世纪80年代中期，日本的半导体已经以压倒性的优势超越美国，这也是美国与日本签订半导体协定的重要原因。

美国最初把日本视为美国在世界经济分工中的一个海外工厂，因此对日本的半导体产业并没有太多的防范。但是当日本的芯片产

[1] 张维迎、盛斌：《论企业家——经济增长的国王》，生活·读书·新知三联书店2004年版，第16—17页。

[2] I. Adirim, *Current Development and Dissemination of Computer Technology in the Soviet Economy*, Soviet Studies, Vol.43: 4, pp. 651—667 (1991).

[3] 俞非：《日本半导体的产业发展分析》，载《集成电路应用》2017年第1期。

[4] [美]禹贞恩：《发展型国家》，吉林出版集团有限责任公司2008年版，第5—13页。

业整体崛起后，美国用非常强硬的手段来对付日本。《日美半导体协定》就是一个重要的例证。不仅如此，美国还扶持其他经济体的相关产业来压制日本，例如对韩国和中国台湾半导体产业的支持。同时，美国为了降低自己企业的生产成本，采取了新的联合方式，即美国的企业主要进行研发和标准制定，而让韩国和中国台湾的企业作为代工厂进行芯片加工。一方面，这种联合使得美国可以降低在生产上的投入，集中精力来进行研发，另一方面，美国占据整个产业链的上游，可以定义整个产业，从而获得全球价值链中的最大部分。到 20 世纪末，日本的半导体产业就开始衰落，到今天全球前十的半导体制造商中已经没有日本企业。2017 年，东芝还是全球前十的半导体制造商，而到 2018 年，东芝已被美国公司收购。

除了美国的战略打击，日本芯片产业的衰落还存在如下三点原因：第一，与英国的情况非常类似。由于日本国内市场规模相对较小，导致其资本外流并在全世界进行投资。[1] 日本在海外的资产很多，投资获利丰富，但日本国内的企业却整体呈下降的趋势。第二，日本在 20 世纪八九十年代经历了房地产泡沫后，整个国家就采取了相对宽松的教育政策。自此，日本国民进入了宽松世代。整个日本国民的精神状态开始陷入低迷，[2] 尤其是本该充满活力的青少年，对未来缺乏希望和憧憬。大前研一在《低欲望社会》一书中描述了这样的景象。[3] 第三，伴随着日本人口的老龄化，有限的

[1] 傅钧文：《90 年代日本对外资金流向与我国利用日资分析》，载《社会科学》1993 年第 4 期。

[2] 高益民：《日本教育改革的新自由主义侧面》，载《清华大学教育研究》2002 年第 6 期。

[3] [日] 大前研一：《低欲望社会："丧失大志时代"的新国富论》，上海译文出版社 2018 年版，第 38—50 页。

政府财政在巨额的公共支出后，很难有更多的钱被用于再投资和研发。[1] 这在很大程度上限制了日本的产业升级，这导致日本的一些优势产业相继退出市场，如液晶面板、半导体等。

比较政治研究中的一个经典命题是美国和阿根廷的发展比较。美国和阿根廷在20世纪初期都被认为是最有希望的国家，但结果美国成为20世纪最强大的国家，而阿根廷则陷入中等收入陷阱。在比较政治研究中，另一对经典案例的比较则是拉美和东亚。二战结束后，拉美和东亚的经济水平较为相近，但半个世纪后，发展结果却出现了较大分野。到20世纪末，许多东亚国家和地区都完成了工业化，成为新兴工业化国家，而多数拉美国家仍然处于不发达状态。

在20世纪中后期，拉美学者提出了依附论，该理论的思想来源主要是马克思。运用剩余价值理论，马克思透彻地分析价值的秘密是资本家通过剥削剩余价值来剥削工人："虽然工人每天的劳动只有一部分是有偿的，而另一部分是无偿的；虽然正是这一无偿的或剩余的劳动构成产生剩余价值或利润的基础，但从表面看来，仿佛全部劳动都是有偿的劳动。"[2] 列宁把马克思的这一理论放入国际视野之中，提出了帝国主义理论。列宁认为，帝国主义国家通过剥削和榨取他国的剩余价值以及国家垄断等方式，来实现对其他国家的掠夺。列宁写道："帝国主义是资本主义的垄断阶段。这样的定义能包括最主要之点，因为一方面金融资本就是和工业资本家垄断同盟的资本融合起来的少数垄断性的最大银行的银行资本；另一

[1] 尹文清、罗润东：《老龄化背景下日本养老模式创新与借鉴》，载《浙江学刊》2016年第1期。
[2]《马克思恩格斯选集》（第二卷），人民出版社1972年版，第184页。

方面，瓜分世界，就是从无阻碍地向未被任何一个资本主义大国占据的地区推行的殖民政策，过渡到垄断地占有已瓜分完了的世界领土的殖民政策。”[1]拉美学者把马克思和列宁的理论作了进一步的发展，提出了依附论。依附论认为，拉美的不发达是由于拉美对美国的依附造成的，这种依附本身就是不平等的表现。[2]依附论的发展在理论上引导了当时拉美的左翼运动，这一时期拉美大量左翼政府上台。与依附论伴生的是进口替代的战略，拉美国家绝大多数都采用了进口替代战略，即以本国的市场为中心，建立较为全面的本国工业，从而减少对他国的依赖。[3]从目前的结果来看，拉美的这一战略几乎受到毁灭性的打击，拉美的债务危机更加严重。当经济问题得不到解决时，就会出现军人干政。[4]因此拉美在较长时间内并没有特别好的发展。相比而言，东亚国家却得到了快速的进步，包括“四小龙”“四小虎”等，都是较为快速发展的例子。[5]

整体来看，拉美和东亚的发展结果差异可以从第三次工业革命的技术参与角度来理解。东亚国家通过参与世界分工，加入了第三次工业革命的大浪潮。韩国充分地参与了第三次工业革命，在同美国的合作当中发展起了三星、海力士等信息产业的巨头。三星在早

[1]《列宁全集》(第二十七卷)，人民出版社 2017 年版，第 401 页。

[2][巴西]特奥托尼奥·多斯桑托斯:《帝国主义与依附》，社会科学文献出版社 1999 年版，第 302 页。

[3] Werner Baer, *Import Substitution and Industrialization in Latin America: Experiences and Interpretations*, Latin American Research Review, Vol.7: 1, pp. 95—122 (1972).

[4][美]塞缪尔·亨廷顿:《变化社会中的政治秩序》，上海人民出版社 2008 年版，第 160—219 页。

[5] 林毅夫、蔡昉、李周:《比较优势与发展战略——对“东亚奇迹”的再解释》，载《中国社会科学》1999 年第 5 期。

期发展中扮演了代工厂的角色，但是当手机成为重要消费品时，三星迎来了进一步的发展。[1] 与韩国发展相似的中国台湾地区，产生了台积电这样的大型代工厂企业。由于台湾地区充分参与全球市场，成为美国重要的伙伴，所以也分到了信息技术发展红利的一杯羹。由于信息产业特别是芯片制造行业需要大规模的产业集聚和资金支持，所以东亚各国政府在信息产业的成长过程中发挥了重要的作用。在学术领域，东亚的这一发展模式被称为发展型国家或发展型政府。这些国家和政府首先要制定较为清晰的规划，同时通过产业投资等方式集聚大量的资金，用于芯片等行业的制造。[2]

相比而言，拉美却没有充分参与第三次工业革命，没有形成具有全球竞争力的企业。西方在对拉美失败的解释中，大都认为是拉美的工人运动以及腐败问题导致了拉美的经济转型失败。[3] 这些因素都对拉美经济产生一定的阻碍，但是笔者认为，拉美地区经济难以长期持续增长的关键，在于依附论导致拉美地区长时间没有参与世界经济分工，使其失去了充分参与第三次工业革命的机会。因此，新兴国家需要从西方资本体系的内部崛起。因为西方资本主义掌握新型颠覆性技术的主导权，所以要赢得对帝国主义的胜利，首先要赢得与其的技术竞争。苏联由于其科学技术的基础比较雄厚，

[1] Daniel Nenni & Don Dingee, *Mobile Unleashed: The Origin and Evolution of ARM Processors in Our Devices*, Create Space Independent Publishing Platform, 2015, pp. 131—150.

[2] 王君：《产业政策转型的国际实践与理论思考》，载《经济研究参考》2016 年第 28 期。

[3] Seymour Martin Lipset & Gabriel Salman Lenz, *Corruption, Culture, and Markets*, in Lawrence Harrison & Samuel Huntington, eds., *Culture Matters: How Values Shape Human Progress*, Basic Book, 2001, pp. 112—124.

可以在西方资本主义体系之外与其展开科技竞争。然而，苏联的竞争也最终以失败告终。而对于发展中国家，最好的办法是从资本主义内部培养科学技术力量，然后在内部与其展开竞争。

表 1-1 四次工业革命的历史比较

	核心技术	主导国	主要争端	结　果
第一次工业革命	蒸汽机	英国		英国成为世界工厂
第二次工业革命	电气和内燃机	德国、美国	一战、二战	二次战争的爆发
第三次工业革命	信息技术	美国	美苏冷战、美日竞争	美国长期处于霸主地位
第四次工业革命	人工智能相关技术	美国？中国？	中美战略冲突	

第四次工业革命与中美战略冲突

第四次工业革命关联的这一系列技术包括人工智能、物联网、区块链、虚拟现实、类脑计算、基因技术，等等。其中最为关键的技术是人工智能技术。一方面，第四次工业革命具有颠覆性的影响。[1] 另一方面，第四次工业革命对第三次工业革命中最关键的信息产业仍具有高度的依赖性，因此第四次工业革命也可以看成是第三次工业革命的进一步升级。所以，在第三次工业革命中，拥有主导权的美国在第四次工业中仍然占有巨大的优势地位。无论是在人才储备、智能硬件、算法框架，还是一些具体的人工智能应用场景中，美国无疑都拥有巨大的优势。

中国更多的被西方视为这一领域的“闯入者”。而从中国自身

[1] [德] 克劳斯·施瓦布：《第四次工业革命》，中信出版社 2016 年版，第 11—15 页。

的发展来看，中国较好地抓住了时代机遇。中华人民共和国成立以后，中国推行的大规模工业化，为重工业建设打下了坚实的基础。改革开放最大的意义在于激活了民营经济。民营经济的觉醒与活跃为中国追赶第三次工业革命的进程提供了重要助力。例如，华为在 1987 年创业之初时就介入了通信行业，扎根于第三次工业革命所依赖的信息基础。再如，在阿里创立之初时，尽管美国已经出现了 eBay 等电子商务的公司，但是就其创业起步的时间而言，阿里并不输于美国的公司。同时，阿里的成长非常迅速。阿里在整个电子商务生态建设，特别是在支付宝等互联网金融类产品的开发上，比国外的同行发展得更快。[1] 美国的互联网企业在经历了 1995—2001 年的投机泡沫后，许多科技企业进入寒冬。同一时期，中国互联网企业才开始崛起。尽管起步较晚，但在一定程度上也避开了当时的互联网寒冬。同时，美国互联网企业的发展历程也为国内的互联网企业提供了更多的经验和教训。例如，腾讯最早的软件 OICQ（QQ 的前身）是在模仿 ICQ 的基础上建立的。但是基于中国国内互联网的快速发展，腾讯一开始就在国内的互联网行业中建立了良好的根基。[2] 微信作为新研发的产品，使得腾讯在移动互联网行业更进一步。目前，微信平台已经走在全球社交媒体的最前列，突破了传统的聊天工具的限制，向整体性的平台方向发展。

百度的发展得益于谷歌的退出。由于担心中国的监管等一系列政策，谷歌在 2010 年选择退出中国市场。谷歌的退出为百度的快速发展提供了机遇。此后，百度立足中国市场，建立起以搜索

[1] [美] 波特·埃里斯曼：《阿里传：这是阿里巴巴的世界》，中信出版社 2015 年版，第 72—77 页。

[2] 吴晓波：《腾讯传》，浙江大学出版社 2017 年版，第 35—44 页及第 66—71 页。

业务为中心的发展模式，并取得长足进步。目前基于地图、搜索信息等大量的数据存量，以及在自然语言处理方面的优势，百度较早地提出人工智能发展战略，也顺势成为国内人工智能企业的龙头。

事实上，在人工智能领域，除目前为大众熟知的BAT外，中国还有一大批在国际上越来越领先的企业，如科大讯飞、商汤科技、依图科技、旷世科技、思必驰等。目前来看，中国的人工智能企业在语音识别、图像识别等应用领域都具有一定优势。

整体来看，中国的优势主要有如下三点：第一，海量数据优势。由于中国的智能设备普及率较高，人口基数大，所以中国的智能设备用户更多。目前人工智能的发展主要依托数据驱动的深度学习等算法，更加强调以数据为基础的学习和训练。这样，我国所具有的数据优势就能够转化为技术优势。第二，统一活跃市场。市场是中国互联网企业崛起的重要基础。因为中国的市场是充满活力的统一大市场，所以只要有好的产品，人工智能企业就很容易在公平竞争的环境下快速发展。这种优势在全球是独一无二的。第三，政府大力支持。在人工智能革命之前，中国已经在推动“互联网+”战略。尽管“互联网+”战略更多的考虑的是移动互联网领域的应用，但是这已经为人工智能的发展奠定了一个良好的基础。在“互联网+”战略的影响下，滴滴出行、摩拜单车等一批具有全球竞争力的企业得以出现。[1] 在此基础上，中国企业的智能化转型就可以更加便利。例如，滴滴出行可以在未来较为容易地转入无人驾驶的领域。此外，针对人工智能，中国政府目前已经设计了一系列规

[1] 刘建刚等：《基于扎根理论的“互联网+”商业模式创新路径研究——以滴滴出行为例》，载《软科学》2016年第7期。

划，期望推动人工智能的全面发展。

中国的优势已经在新一轮的5G落地及相关的应用上得到了体现。在5G的铺设和话语权的争夺上，华为、中兴和中国移动等公司作出了巨大的努力，这也是美国对这些企业实施制裁的重要原因。这些事件也从侧面反映出中国企业在5G领域的影响力。华为不仅在通信基础设施上具有优势，在手机等智能设备上也在逐步发展，这其中包括基带芯片及手机高端机的生产等各个方面。华为旗下的海思半导体公司也成为中国最具竞争力的半导体公司。另外，在人工智能的芯片领域，寒武纪以及地平线等企业也都有非常出色的表现。

然而，中国在人工智能发展上还存在一些明显的短板。第一，中国在基础理论研究方面还相对比较薄弱。中国在人工智能相关的理论、方法、系统等方面的原创性研究还有很大的提升空间。第二，在核心算法框架及其生态方面，中国还较为薄弱。目前主流框架如TensorFlow、SystemML、Caffe、Torch都由美国企业或研究机构主导，而国内的算法框架相对较少，且生态并不完整，还缺乏与国外主流框架竞争的能力。第三，在智能硬件方面，中国在一些应用性芯片方面有长足进步。如华为海思的麒麟系列、寒武纪的NPU、地平线的BPU、西井科技的deepsouth（深南）和deepwell（深井）、阿里达摩院在研的Ali-NPU、云知声的UniOne等。但是在基础芯片方面，全球主导的产品如NVIDIA的GPU、英特尔的NNP和VPU、谷歌的TPU、IBM的TrueNorth、ARM的DynamIQ等，几乎全部由西方企业占据。在智能传感器方面，尽管中国在相对单一的领域里已经取得了一些进步，如昆仑海岸的力传感器、汇顶科技的指纹传感器，但是离霍尼韦尔、ABB、BOSCH等巨头企业在整体上的布局等方面还有较大差距。

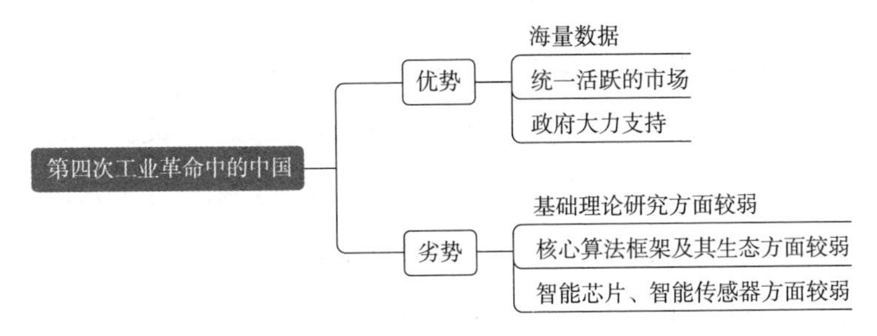

图 1-1 中国在第四次工业革命中的优势与劣势

在看待中国技术发展的问题上，美国仍然采用传统的冷战思维，或者说是霸权思维。在科技、金融、军事三大支柱之上，美国维系着全球霸主地位。[1] 通过对高端技术的垄断，以及对新兴技术的不断拓展，美国占据了新兴技术的话语权，从而阻止对手进入新兴技术领域。同时，通过技术领域的话语霸权，美国实现对新技术的定义，同时拿掉全球价值链中最有价值的部分。在金融领域，美国通过向全世界提供美元，并向全世界征收"铸币税"。军事力量是美国实现政治目的的保障，也是美国对其他国家进行技术遏制的依仗。例如，美国对日本科技崛起的遏制就与军事因素联系在一起。同时，这三大支柱还互相交织，相互影响。美国高新科技的发展与美国国防部高级研究计划局（Defense Advanced Research Projects Agency，DARPA）紧密关联。许多新兴技术的研发往往首先是由美国军方来牵头推动，之后为了解决成本问题才转而进行民用的研发与推广。同时，这种转化模式也刺激了民间以及市场进行科技创新的活力。美国也利用它的金融地位以及证券交易市场为其

[1] Theotonio Santos, *The Structure of Dependence*, *American Economic Review*, Vol. 60: 2, pp. 231—236.

高新技术的研发募集资金，进行科技成果的转化。

当美国的霸权受到挑战时，美国会动用各种力量来保护其霸权，也就是运用技术、金融或军事来进行反击。中美贸易摩擦的外在表象是贸易摩擦，其更为深刻的实质是科技竞争。美国采取了一系列与科技封锁相关的措施和手段来对中国进行限制。例如，限制中国企业收购美国高科技企业，对中国的留学人员进行限制，以及限制美国的科研机构与中国先进企业合作，等等。

美国这种狭隘的冷战思维，在人工智能时代越发显得不合时宜。在智能时代，需要在全球社会层面形成对人工智能未来发展方向的整体思考。原因如下：

第一，人工智能可能会加剧风险社会的来临。例如，人工智能可能被用于一些黑色产业。从某种意义上说，人工智能用于黑色产业的速度要比白色产业更快。在巨大经济利益的诱惑下，黑色产业的从业者们在缺乏法律、道德等约束的条件下可以更加肆无忌惮地将人工智能用在一些不合规的领域。例如，语音模仿、智能换脸等与人工智能相关的伪造技术很可能被诈骗分子加以利用，可能产生更为严重的政治风险和社会风险。

第二，人工智能在军事中的应用可能会加剧各国的军事竞争。美国在开发人工智能时，最初就是由军方推动的。美国军方希望将人工智能用于战场，并且目前已经有相关的部署，例如大量的无人机被研发和应用。美国军方的初始考虑是，这些智能设备用于战场之后可以减少美军士兵的伤亡，但是这可能会更大地增加美军与其他国家军事力量之间的差距。同时，军用人工智能还会产生巨大的伦理问题。机器在军事行动中的决策，可能成为美军推卸责任的借口。例如，在无人机军事行动中出现了针对平民的攻击之后，美国军方将决策的责任归为机器，从而逃避责任。

第三，作为颠覆性的技术，人工智能对人类社会产生的影响会向其他国家外溢。例如，人工智能技术进步引发的失业风险很可能会产生全球性的影响。如果大面积的失业风险在全世界蔓延，那么就会引发严重的社会问题。[1] 同时，失业风险还会加剧反移民的浪潮，并且欧美已经出现了这一趋势。因此，主权国家需要联合起来思考这些问题，共同对人工智能的发展进行整体性的规划。

第四，在通用人工智能的研发问题上，各国应该达成共识。目前西方国家大多鼓励在通用人工智能方面进一步发展，如阿西洛马原则也并不反对通用人工智能的发展。[2] 但是通用人工智能的最终发展很可能会对人类的意义产生巨大的挑战。如果通用人工智能的发展最终导致人类存在的价值都失去意义，那么这将是人类所难以接受的。这需要各国联合起来对通用人工智能的发展方向达成基本的共识。

在新一轮科技革命中，人工智能既是一种战略性技术，也是引领其他技术突破的关键性技术。人工智能的发展正在对经济发展和国际政治经济格局等产生极为深刻的影响。我国在人工智能技术研发和应用落地上正在取得一定的突破。正因为如此，美国采取一系列措施封锁中国人工智能的发展以及中国的科技进步。这些行为包

[1] 高奇琦：《人工智能：驯服赛维坦》，上海交通大学出版社2018年版，第119—124页。

[2] 2017年在美国加州阿西洛马召开的Beneficial AI会议上，几百名人工智能和机器人领域的专家联合签署了阿西洛马人工智能23条原则。该原则的第9、10、16、17、19、20条都提及并允许开发通用人工智能。同时，对于人工智能的未来风险，该原则的第21条和22条也都主张自我修复。Future of Life Institute, *Asilomar AI Principles*, https://futureoflife.org/ai-principles/.

括限制华为在5G应用上的布局、中美高端人才之间的交流，以及中国留学生赴美留学等。在这样的背景下，我们在人工智能的发展中要取得突破，更需要下定决心在基础性的关键技术上进行突破。在芯片制造、核心算法以及操作系统等一系列核心领域形成自有优势。同时，人工智能发展的重大意义体现在它与社会经济发展的深度融合上。人工智能既是一种基础性技术，同时也是一种应用性技术。人工智能在科技变革和产业变革中发挥作用的关键是与第一、第二、第三产业进行深度融合，并制造出解决实际痛点问题的产品。

总之，要将人工智能的技术属性与社会属性高度关联起来。通过人工智能的产业培育和产品应用，为我国科技进步、社会发展以及国家安全提供全面支撑。在人工智能的发展过程中，核心技术是基础。而在应用过程中，生产出一系列能解决社会问题的产品是关键。国务院印发的《新一代人工智能发展规划》指出，到2030年我国将成为世界主要的人工智能创新中心，人工智能的理论技术应用总体达到世界领先水平。需要强调的是，这里的理论不仅要包括人工智能的科学理论，还应该包括相关的社会理论。人工智能在落地中会产生一系列的社会问题，如隐私、安全等问题。此外，在道德伦理、就业以及政府治理等方面，人工智能 的社会应用同样处于无人区，国外的相关研究与成果也非常少。中国既然要跻身人工智能的应用最前列，那么对这些问题的探索就同样显得至关重要。

目前国际上的领先国家已经在争夺无人区的话语权，例如欧盟在2019年4月发布了《人工智能伦理准则》。美国的一些大公司也在推进相关的原则或规则，如阿西洛马原则等。而中国在这些规则

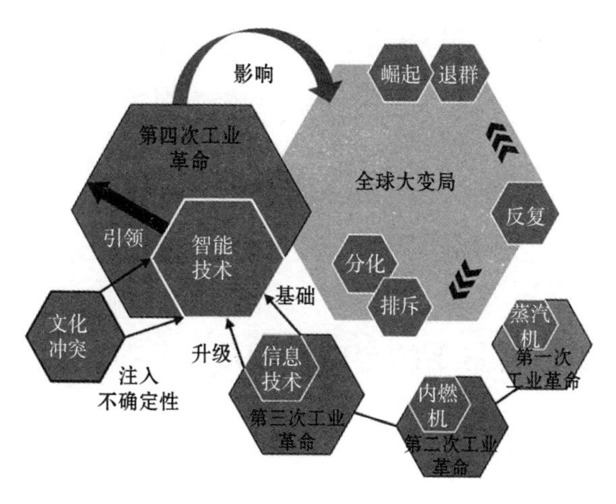

图 1-2　工业革命与全球大变局

制定中的话语权还相对较弱。技术是人工智能发展的基础，但同时相关伦理、政策和法律的设立则是人工智能应用于社会治理的关键。并且，在新的相关规则的制定过程中，中国应当代表发展中国家的立场，这样才可以更好地同发达国家进行竞争。同时，美国在人工智能发展中形成的超级权力在短时期内不会消失。无论在人工智能的核心理论、算法应用框架还是伦理规则方面，美国都具有其他国家难以撼动的优势。因此在这样一个背景下，与美国的竞争性合作就会变得非常重要。尽管美国对中国采取了技术封堵的策略，但是中国则应该以“以柔克刚”的方式加以应对。并且，在人工智能的发展过程中，合作也是一种刚性的需要。因为人工智能最终可能会产生一些颠覆人类的成果，例如通用人工智能的发展就可能会出现各种各样的危险。从这个意义上讲，民族国家同样需要联合起来应对这些风险。习近平总书记指出：“处理好人工智能在法律、安全、就业、道德伦理和政府治理等方面提出的新课题，需要各国深化合作、共同探讨。中国愿在人工智能领域与各国共推发展、共护安全、共享成果。”[1] 因此，合作不仅是我国应对美国挑战的被动策略，同样也应是我国采取的主动战略。因此，我们要在竞争性合作的框架之下，更加主动地与美国以及其他国家展开合作，建立人工智能未来发展的一系列国际规则和倡议，这样才能保障人工智能的健康发展。

智能革命背景下的全球大变局

全球大变局就是在新的一轮科技革命的条件下，全球主要国家的权力分配发生变化，同时国际体系的权力结构出现新的不平衡的情况。大变局中的“变”是常态。“变”是中国传统文化的精髓。《周易》强调：“穷则变，变则通，通则久。”(《周易·系辞下》)“变”也是事物发展的动力。《道德经》有言：“反者道之动。”然而，大变局则意味着整个国际格局正在深刻调整，并且新的发展方向并未完全形成，其中仍然存在大量的不确定性。

具体而言，目前的全球大变局主要体现在如下几个方面：

第一，全球体系中的领导权正在出现新的变化。美国被认为是二战后布雷顿森林体系中的领导权国家。现实主义提出的领导权稳定论认为，国际体系的稳定有赖于领导权国家提供公共产品。然而，目前的情形是美国在放弃自己的领导权国家角色。美国最近一系列行为表达出其对自身参与建立的全球公共秩序的排斥和反复，这就是人们常说的“退群”行为。

第二，之前参与全球领导权的欧洲国家内部也在发生深刻变化。欧洲一体化和欧盟的发展一直被认为是人类社会最伟大的进程

[1]《习近平总书记致2018世界人工智能大会的贺信》2018年9月17日。

之一，即不通过暴力而通过协商的方式来推进超国家的联合。然而，英国脱欧事件则可能成为欧洲一体化进程的分水岭。另外，欧洲面临的移民冲击以及内部的经济不振都是其未来发展的不确定因素。

第三，新兴国家作为一个群体在普遍崛起，G20 就是这一崛起的外在反映。但是，新兴国家的发展速度和发展所面临的情况又大有不同。例如，巴西面临经济不景气以及腐败等困境，俄罗斯在新地缘政治的背景下面临尴尬等。所以，新兴国家在未来仍然存在巨大的不确定性。而且，从国际格局来看，全球性的机制并未深刻地反映出这些新兴国家的崛起。

第四，全球南方国家也出现了分化。南方国家中有一部分国家正在崛起，但是绝大部分的南方国家仍然面临各方面的挑战。许多南方国家仍然面临贫困、不发展等严重的基础性问题。

目前的全球大变局是在第四次工业革命的影响下发生的。目前正在发生的是第四次工业革命，即智能革命。智能革命中有两个核心技术：人工智能和区块链。人工智能所实现的是物的智能化，区块链所实现的是关系的智能化。目前许多人工智能的技术都是在计算机革命的基础上发展的，所以美国在这次工业革命中仍然有非常强的话语权。尽管其他国家如德国也提出了工业 4.0 等新的概念，但是与美国在这一领域的巨大优势相比，德国、日本、英国、加拿大、以色列等国都显得极为逊色。

目前的智能技术主要是建立在大数据的基础上，或者说是数据驱动的智能。近年来智能革命所高度依赖和推崇的神经网络或深度学习等技术，都要建立在大量的数据基础上。运用已有数据训练新的模型来预测未来，成为科学发展的一大趋势。在这样的背景下，数据就变成了最重要的资产，而这对人口众多的国家来说可能是一个重要优势，因为数据是以人为单位进行累加的。在大数据时代，数据就是新的权力。把数据集合起来，然后再通过神经网络等技术来训练模型，就可以对未来作出一些预测以及决策性的参考。

像中国、印度这样人口较多的国家，在某种意义上就有了数据积累的优势，而数据在未来就会变成最重要的资源和武器。欧盟出台的《通用数据保护条例》就是在保护欧洲公民的个人数据，使其不会被谷歌等大巨头轻易使用。这一规定强调数据属于人民，并且鼓励欧洲公司对这些数据的再开发。因为欧洲已经感受到自己在大数据时代的技术没落，所以他们不希望放大这种差距。因此，欧洲一方面采用《通用数据保护条例》防止外来企业对数据的垄断性开发，另一方面则通过《非个人数据自由流动框架条例》推动本土企业在数据的挖掘和开发中逐渐成长起来。

从某种意义上讲，智能革命的相关技术具有某种扁平化的影响，这主要体现在如下两点：

第一，智能相关技术最重要的特点是开源。这在计算机时代已经体现出来，例如，电脑操作系统 Linux、手机安卓系统都是开源的。计算机领域目前形成的传统是，当某一个重大发现或者研究进展出现之后，他们倾向于将其公布在 arXiv 网站上，也会把代码上传到 github 平台上，方便其他的研究者进行进一步的开发。再如，Python 之所以成为目前最受开发者喜欢的程序语言，就是因为许多开发者基于 Python 开发了第三方的库，这使得之后的研究者可以在此基础上进行调用，这反映了人类社会的一种群智的特征，即相互协作可以产生更多的成果。这一理念类似众筹，其在科技研发中的作用也越来越大。中国的知名软件公司“猪八戒网”就采用类似的开发模式。

第二，领先者与赶超者之间的时间差在缩小。在之前的几次工业革命中，领先者与赶超者之间的时间差非常大，例如，当英国发动鸦片战争的时候，中国还处于农业国家，中国跟英国的技术差距可能是几十年甚至上百年。但是在智能革命时代，技术发达国家发布某个成果，例如智能手机、无人驾驶或者无现金支付等，而发展中国家可能一两年后也会出现类似成果，所以这样的时间差越来越小。这就有利于发展中国家的学习和赶超，在某种意义上对于弱势国家具有帮助意义，同时这些特征都加剧了全球大变局的复杂性。

全球大变局中的中国大战略

在全球大变局中，中国扮演了一个非常特殊的角色。因为老牌发达国家的权力正在流失，而中国则代表发展中国家正在集聚新的发展力量，所以在全球经济下行的背景下，中国为全球的经济发展作出了巨大贡献。中国目前的特殊性在于，一方面中国拥有巨大的工业基础，另一方面中国运用了目前在人口上的重大优势，正在转变为新的数据优势和互联网应用优势。这些优势与中国的广大市场、相对完整的工业基础以及相对较高的人口素质等诸多因素密切相关。

然而，在新技术智能革命的背景下，中国在某些领域还存在严重的短板，例如，在原发性创新以及核心技术等方面，中国还有许多不足和欠缺。因此中国在未来的发展中，应该更加强调如下几点：

第一，在核心技术上形成突破。在目前正在发生的智能革命中，几乎所有的重要硬件的核心技术都掌握在西方发达国家手中，而中国在芯片制造的技术上还面临诸多瓶颈。一直到中兴事件爆发后，中国才非常重视芯片技术的研发。因此，芯片技术是成为未来中国需要发展的核心技术。中国将“互联网 +”和人工智能等作为战略目标来发展，然而，这样的繁荣需要建立在硬件设施的基础上。没有硬件支持，软件是无法运行的。再如，操作系统也是未来发展的关键。因为操作系统涉及系统的安全性等一系列网络安全最核心的问题，而目前无论是电脑还是手机的操作系统基本上都是国外研发的。国外大巨头在操作系统方面的生态优势是国内的公司在短期内难以赶上的。这些都需要我们进行长期的战略储备和整体研发。

第二，进一步提高对教育的重视程度。一方面，要在与 STEM 相关的教育上形成新的优势。改革开放以来，中国在教育方面已经取得了显著的进步，但是中国的教育更加强调知识学习，而忽视对学生创新能力的培养。而在目前智能革命的背景下，传统的教育模式可能会被完全颠覆。以知识记忆为基础的传统教育模式与未来智能社会的发展需要之间存在巨大的张力。另一方面，智能人才的培养是未来智能革命的关键。中国人在整体上特别重视教育，在教育上的投入越来越多，如近年来中国对高水平大学建设的投入等，这些都是有利的条件。但是，如何在已有的教育框架下作一些创新性的尝试，能够为未来的智能革命储备新的人才。例如，目前人工智能方面的人才非常稀缺，而我们如何在较短的时间内培育出足够满足我们市场和社会发展需要的人工智能人才，是一个重大的现实问题。再如，目前最为缺乏既懂人工智能技术，同时又了解应用场景和具体相关知识的复合人才。尽管教育部下发的《高等学校人工智能创新行动计划》已经在强调这一点，然而这种复合人才的培养仍然任重而道远。

第三，在科技革命中形成新的话语权。新的话语权既体现在科学和工程意义上，例如在某些科学领域形成突破性的理论等，但同时更重要的是在标准、安全、隐私、社会伦理等社会科学研究成果方面形成新的话语权。因为智能革命对人类社会产生的诸多影响是尚未发生的，所以传统的研究方法对这些问题难以进行深入研究。因此，这些领域的研究成果几乎都是空白，在未来也会有非常大的需求，因此，这些领域的前瞻性研究成果在未来可能会成为新的理论制高点。中国在两百年来首次与西方发达国家同时站在新的智能革命的起跑线上。中国有这样的实力和理论基础去进行相关问题的研讨。因为人类社会的重大问题主要是由社会观念来决定的，所以在相关的社会科学领域中形成新的话语权就显得尤为重要。当然，这一次工业革命还涉及其他领域的一些相关研究成果，例如生命科学、材料技术等。因此，与整个科技相关的社会科学领域都应该成为未来中国社会科学发展的新领域和新发力点。

第四，中国要在力所能及的基础上兼顾全球性公共产品的生产。在目前全球大变局的背景下，一个重要的特点就是全球性公共产品在缺失。美国一直以来都承担公共物品生产的任务，但最近一系列的“退群”行为，使得国际社会上出现了公共物品的真空状态。有些国家都把重心放回到民族国家内部而忽视了国际社会。实际上，各国的国内发展与国际社会存在着紧密的互动。如果全球性公共物品严重缺失的话，那么各国的问题在国际社会中就会产生很多的纠纷，最终又会返回国内，并形成国内问题的集聚。因此，在这样的背景下，全球公共产品的生产就会变得非常重要。尽管中国的整体实力在增长，但是中国目前来承担全球公共产品生产的力量还远远不够。中国还是一个新兴经济体，在未来的发展还面临许多的挑战。在这样的背景下，中国的“一带一路”倡议和“人类命运共同体”思想就显得非常重要，这意味着中国在力所能及的基础上尽可能地帮助其他发展中国家，但这也取决于其他国家的合作意向。所以，“一带一路”更多的是对各国共同发展的倡议，而“人类命运共同体”则是未来全球社会整体发展的理想状态。

全球大变局的“变”主要体现在力量分配的变化上，即国际社会的权力分配发生了变化：发达国家出现了衰落的趋势，而新兴国家则在崛起，这就是全球大变局的“变”。同时，大变局也表明，未来发展的方向并不明晰，趋势还未完全形成。作为第四次工业革命的智能革命正在发生，而作为传统发达国家的美国与代表新兴国家的中国都有一定的优势，但未来仍然存在不确定性。全球大变局的“不变”则体现在全球性问题之中。一些重要的全球性问题仍然很显著，如气候变化、环境污染问题、能源问题、安全问题，等等。未来全球社会要解决这些问题仍然面临很大挑战。尽管科技革命给人类解决这些问题提供了一种新的可能性，但是从目前的状态来看，要解决这些全球性问题仍然任重道远。我们不能低估这些全球性问题解决过程中面临的困难。整体而言，全球大变局这一概念给我们今天带来一种新的思考：目前的全球格局仍然充满了巨大的变数，而我们不知道未来全球社会发展的具体方向。虽然“人类命运共同体”是中国为全球社会的未来方向所提出的中国方案，但是全球大变局则告诉我们，未来朝着这个目标发展的道路仍然充满荆棘，需要不同国家和族群的人们共同努力来消除歧见和达成共识。

中美在人工智能领域优势之比较

目前世界各国在人工智能的发展上形成了何种格局？中国在当

前的格局中处于什么样的位置，以及在未来将承担怎样的角色？首先，这一部分讨论了人工智能对人类社会的冲击乃至重塑；其次，分析了美国在人工智能时代的超级权力及对当前世界格局的影响；再次，对中美两国在人工智能领域的优势进行了对比分析；再次，分析了美国人工智能发展的“阿喀琉斯之踵”，即“末世论”与超人文化；最后，阐释了中国在人工智能革命中的道义立场和特殊使命。

人工智能不仅是改变人类生活的新技术，更是一场前所未有的对人类生活产生强大冲击的社会革命。与之前的三次工业革命相比，人工智能对人类未来生活的影响将更为广泛而深刻。前三次工业革命以其特有的方式为人类生活提供动力。譬如，第一次工业革命所提供的蒸汽动力将人类带入蒸汽时代；第二次工业革命的电力和内燃机动力将人类带入电气时代和内燃机时代；第三次工业革命带来的信息动力将人类带入信息时代。与前三次工业革命主要对第一、二产业产生冲击不同，人工智能革命将对所有行业都产生颠覆性影响，甚至重塑某些行业。具体而言，人工智能将对各个行业产生如下影响：

第一，人工智能的发展对传统行业形成巨大的冲击，甚至一些行业在此冲击下将会消失。譬如，机器翻译的发展将会对翻译行业造成巨大的冲击，包括笔译、口译以及同声传译等都将受到影响。[1] 可以预料的是，未来机器翻译将达到甚至超出人类翻译的水

[1] 谷歌新开发的“Google Neural Machine Translation（GNMT）”技术大幅提高其翻译水准，使得其翻译的水准已经在接近，甚至超过人类的翻译水平。参见腾讯新闻：《机器学习推助谷歌翻译能力接近人的水平》，http://tech.qq.com/a/20161001/022883.htm?t=1475633410576。

平。此外，语音识别技术的进步使得法院书记员和会议速记员面临巨大的失业风险。例如，2017 年 2 月，最高人民法院公布的《最高人民法院关于庭审活动录音录像的若干规定》高度肯定了智能语音技术在法庭上的应用，并规定经审判人员等核对签字的系统生成笔录与法庭笔录具有同等法律效果。[1]

第二，人工智能带来的冲击将重新定义人们衣食住行的各个方面。例如，无人驾驶技术的发展可能催生出智能出租车行业，未来大城市的人们只需购买智能出行服务而不用自己保有车辆。此外，智能出租车的应用也将对未来出行难、出行拥堵以及停车难等现象具有明显的改善作用。在医疗领域，人工智能技术的应用将使得目前医疗服务的形态发生变化。未来医疗将朝着智能医疗和精准治疗的方向发展。在智能医疗的帮助下，个人在家就可以完成日常医疗体检等服务，只有复杂的医疗救治才需要在医院进行，因此医院作为提供医疗服务的机构将变得扁平化。总之，智能医疗的发展将改善目前医疗资源匮乏且分布不均衡等问题。

第三，人工智能的发展可能使得一些行业的形态发生根本性变化。譬如，保险业在未来可能发生重大变化。智能驾驶技术的发展将大幅降低汽车事故率，从而使得汽车保险的意义大为降低。基因诊断和智能医疗的发展，使得人们更加了解自己的生命。这无疑会对人寿险产生冲击：一方面，存在疾病风险的顾客将增加保费，甚至被拒保，因而产生歧视性问题；另一方面，人们在充分了解自身健康状况后将缺乏动机购买人寿保险。此外，金融业和银行业也将

[1]《最高人民法院关于庭审活动录音录像的若干规定》，载最高法院网 2017 年 2 月 22 日，http://www.court.gov.cn/fabu-xiangqing-36562.html。

受到人工智能带来的冲击。[1] 以银行业为例，智能网点机器人的应用和银行智能化程度的提升，将使得未来银行网点和银行从业人员数量大大减少。

正如人工智能将冲击乃至重塑某些行业一样，与行业结构紧密相关的就业结构也将受到全方位的冲击。许多之前被认为是高端职业的白领都会受到较大冲击，由此将出现结构性失业和全面性失业的问题。[2] 因此，人工智能对就业的冲击将对未来的社会治理产生巨大的压力。未来主要的失业群体将不仅是农民和工人，更多的是受过高等教育的知识分子和白领。这是社会变化中极少遇到的情形。一方面，农民是社会结构中相对容易安抚和接受现状的群体，只要给予基本的社会保障便不会以暴力的方法进行社会革命。[3] 另一方面，工人阶级对于失业压力的表达则是有很长时间的历史，因此社会在应对这种压力时拥有长期的经验。但是，在应对知识分子和第三产业的失业问题上，人类社会的经验非常之少，这将是人类未来面临的巨大挑战。因此就以上这些意义来讲，人类社会面临着具有新的历史特点的深刻革命。

世界各国争相布局人工智能，因此人工智能对世界秩序同样

[1]《人工智能将“攻占”华尔街，交易员的出路在哪儿?》，载《中国经济周刊》2017 年第 10 期。

[2] 结构性失业指的是，在人工智能的冲击下，某些行业将会在短期内面临结构性的挑战，甚至存在被历史发展替代的可能。全面性失业是指受到人工智能冲击的覆盖面将是全方位的。参见高奇琦:《人工智能不只是属于科技界的“热闹”》，载《解放日报》2017 年 6 月 6 日，第 11 版。

[3] 美国著名政治学家塞缪尔·亨廷顿对此有过深刻的论述。亨廷顿指出，在社会大变迁过程中，农民是最容易被安抚的群体，而知识分子和学生则是社会中最不稳定的因素。参见 [美] 塞缪尔·亨廷顿:《变化社会中的政治秩序》，王冠华、刘为等译，生活·读书·新知三联书店 1996 年版，第 254—273 页。

具有深刻的影响。“冷战”结束后，尽管在一段时间内出现了美国的“单极时刻”，但从整体来看，国际格局更多体现的是多极化趋势。但在人工智能革命中，“冷战”之后的多极化趋势很有可能发生逆转。这是因为在人工智能领域，美国占据了超级霸权的地位。这里可以援引简单的论据证明这一点：第一，全球市值最大的五家公司都是美国人工智能的巨头企业，且在人工智能发展上具有超级话语权。[1] 譬如，谷歌在人工智能领域开发了包括开发者系统 TensorFlow 在内的完整生态系统，而其他巨头公司也已经在生态系统上展开竞争，并且这种竞争从国际上看是美国内部的竞争。第二，人工智能发展所需的芯片也牢牢掌握在美国的大公司手中。深度学习大大提升了 GPU（图形处理器）的地位，从而使得作为 GPU 的全球最重要生产商英伟达成为人工智能时代的重要行为者。作为个人电脑时代的芯片之王，英特尔通过收购视觉处理芯片公司 Movidius，试图重新夺回昔日的超级霸主地位。此外，高通也在手机应用人工智能芯片领域进行了重要的布局。总之，整体来看，人工智能顶尖芯片的竞争依然是美国内部的竞争。第三，在重要场景应用上，美国无论是原发性创新还是价值定义都拥有毫无悬念的先发优势。例如，在无人驾驶的场景中，特斯拉、谷歌等都是最重要的行动者。在智能医疗领域美国的优势则更加明显。美国在基因测序和人工智能相结合的领域产生了一大批具有极强创新力的医疗创新企业，如全球最大的基因测序仪器生产企业 Illumina。

与美国相比，英德日加以等西方传统大国的竞争优势都不明显。在人工智能发展上，欧洲国家中最具影响力的是英国。例

[1] 五大巨头公司分别为 Apple（苹果）、Google（谷歌）、Microsoft（微软）、Amazon（亚马逊）、Facebook（脸书），合称 FAAMG。

如，击败李世石和柯洁的"阿尔法狗"（AlphaGo）的开发公司DeepMind，其主要研发人员就是来自英国。这从侧面说明了英国在人工智能领域的实力。但是正如DeepMind被谷歌以4亿美元收购所体现的，英国的初创型企业似乎都将成为美国巨型公司发展的附庸。就某种意义而言，这映射出美国与英国在人工智能领域发展的一种主从关系。与英国地位类似，以色列在人工智能技术的研发上拥有雄厚的实力。如以色列创新型公司Mobileye是自动驾驶领域最具创新性的公司，但最终也被美国公司英特尔所收购。[1]这同样也反映出美国与以色列之间的关系。德国与日本拥有雄厚的工业基础，因而在机器人领域具有优势。但由于人工智能由芯片和算法定义，所以在人工智能发展上的最终地位还是由平台和生态决定。从这一点来看，德国和日本在平台和生态上与美国的差距仍然很大。在西方国家中较为特殊的是加拿大。作为人工智能近年来最重要的突破，深度学习最重要的三个专家都来自加拿大。[2]由于加拿大在人工智能布局上具有独到之处，美国的巨头公司纷纷在加拿大设立研发机构并进行产业布局。然而，尽管加拿大拥有原发性理论和算法，但囿于本国应用市场的狭小而无法发展出人工智能巨头公司，因而人才纷纷流入美国大公司。从这个意义上说，加拿大发展人工智能仍是为美国服务。总而言之，上述西方发达国家与美国相比的差距在不断地拉大而不是缩小。

[1] 2017年3月13日，英特尔公司在其官网上宣布以153亿美元的价格收购以色列在智能驾驶领域做得最好的Mobileye公司。https://www.intc.com/investor-relations/investor-education-and-news/investor-news/press-release-details/2017/Intel-to-Acquire-Mobileye/default.aspx.

[2] 深度学习领域最重要的三为专家分别为杨乐昆（Yann LeCun）、杰弗里·辛顿（Geoffrey Hinton）和尤舒亚·本吉奥（Yoshua Bengio）。

在新兴国家中，只有中国得益于自身庞大的市场和研究基础，人工智能的发展出现了爆发性的增长。而俄罗斯、巴西、印度等国家的人工智能发展水平与美国的差距同样在拉大。需要特别说明的是，在之前的全球性大分工时代，发展中国家还可以通过参与世界性分工获得一些发展机会。但在人工智能时代，生产主要是由机器人而不是产业工人来实现，而这样的分工可能完全不需要发展中国家参与。此外，借助3D打印技术与人工智能，全球产业转移将回归发达国家而不是发展中国家。这意味着，发展中国家在人工智能时代分到的全球价值链越来越少，即便是新兴的发展中国家也会面临这样的窘境。因此从这一角度来看，如果缺乏有效的全球治理机制，那些处在国家秩序重建的失效国家，在人工智能的技术鸿沟前可能会完全丧失发展机会。

在人工智能领域，只有中国与美国的差距在不断缩小。因此，本部分将主要比较中国和美国各自作为一个整体所具备的优势。前文已经对美国在人工智能领域的超级霸权地位进行了概括，本部分将对其具有的优势进行深度分析。笔者把美国在人工智能领域的优势概括为“三全”和“三互动”。“三全”主要包括如下三点内容：第一，全生态。人工智能的发展是一种整体性的发展，而美国在人工智能领域的优势体现在生态的布局上。所谓生态，首先包括最核心的人工智能计算芯片等硬件设施，其次是芯片基础上的开发者操作平台，最后是在开发者平台上产生导入各种场景的应用。第二，全场景。美国在场景的应用上具有优势地位。譬如，在无人驾驶领域，美国拥有谷歌、特斯拉等一大批领先企业和初创公司；在智能医疗领域，包括智能检测、智能诊断、智能治疗以及日常化医疗咨询，美国拥有许多技术领先的企业，如“沃森”机器人、“达芬奇”

系统等。此外，美国在智能金融领域的“肯硕”系统、法律领域的ROSS系统等，都体现了其在应用场景的布局。第三，全社会。全社会是指美国在人工智能上的发展不仅是由企业或政府推动的，而且是全社会互动的结果。在此背景下，美国的人工智能创新不仅仅是思考某一场景的应用，甚至在思考一些根本性和颠覆性的创新。例如，由于目前人工智能的知识门槛较高，而现实生活存在大量应用场景，因此尤舒亚·本吉奥（Yoshua Bengio）希望开发出一个便捷的人工智能系统以方便人们使用。

此外，美国在推动人工智能上还存在互动机制上的优势。主要体现如下：第一，大小互动。美国形成了巨型企业与小型企业良好互动的场景。譬如，巨型企业负责围绕芯片、系统等进行生态的建设和运作，小型企业则围绕某一具体场景开展颠覆性创新。一旦小型企业的创新达到足够大的社会价值，巨型企业以收购的方式将小型企业的团队收入麾下。收购产生的巨大利益也是激励小型企业不断创新的重要原因。因此，大小的互动机制既保证了小企业充分的创新，也使得美国巨型企业在世界人工智能领域掌握超级话语权。第二，军民互动。美国在科技创新中的另一重要优势是军民互动。重大科技的原发性创新主要来自军用，如互联网、计算机等都是来自军事部门。同时，由军事部门开发的技术将很快地推广到民用部门使其产生社会效益。例如，DARPA在许多科技领域设置竞赛，鼓励大学、科研机构以及企业参与竞争。无人驾驶技术正是在这样的背景下发展起来的。军事部门的开发保证其技术处在最领先的地位，民用部门获得的社会效益则可以支持技术的更新和迭代，使得技术无论在研发还是成果转化方面都处在世界领先位置。第三，产研互动。美国研发部门具有强大的原生性研发能力和技术转化能力，且在人工智能领域形成产研合作的垂直整合模式。这是因为，美国巨头公司在数据方面具有绝对的优势，同时也愿意开出高价吸引科学家。例如，Facebook 和谷歌分别雇请杨乐昆（Yann LeCun）和杰弗里·辛顿（Geoffrey Hinton）作为首席专家，并整合配备顶级团队。此外，美国灵活的教育制度允许科学家在学术界和产业界自由转换，这使得科学家既了解科学研究的最前沿动态，同时也了解产业界的实际需求，从而使生产与研发结合得更加紧密。

与美国相比，中国的独特优势主要集中在如下几点：第一，中国庞大而活跃的市场为技术产品提供良好的应用环境。中国人工智能产品的技术水平未必全球领先，但只要与中国具体场景相契合则会有良好的发展前景。在网络安全和民族情感的背景下，应用场景领域的外国巨头难以进入中国活跃的市场，有利于中国人工智能技术在国内的应用。第二，中国面对的问题不同所对应的爆发场景也就不同，因此中国基于实际情况可能走出一条与众不同的人工智能发展道路。譬如，与美国最先爆发的场景是智能音箱有所不同，中国最先爆发的场景是智能安防。其中生物识别在这个场景中起到很重要的作用，例如在人流量密集的车站，如何快速准确识别其中的安全隐患成为重要需求。由于中国的车站客流量最大，一旦技术成熟就能够成为该领域全球最高水平。第三，人才。目前中国在国际科技论文发表总量和专利授权量上已经居于世界前列。例如，第 26 届国际人工智能联合会议展示和交流的科研成果约有 1/3 来自中国，超过了美国和欧洲的总和。[1] 在全球人工智能研究机构排名

[1] 李锋：《世界人工智能舞台闪耀中国风景线》，载《人民日报》2017 年 8 月 26 日，第 3 版。

上，中国的科技机构排名相对靠前。例如，在各类独立机构发表论文数量的统计中，中国科学院自动化研究所作为发表论文数量超过500篇的独立机构上榜，且引文影响力数值超过了世界平均水平，排名全球第七位。

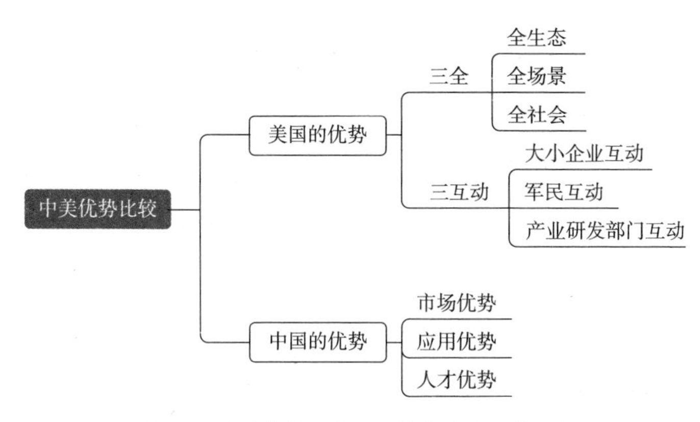

图 1-3 中美在第四次工业革命中的优势比较

在具体人工智能技术领域，中国在图像识别和语音识别领域具有领先地位。例如，科大讯飞是智能语音领域的领先企业之一。在图像识别领域，商汤科技作为初创型领先企业，2017年B轮融资额高达4亿美元，创中国人工智能企业单轮融资之最。[1] 这一方面反映了资本市场对人工智能的青睐，另一方面也反映了商汤科技在视觉科技上的领先地位。譬如，商汤科技拥有一百多位人工智能领域的博士和硕士专业人才，这种人才优势在国际上也具有很强的竞争力。另外，旷视科技、云从科技等人工智能企业也在快速成长，这与中国活跃的应用市场具有重要联系。在自然语言处理方面，中国也拥有一批具有领先技术的企业。例如，与苹果智能聊天工具

[1] 蔡浩爽：《商汤科技完成4.1亿美元B轮融资，创AI领域单轮融资纪录》，载新京报网2017年7月11日，http://www.bjnews.com.cn/invest/2017/07/11/450047.html。

Siri 相比，小 i 机器人发明聊天机器人的时间更早。在家庭机器人领域，科沃斯是中国具有代表性的企业，其产品在德国同类产品中占有率排名第一。

末世论与超人文化：美国的“阿喀琉斯之踵”

在这一部分，笔者将分析美国发展人工智能的障碍。如前所述，美国目前在发展人工智能方面处于绝对优势地位，但是这种优势地位并非不可动摇。换言之，这种优势权力也存在“阿喀琉斯之踵”，即美国的人工智能发展是被“末世论”和超人文化所主导。

第一，西方的思维观念建立在宗教文化基础上，是典型的“末世论”思维。西方人从小受到基督教文化的熏陶，因而无法跳出这种逻辑循环。在西方人看来，人工智能对人类的颠覆性影响是世界末日的又一展示，因而对人工智能的发展持悲观态度。美国的主要学者和产业精英几乎都对人工智能的发展持非常悲观的态度，如埃隆・马斯克（Elon Musk）、比尔・盖茨（Bill Gates）、凯文・凯利（Kevin Kelly）、雷・库兹韦尔（RayKurzweil）等。这种悲观态度的源头来自基督教的“末世论”。因为基督教在美国乃至西方世界是弥散性的，或者说是西方人都生活在基督教的浸染之中。即便是强调理性和科学的科学家，在工作之外仍然非常注重宗教信仰和宗教生活，甚至把科学的进步看成是证明上帝伟大的另一种方式。因此，西方科学家的逻辑和信仰仍然是基督教文化。相比较下，商界精英和普通百姓受基督教的影响就更加显著。基督教文化中核心叙事之一是“末世论”，即由于人的罪恶与无知导致世界末日来临，只有上帝才会在关键的时候出现来拯救人类，而上帝出现的时刻就是弥赛亚。[1] 因此，受到基督教影响的科学家和商界精英，都很自然地从悲观逻辑出发思考人工智能的发展方向。

依照基督教的“原罪”逻辑，人类从心底上就希望奴役其他种族或者物种，而机器和人工智能的发明就是为人类的私利服务的。同时也正因为人类的贪婪与无知，人类的发明最终会战胜人类成为世界的新主人。譬如，詹姆斯·巴拉特（James Barrat）就曾预言，人工智能将成为人类的最后一个发明。[2] 库兹韦尔也用“奇点临近”预言了人工智能超过人类的情形。[3] 这种悲观情绪实际上为美国人工智能的发展蒙上了一层阴影，导致美国不会向既推动人工智能发展又限制人工智能风险的思路发展。马斯克的观点可以看成悲观论下的矛盾心态。马斯克虽然是人工智能技术发展的主要推动者之一，但与之形成鲜明对比的是，马斯克又竭力宣扬人工智能“末世论”。这种西方典型的自相矛盾心态，将阻碍美国人工智能的进一步发展。

第二，西方人工智能发展在“末世论”基础之上出现了超人文化。这种超人文化同样是基督教文化的投射。美国绝大多数好莱坞大片都在重复演绎这类故事，即电影一开场就是类似于世界末日的大危机，而整个剧情就描述了一个类似于耶稣的超级英雄拯救世界

[1] 在阿甘本看来，弥赛亚首先是一种法律上的里外状态；其次是一种特殊的时间形式；最后，弥赛亚代表了一种安息日意义上的不作为状态（潜能状态），而“福音是应许所承担的弥赛亚时间的誓约形式”。参见［意］阿甘本：《剩余的时间——解读〈罗马书〉》，钱立卿译，吉林出版集团有限责任公司 2011 年版，第 114 页。

[2]［美］詹姆斯·巴拉特：《我们最后的发明：人工智能与人类时代的终结》，闾佳译，电子工业出版社 2016 年版。

[3]［美］雷·库兹韦尔：《奇点临近》，李庆成、董振华、田源译，机械工业出版社 2011 年版，第 12—14 页。

于危机之中。虽然这些超级英雄以不同的形象出现，如蝙蝠侠、美国队长、佐罗等，但其精神实质是一致的，即世俗版的耶稣基督。这种以耶稣为模仿对象的超级英雄，同样成为美国商业界的重要文化，同时也是超人文化的体现。美国人工智能的发展越来越集中在谷歌、苹果等五大巨头之中，而超级权力的集中导致了戴维·科顿（David Korten）所说的“当公司统治世界”情形的出现。[1] 对于这一点，以色列历史学家尤瓦尔·赫拉利（Yuval Harari）在《未来简史》中已经进行了讨论。[2]

在这种超人文化的主导之下，人工智能的发展无疑会加剧社会的分化。近年来，这些超级巨头不仅关注人工智能，还涉及了生命科学领域，追求的是人永生。在这些巨头公司的构想中，未来人类可以通过 3D 打印技术“生产”器官，然后将人的思想和情感移入芯片后再植入打印的器官之中，从而实现人的永生和重造。然而，这些超级巨头追求的永生并不是所有人的永生，而是极少数超级富豪所能享受的特权。富人可以通过人工智能、基因修复以及人体增强等技术加强个体的超级权力。所以在这种超人文化的主导下，人工智能的发展不会考虑全体人民的发展，而更多的是技术精英和资本精英的游戏。

西方基督教“末世论”的悲观态度将人工智能的发展带入矛盾状态。试想，如果人工智能的发展是人类的自我毁灭，那是否还有

[1] 科顿认为，那些培育跨国公司的体制性力量是导致当前各种困境的关键，而为避免悲剧的发生，必须从根本上改革企业的基本体制，把权力重新交给小型的、地方性的企业。参见［美］戴维·科顿：《当公司统治世界》，王道勇译，广东人民出版社 2006 年版，第 11—12 页。

[2]［以色列］尤瓦尔·赫拉利：《未来简史：从智人到神人》，林俊宏译，中信出版社 2017 年版，第 277—317 页。

发展的必要性？另外，超人文化没有从社会整体的角度思考人工智能的发展。技术超人看重经济利益和颠覆性影响，却对人工智能发展所导致的失业潮缺乏考虑。如果对这种人工智能发展的负面效应不加限制和调解，将引发愤怒的失业者砸毁机器的局面，最后将导致社会动荡和文明的倒退。

基于美国发展人工智能的障碍，本书最后分析中国在未来突破的可能性。笔者认为，中国未来发展人工智能最大的优势首先是文化。与西方文化完全不同，中国文化的两个特点恰好可以调解西方文化的困境。

第一，共生论。与“末世论”不同，共生论强调人与世界、物种与物种的共生。中国文化极为强调人与其他生命体之间的和谐相处，最具代表性的是佛家所说的“扫地恐伤蝼蚁命，爱惜飞蛾纱罩灯”。而西方思考人工智能的主要逻辑是黑格尔的主奴辩证法，即机器首先是人类的奴隶，随着机器无法忍受人类的奴役，最终通过抗争战胜人类而成为主人。与西方主奴逻辑不同，中国文化的逻辑认为即便机器是人的造物，人也要像尊重蚂蚁生命一样尊重机器，由此达到人类与机器和谐共生的状态。人类在解决问题时需要机器的帮助，同时机器在帮助人的过程中也实现了主体地位和价值。由此，人工智能的未来不再是世界末日，而是人与机器的长期和谐共存。

第二，人本文化。中国思考问题是从人民（即作为整体的人）而不是精英角度出发。与西方世界命运掌握在超人手中的文化形成强烈反差，中国文化强调每一个人的价值。譬如，儒家代表人物孟子就认为“人皆可以为尧舜”。[1] 毛泽东同志在赞扬劳动人民时也

[1]《孟子·告子章句下》。

指出，“六亿神州尽舜尧”。[1] 事实上，中国领导者在思考问题时是从多数大众而不是少数精英的立场出发，正如习近平同志指出的，“人民对美好生活的向往，就是我们的奋斗目标”。[2] 近年来提出的“精准扶贫”“全面建成小康社会”等就是这种思想的体现。从中国的角度来看，人工智能并不是为少数人谋利，而是希望为绝大多数人整体福利的提高服务。因而中国在发展人工智能时，将综合考虑各种发展风险，并采取针对性的解决措施。例如，当人工智能的发展导致一些行业产生大规模失业时，中国将采取社会保障、人工智能税和转移支付的方式进行补贴和救济。实际上，只有从全体人民整体利益出发的人工智能发展观才是和谐且社会成本最低的。

中国发展人工智能的另一优势是其在世界政治中的特殊位置，即中国处在发达国家和发展中国家的中间地带。一方面，中国是发展中国家中人工智能的希望。由于人工智能发展速度太快，以至于发展中国家无法登上人工智能发展的快车。而随着人工智能带来的生产本地化与全球性整合的终结，未来发展中国家追赶西方发达国家将更为困难。另一方面，中国对发达国家的人工智能发展水平并不是望尘莫及，而发展中国家和发达国家之间的技术鸿沟可能是天壤之别。作为发展中国家的代表，中国能够在人工智能时代伸张发展中国家的利益和诉求。

因此，中国发展人工智能具有道义立场，即中国发展人工智能不仅为了中国自身，同时还为广大发展中国家谋取发展权益。在人工智能时代，发达国家与发展中国家之间的差距和技术鸿沟是拉大

[1] 毛泽东：《七律·送瘟神》。

[2] 习近平：《人民对美好生活的向往就是我们的奋斗目标》，《人民日报》2012年11月16日，第4版。

而不是缩小。发展中国家在人工智能的相关技术、文化和设施方面与美国的整体性差距会不断扩大，甚至通过参与世界分工体系获得发展机会的可能也将消失。而中国则有可能成为发展中国家发展人工智能的希望。事实上，中国在世界政治中也在积极为广大发展中国家争取利益。例如，中国推动“一带一路”倡议和亚投行建设，就是希望在基础设施建设和国家治理的经验与发展中国家分享，并且通过共同建设让广大发展中国家分享中国改革开放的成果。人类命运共同体的理念则是对这种整体观的升华和总结。中国在思考国际政治问题时，不仅考虑中国自身利益，而且同时考虑广大发展中国家的利益。因此从这个意义上讲，中国发展人工智能技术在世界政治中具有特殊使命。

目前人工智能在全世界范围内的发展，出现了美国一国独大的单极化格局，即便是西方传统强国与美国相比也差距较大。美国的超级权力主要体现在其对芯片等核心技术的控制和垄断，以及操作系统等生态的整体构建。在很长一段时间内，美国在人工智能领域的超级地位都将难以撼动。但同时，美国的超级权力也存在根本性的弱点，主要体现为基督教文化及其投射到人工智能发展中的悲观色彩。所以美国人工智能发展具有两种特征：一是自相矛盾的悲观色彩；二是不考虑整体发展的超人文化。这两点特征实际上暗含了美国在人工智能未来发展终结的宿命。所以就中短期而言，美国在人工智能领域的超级地位似乎不可动摇，但从长远来看，美国人工智能建立的文化之基是不可靠的。

相比而言，中国文化的思想特征恰恰可以弥补目前弥漫在人工智能发展领域的两种倾向。一方面，“天人合一”的观念可以帮助人们构建起人与人工智能和谐相处的关系，同时也可以使人们以相对乐观的心态看待人工智能的发展。正是因为这种态度，中国会成为人工智能发展的积极推动力量和应用市场。另一方面，从中国传统文化出发的人工智能发展观，是从最广大人民的根本利益而不是少数精英的立场出发看待发展。这种发展观既会积极推动人工智能发展，又会全面审视人工智能对人类发展带来的颠覆性影响和风险。在人工智能时代，人与人工智能之间、处于优势地位和弱势地位的人之间需要形成合力而不是相互紧张。

事实上，从中国传统文化出发的人工智能发展观，回答了人工智能发展的三大问题：第一是要不要发展人工智能的问题；第二是为谁发展的问题；第三是如何发展人工智能的问题。在面对上述三大问题时，西方文化给出的答案是令人困惑的。在要不要发展人工智能的问题上，依照西方基督教文化的观念是不要发展人工智能，而事实上产业界却在积极推动。这实际上形成了一种自相矛盾的局面。在为谁发展的问题上，西方文化指向了最终为少数精英发展的结果。至于如何发展人工智能，西方产业界仍陷于困惑和两难境地。而从中国传统文化出发，对人工智能发展问题的回答却是清晰的。第一是要发展人工智能，因为在合适的约束条件下，人工智能可以与人类和谐相处。第二是为全体人民而不是为少数精英发展人工智能，并且这从人类命运共同体的角度来看甚至具有世界意义。因为中国是发展中国家发展人工智能的希望所在，因而具有非常强大的道义立场。在面对第三个问题时，中国文化提醒人类要时刻关注和防范人工智能带来的失业问题和伦理问题。只有防微杜渐的发展才能有效地抑制系统性风险的发生，从而使人工智能为增进人类福祉和构建人类命运共同体服务。

第二章

智能风险治理与智能社会建设

人工智能的发展与互联网有密切的关系。当前人工智能已进入整体发展的第三波，而这一波的兴起与以下因素有密切关系。第一，由于互联网技术的发展，在互联网上形成的数据量不断增加，为人工智能的发展提供了数据基础。第二，各种智能设备的计算能力在不断提高。第三，算法模型特别是深度学习算法在近年来取得重要突破。就这三点而言，前两点都密切反映了互联网发展对人工智能的重要支撑作用。就未来而言，人工智能的进一步发展同样需要与互联网共同借力。移动互联网的发展，使得智能手机成为最重要的工具。性能不断提升的手机以及迅速增加的移动数据量，也为人工智能提供许多助力。这也可以解释中国实施的“互联网 +”等战略与目前人工智能发展战略具有连贯性和延续性。此外，作为新一代通讯标准的 5G 落地也大大有助于人工智能的进一步发展。例如，人工智能的应用场景中，无人驾驶是十分重要的一环。由于 5G 的三大特征中有超低延时这一特征，这使得智能驾驶平台更加有利于处理驾驶过程中的紧急情况。

驯服人工智能的“赛维坦”

什么是人工智能？我们简要作一个定义。人工智能就是对人类智能的模仿，并力图实现某些任务。人工智能包括三方面的内容：第一个是计算智能，涉及快速计算和记忆存储能力。在计算机科学家看来，人工智能首先是计算行为，即涉及数据、算力和算法；第二个是感知智能，涉及机器的视觉、听觉、触觉等感知能力，即机器可以通过各种类型的传感器对周围的环境信息进行捕捉和分析，并在处理之后根据要求作出合乎理性的应答与反应。第三个是认知智能，即指机器具备的独立思考并解决问题的能力。现在的人工智能主要停留在第一和第二层次，认知智能非常难做到，因为这涉及深度的语义理解。

关于人工智能很多人都会讲到阿尔法狗和李世石的对决，这就是中国绝大多数人理解中的人工智能。实际上绝大多数中国人理解的第一波人工智能是世界范围内第三波的人工智能。也就是说，到目前为止，从世界范围来看，人工智能已经发展了三波。第一波主要是 1950 年到 1970 年期间，当时的主要工作是计算机科学家在研发机器推理系统，这个时期的理论流派被称为符号主义。当然，最早期的神经网络和专家系统也都有发明。但是，当时美国非常希望把人工智能做一些实际的应用，例如用于机器翻译，但是当时的技术达不到，所以这一波在失望中停止。第二次浪潮是 1980 年到 2000 年。在第二次浪潮中，我们目前讲的统计学派、机器学习和神经网络等概念都已经提出。这次浪潮中的主流理论流派被称为联结主义。第三波是在 2006 年之后，这一次浪潮要得益于大数据的推广，而谷歌在其中发挥了重要的作用。谷歌用大数据成功地对流感进行了预测，并引起了美国卫生部门的关注，这就是大数据和人工智能密切关联的最重要例子。在这一波浪潮中，人工智能技术及其应用都有了极大的提高。算力提高，数据量增大，同时以神经网络为中心的算法也取得了巨大的突破，所以在大数据的加持下人工智能进入了人们的生活。也就是我们中国人感受到的是第一次人工智能的浪潮，但实际上从世界范围内来看目前是第三波的中期。

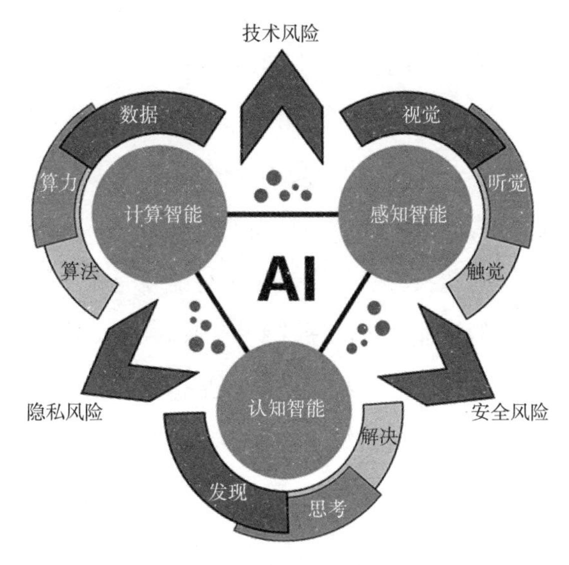

图 2-1　人工智能的构成与风险

关于人工智能，有三个相关概念需要弄清楚：第一个是弱人工智能，第二个是强人工智能，第三个是超人工智能。弱人工智能是专用人工智能。它很难直接用在别的场景中。现在很多科学家的理想是什么？是做强人工智能，也就是通用人工智能，这样的人工智能可以有更多应用，可以迁移在其他的应用场景中。那么，什么是超人工智能？顾名思义，就是超过人类的智能。超人工智能现在还不存在，我们也希望它永远不要存在，否则就会对人类的意义进行颠覆。

很多专家都对通用人工智能的未来可能进行了讨论。例如，美国科学家和发明家库兹韦尔就认为，通用人工智能在 21 世纪的三十或四十年代就有可能会超过人类，并把这一天看成是奇点。库兹韦尔为此还专门成立了极具创新力的奇点大学，来推动人类的快速进步，以避免人工智能真正超过人类。西方关于库兹韦尔的类似观点并不只是少数。例如，英国牛津大学著名未来学家尼克·博斯特罗姆就认为，超级智能在未来超过人类是非常有可能的。博斯特罗姆认为，超级人工智能有多种形态，并且这样的智能可以获得普遍性的智力，并全面对人类形成威胁或替代人类。博斯特罗姆将超级智能分为三种形式，一是高速超级智能，二是集体超级智能，三是高素质的超级智能。高速超级智能就是跟人脑相似，但是速度要快于人脑的智能。用博斯特罗姆的话来讲，高级超速智能就是可以完成人类智能做的所有事情，但是速度会快很多。博斯特罗姆认为，这种全脑的仿真系统速度如果比人脑快 1 万倍，可以在几秒钟就读完一本书。如果这样的系统会比人脑快 100 万倍的话，那么超级智能就可以在一个工作日完成人类 1000 年的智力工作。集体超级智能就是由非常多数量的小型智能组成，并且在许多通用性领域，这种智能的整体性能都大大超过现有的认知系统。集体智能最擅长解决被分为各个子问题的问题，可以同时找到并单独验证各个子问题的解决方案。博斯特罗姆认为，集体超级智能的整合方式既可以是松散的，也可以是紧密的，即可以形成一个统一的智能体。高素质超级智能就是和人类大脑一样快，但是聪明程度与人类相比具有质的超越的系统。博斯特罗姆认为，这种高素质智能与人类智能的差距，就像是人类智能与大象、海豚和猩猩的智能的差距一样。博斯特罗姆认为，未来的超级智能可以获得一套新的认知模块，并通过复杂知识工程的建构使得通用智能获得新的优势。

为什么人工智能如此重要？因为人工智能所代表的是第四次工业革命。在这一次工业革命中，最关键的技术是人工智能。当然还有一些关联的技术，比如物联网、区块链、超级计算、脑科学等。

但是由于人工智能在其中的作用非常显著，因此这一次革命被称为智能革命。这意味着人工智能并不是一个简单的技术，而是一种战略性技术，是这一轮科技革命和产业变革的关键力量。人工智能发展的好坏决定我们在这次工业革命竞争中是否具有主动权。人工智能已经对社会生活的方方面面产生了巨大的影响。例如，人工智能对交通的影响就在于使得无人驾驶成为一种可能。未来交通会更多体现三个元素：第一是新能源，第二是无人驾驶，第三是共享出行。在人工智能技术的基础上，人们不再需要拥有一辆车。拥有车的目的是希望我们可以顺利、便捷且经济地从一个地方到达另外一个地方，但是由于无人驾驶技术的出现，那么人们可能不再需要拥有一辆车，而是直接购买从出发地到目的地的出行服务。现在的汽车制造商在未来可能需要向无人驾驶服务运营商的角色转变。那么在这一过程中，汽车制造商就需要同现在的打车软件以及高清地图公司等进行充分的整合与合作。共享出行也使得我们之前的许多结构性问题得以解决。例如，停车难一直是城市治理当中最困难的问题，而这一问题可能会在共享出行的背景下得到有力的解决。因为汽车都在路上行进，而不需要将车停在某个地方，这样就可以把大量的停车场资源重新腾出来，用作绿化或人们休息的场所。

医疗也是困扰人类的一个难题。医疗最大的问题就是，对于需求而言，医疗资源永远是不够用的，而人工智能则可以极大地扩展这一资源。人工智能的优势就在于它可以把一些传统上由成熟医生来完成的工作逐步实现自动化。例如，在影像领域，人工智能就可以帮助影像科的医生做更好的工作。这里的思路一定是辅助，而不是替代。因为医疗资源对人类而言永远是稀缺的，那么其实很多医生都在用大量的时间在做一些低端的、重复性的工作。因此，当这部分重复性的工作被人工智能完成了之后，那么医生就可以做更好的科学研究，也可以更加温和地与患者交流，深入地了解病情，根据每个患者的详细状况做更好的治疗方案等。另外，人工智能还可以把医疗资源向较为贫困的地方进行扩展。只要人工智能的技术实现突破之后，它的问题解决方案就是会相对稳定。另外，在5G技术的基础上，远程医疗就成为可能，那么重病患者可以在偏僻的地区通过远程设备进行手术或治疗。另外，还可以运用人工智能技术进行药品研发，这样可以以更低的成本、更短的时间帮助人们去研发治疗疑难杂症的新药。

人工智能用于教育最大的意义在于，其可以推广自适应的教育方式。我们目前的教育仍然是多人一面，因为老师的时间是有限的，所以针对每个孩子的个性和特点很难做到因材施教。但是，人工智能的系统却可以深入了解每一个孩子的受教育状况，而且可以通过自适应系统不断地更加精准地了解每个孩子的实际状况，可以极大地提高学习效率。此外，人工智能还可以在教师辅助以及学业评估等方面发挥巨大的作用。

从世界范围来看，人工智能的发展对未来世界的结构可能会产生重要的影响。一方面，美国在人工智能领域的超级权力仍然很强。例如，美国在通用计算硬件方面具有非常强的优势。英伟达的GPU、谷歌的TPU、高通的智能手机芯片等都有着明显优势。另外，美国的企业和高校在人工智能的算法框架方面都有非常强的优势。在一些具体的应用场景当中，例如，在特种机器人领域，波士顿动力的技术优势也是明显的。在自动驾驶领域，谷歌和特斯拉也都是较为领先的企业。此外，美国在一些原发性的创新领域优势也比较明显。

中国近年来在人工智能领域的发展较快。我们在5G通信的布局当中已经与发达国家同步，在某些方面甚至还领先于发达国家。同时，在国家大战略的积极引导之下，例如国务院在2017年印发了《新一代人工智能发展规划》之后，各部委也都印发了相关的人工智能推进计划，各省市也制定了相关的推进方案。中国最大的优势是庞大的市场和相对整齐的消费群体。中国人口数量较多，信息化程度也较高，这都是人工智能未来在各场景中快速应用和落地的基础。整体来看，中国在基础芯片、算法框架以及生态等方面还有一些不足，在基础理论和原生性的创新方面也有很大的提高空间。在新的技术革命当中，其他发展中国家可能会处于尴尬和矛盾的位置。一方面，发展中国家可以运用新型的学习方式以及开源软件等培养相关人才，并大大缩短追赶发达国家的时间。同时，智能化方式也有助于发展中国家克服传统文化的限制。但同时，智能革命也可能会进一步拉大发展中国家与发达国家的差距。

目前关键的问题是，西方发达国家并不愿意将人工智能等前沿技术转让给发展中国家，同时当发展中国家在这些新兴技术领域中实现一定的突破性进展时，发达国家还会运用各种方式包括投资审查、出口控制、限制科技和人员交流的方式来阻碍新兴国家的科技进步。发达国家希望把这些技术长期控制在自己手中，并阻碍技术扩散来主导新一轮的科技革命。从这个意义上来讲，发展中国家，特别是基础较弱的发展中国家将会处在更加尴尬的境地。那些以劳动力作为竞争优势的发展中国家将可能会进一步处于更加边缘的位置。由于发达国家会把产业回撤并通过机器来推动生产，那么这些基础较差的发展中国家将越来越少地获得参与国际竞争和世界生产的机会。

目前世界上关于人工智能的相关法律规则、政策、原则等主要是由西方发达国家来定义的。例如，到目前为止，最有影响的“阿西洛马人工智能23原则”就是由马斯克等西方企业家推动而形成的。另外，在人工智能领域最有影响的阿西莫夫“机器人三定律”也是由美国的科幻小说作家先提出，并成为西方在机器伦理领域最重要的原则。2019年6月，中国发布了《新一代人工智能治理原则》，这是发展中国家第一次提出人工智能相关的治理准则，因此这一准则的发布具有非常重要的意义。客观来看，目前在国际社会当中，发展中国家参与制定的人工智能国际规则，其数量还是比较少。随着中国在人工智能等领域的进一步发力，类似的规则制定会变得非常重要。

人工智能的风险治理及调控

这一轮人工智能的重要特征是数据驱动的智能。因此，在这一轮人工智能的发展过程中，有可能会产生如下三类重要的风险。

第一，技术风险。人工智能技术本身就存在一些风险。首先，存在算法黑箱问题。目前人工智能技术在算法上主要体现为深度学习技术的不断深化，而深度学习技术本身存在算法黑箱的问题。因为神经网络中间的不可解释性，使得这一技术很难用在一些不可逆的决策领域中。例如，在司法和医疗等领域，一旦通过算法进行最终决策，那不可解释的问题就会变成严重的问题。因为智能不能作出充分而有效的解释，所以基于这样的医疗诊断或者司法裁决很难令人信服。

其次，存在周期性风险。任何一种技术的发展都会存在发展周期，行业也是如此。目前人工智能发展到今天，从世界范围内看已经是三起两落，也就是存在两次低谷期。而在这一次人工智能的发展过程中，很难判断低谷期何时会出现。

最后，存在成本与收益比例问题。目前许多人工智能产品的效果非常出色，但是却无法做到量产或者大规模推广，其具体原因就是产品的成本过高。例如，波士顿动力的类人机器人技术十分先进。但是，波士顿动力机器人的机械骨骼关节需要通过 3D 打印来实现，因此就目前而言其量产仍然有很大的困难。另如，与李世石和柯洁下棋的 AlphaGo，每下一盘棋的成本是上千美元。因此在实际应用中，这些技术会面临巨大的成本挑战。

第二，隐私风险。由于目前的人工智能发展高度依赖大数据，所以今天的人工智能公司首先是数据公司。因此，人工智能的领头企业都在绞尽脑汁研究如何对各种维度的数据进行采集。不少投资公司在判断公司或项目的未来时，所依据的也是产品所能获得的数据量。通过一些霸王条款的设计，一些公司对个人信息的过度采集，可能导致严重的隐私泄露。2017 年 12 月，美国消费者保护组织 Consumer Watchdog 出具了一份报告。该组织的研究称，亚马逊和谷歌的智能音箱可能被用来监听用户的大量信息并用作广告推广。

另外，国外的一些研究报告认为中国由于不重视隐私的保护，所以在大数据和人工智能领域会有高速进展。这实际上是一个错误的判断，也可能会在一定程度上误导中国的人工智能发展。因为公众在某些事件的激发和诱导下，可能会对许多科技的进展进行抵制。例如，基因编辑事件就反映出这样的特征，因此人工智能企业应当高度重视这一问题，决不能低估中国民众对隐私权利的重视。政府也应当积极出台相应的法律规范，这样可以避免一些舆论事件的发生，从而在整体上保护科技公司的发展。隐私问题在智能医疗领域有更重要的探讨意义。由于医疗数据的特殊性，因此数据权究竟是应该属于个人还是企业，这本身就存在很大的争议。欧盟出台的《通用数据保护条例》试图对这一问题进行有效的界定，但是我国的相关法律还没有明确的规定。

第三，安全风险。人工智能技术本身可以用于正当的领域。例如，近年来在某明星演唱会上，我国公安机关通过人脸识别技术抓获大量嫌疑犯。另外，用人工智能技术也可以更加有效的鉴别图片有没有被伪造或变更等，但同时人工智能的技术也可以用于伪造。比如，语音合成技术可以用于伪造声音。犯罪分子可以通过掌握当事人的语音信息，通过技术伪造当事人语音。这些语音可能被用于诈骗、勒索等用途。此外，犯罪分子也可以用生成对抗网络的技术来伪造视频。例如，网络上曾流传一段伪造的奥巴马攻击特朗普的视频。这一视频公布后，很快在美国和其他国家引起了较大的轰动。因此，人工智能技术在防范犯罪的同时，也为犯罪分子提供了新的犯罪方式。由于黑色经济等一系列问题，人工智能被用于犯罪的动机更加明显，因此我们不能低估人工智能所产生的安全风险。

随着人类社会逐渐进入智能社会，大量的智能产品进入家庭，由此产生的安全风险就会更加突出。以往存在的网络安全问题在智能社会下会更加显著。此前一些网络黑客通过恶意程序远程操纵他人电脑，以协助自己进行比特币的挖矿。然而，当大批自动驾驶汽车出现后，这些黑客更可能会攻入无人驾驶的系统，从而产生巨大的风险。在一些影视作品如《机械姬》《终结者》等中，都有这类情景出现。另外，更加精密的智能医疗设备将在人体治疗中进行更广泛的应用。例如，纳米机器人会进入人的血管，更加精准地对人类体内的某些病变部位进行治疗。但同样，黑客也可以通过攻入这些系统，从而轻易地致人死亡。因此在智能时代，网络黑客行为产生的社会风险可能会更加显著。

要对人工智能产生的社会风险进行调控，笔者认为重点要在两个方面着力。

其一，在理念方面，要将目前越来越流行的算本主义转向人本主义。算本主义也可以称之为计算主义，就是以计算为中心。计算有三个要素，算力、算法和算料。算力就是计算能力，算法就是解决问题的方法和模型，而算料就是我们今天讲的通过传感器采集的各种数据。随着人类社会越来越走向智能社会，人们对数据的依赖也更加明显。算法通过数据分析帮助人们作出各种决策。人们会通过不断提高算力，来降低计算的成本，同时人们的行为轨迹也会被记录下来成为计算的算料。因此这三者间会形成紧密的循环，使得人们越来越重视计算。但是，在这一个过程中，人们很容易忘记计算的目的是什么。这也就是笔者所强调的人本主义的意义。

现在已经出现以算法为中心的倾向。在许多领域，随着智能设备进入人们的日常生活，人们在进行决策时会高度依赖算法。例如，导航系统的出现使得现在的年轻人根本不去学习辨别方向和记路。因此，智能设备的出现在某种程度上会使得人类的许多能力在退化。长此以往，人类的某些基本生存能力都可能会完全丧失。这种整体趋势将给人类带来非常糟糕的结果。因此，我们在使用人工智能的时候，还是要不断地去拷问：我们为什么要用这些智能系统？我们用这些智能系统的目的是什么？智能系统可以帮助我们解决什么问题，不可以解决什么问题？这其中最重要的问题是决策。如果我们把大量的决策交给算法，那可能最终会丧失人类的中心地位。

其二，在技术层面，区块链的发展势在必行。解决隐私和安全两大风险最有效的方法是发展区块链技术。笔者认为，人工智能和区块链是智能技术的一体两面。人工智能实现的是物的智能化，而区块链所实现的是关系的智能化。人工智能的不断发展，会有助于区块链技术的突破。同时，区块链在某种程度上可以帮助人们规避人工智能发展所面临的诸多问题。例如，通过非对称密钥技术可以有效地解决隐私保护的问题。此外，区块链的可溯源性、不可篡改性等特性都会对网络安全问题的解决有所助益。许多科学家和观察家，都把区块链看成是未来互联网发展的方向。换言之，区块链是新一代互联网技术的核心。

目前，无论是在互联网还是在人工智能领域，中国逐步走到世界的最前列。特别是在这一轮人工智能的发展过程当中，许多人工智能应用有可能在中国率先落地，智能安防的发展就是最典型的例证。另外，在智能医疗以及智能驾驶等领域，中国可能会有杰出的表现。因此，人工智能技术的发展使得中国进入某些科技领域的“无人区”，这就使得风险治理和相关的规则制定变得至关重要。但是，由于在全世界范围内还没有成熟的风险防控制度或措施，这就使得中国在互联网和人工智能的创新方面面临巨大的压力。因此社会科学在其中的作用就会更加显著。笔者在之前的文章中已经讨论了智能社会科学和新文科的问题。人工智能要得到充分的发展，不仅需要智能科学与工程的学科建设和努力，还需要智能社会科学的保驾护航。习近平总书记在 2018 年中共中央政治局第九次集体学习中强调，要整合多学科力量，加强人工智能相关法律、伦理、社会问题研究，建立健全保障人工智能健康发展的法律法规、制度体系、伦理道德。因此，新时代的新文科建设正当其时。社会科学不仅要回答传统的经典命题，同时也要在新兴科技发展和落地的过程当中发挥出重要的预警和保障功能。

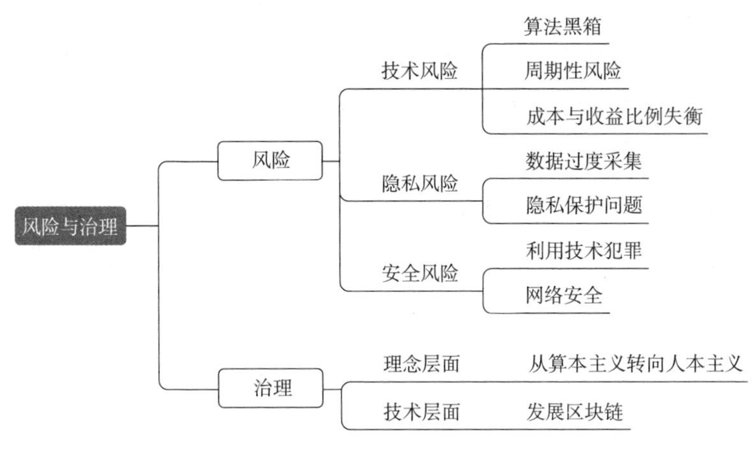

图 2-2　人工智能的风险与治理

自动驾驶技术的法律与伦理发展

自动驾驶近年来在技术上取得了较大的突破，许多自动驾驶的开发公司例如百度、谷歌、特斯拉都把 2020 年作为自动驾驶落地的重要年份。我们会发现，目前自动驾驶面临的问题，不仅包括技术难题，同样包括许多法律和伦理问题。

就自动驾驶的法律问题而言，首先是自动驾驶汽车的上路问题，这涉及道路交通安全法。按照目前中国的《道路交通安全法》，自动驾驶汽车未经批准是无法上路行驶的，目前只有一些部委和地方政府出台了一些政策性法规，例如北京出台了国内首个自动驾驶法规《加快推进自动驾驶车辆道路测试有关工作的指导意见》和《自动驾驶车辆道路测试管理实施细则》两个指导性文件，有条件允许在特定的道路上进行自动驾驶汽车的测试。自动驾驶分为L0到L5，6个等级，分别对应无自动驾驶模式、辅助驾驶模式、部分自动驾驶模式、有条件自动驾驶模式、高度自动驾驶模式和完全自动驾驶模式。目前2019款奥迪A8达到了L3等级且是目前商用量产的自动驾驶级别最高的汽车。奥迪A8配备的Traffic Jam Pilot系统已经使汽车可以达到部分自动驾驶水平，即当车速小于或等于60公里每小时时，用户可以启动道路拥堵状况下的自动驾驶功能。为了奥迪A8的上路，德国修改了现行法律，制定了总共20条的自动及网联化汽车交通伦理准则，专门针对自动驾驶模式下的汽车进行规制。中国目前相关的《道路交通安全法》还未作出修改，未来《道路交通安全法》的修改是自动驾驶汽车上路的一个相关问题。

在自动驾驶方面，另一个重要问题是交通事故发生后的刑事和民事责任的问题。在刑法上，与此相关的是1997年刑法关于交通事故责任认定的规定。与此相关的有两个罪名，一是交通肇事罪，二是危险驾驶罪。从现行刑法条文来看，危险驾驶罪是指在道路上驾驶机动车追逐竞驶，情节恶劣的，或者在道路上醉酒驾驶机动车的。行为者必须是有刑事责任能力的自然人，所以这一罪名应该与自动驾驶的关联不大。与自动驾驶最为相关的是交通肇事罪，主要表现形式即违反交通运输管理法规，因而发生重大事故，致人重伤、死亡或者使公私财产遭受重大损失的。从目前的交通肇事罪的构成要件来看，无法将自动驾驶汽车的制造商或者软件供应商来作为犯罪主体进行归责，并且一旦自动驾驶模式下的汽车出现故障发生严重的事故直接运用现行刑法对驾驶员进行刑事制裁也是不合理的，毕竟普通驾驶模式下的驾驶员责任和自动驾驶模式下驾驶员责任二者有较大的差别。也就是说，当自动驾驶汽车造成人员伤亡时，很难通过现行刑法来进行归责相关机构是否可以成为责任主体也是值得探究的。其中还有一个难点是，如果有人通过黑客技术进入自动驾驶，并造成了多人以上的人员的伤亡，那么这样的刑事责任由谁来承担？

民法上，与交通事故直接关联的是侵权责任法，谁来承担赔偿责任的问题。如果是因为自动驾驶的系统自身的质量问题，那么赔偿责任可能更多的是由汽车生产商或软件提供商来承担，但是还会出现举证责任划分问题，例如举证责任倒置或由谁来承担等一系列问题。

自动驾驶的伦理相关问题主要集中在电车难题、隐私和失业问题等方面。电车难题是之前哲学上讨论的一个经典的命题，当一辆有轨电车在一个高速运行的轨道上运行，突然发现前面有五个人在轨道上，有轨电车没有办法停下来，司机只有一个选择，就是旁边有一个岔道，而岔道上只有一个人，只能在两者之间选一。那么，司机是应该在原先的道路上继续行进，还是拐到旁边的岔路上？这个问题在自动驾驶越来越进入人们的视野之后，自然被移植到自动驾驶的讨论当中，这里的难点是之前的哲学难题并没有一个获得绝大多数人认可的一个回答，因为它是一个选择的困境。支持牺牲一个人的人往往出于一种功利主义的整体主义考虑。而支持在原先的道路上行进的人，则往往认为那一个在岔路上的人是非常无辜的局外人。人们好奇的是，未来在高速公路上行进的自动驾驶汽车可能会面临类似于电车的难题，那么，自动驾驶的系统将如何做出这个选择？这就要求自动驾驶背后的算法工程师必须明白这两个选择的伦理意义，那么他编出的算法很有可能是有瑕疵的。但这两个结果中的任何一个都很难得到绝大多数人的认可。

这一选择还涉及算法在紧急状态下作决策的问题。德国的道路交通法修正案的第16条规定，制造商和软件提供商不能在紧急的状态下要求人的介入，因为这对人是不公平的。这一法条的调整，体现了以人为本的原则，那么这就反过来要求服务的提供商要在算法方面解决这个难题，而不能在紧急的时候再重新把选择权给人类。并且在紧急状态下要求人类驾驶员的介入，这可能在整体安全上造成很多麻烦，因为人类在特殊的状态下，处理问题的能力是不同的，对于一些在紧急状态下很难有应急能力的老人或者其他弱势群体而言，这种紧急交权就是一种灾难。

隐私问题是所有智能设备将来都会面临的重大的伦理问题，因为未来的智能设备都会变成一个巨大的平台，它会采集人们以及人们之间交流的大量数据，那么如何保有这些数据，将是一个重大的伦理难题。目前强调的概念是V2X。就是把汽车要当成一个平台，跟很多的方面都进行交互，汽车汇集成大量的数据，那么如何保护这些数据更好地为人民服务，而不是侵犯到人们的利益，成为人们最为关心的问题。

失业问题同样是人们最关心的，因为自动驾驶的逐步落地，不可避免地会使传统的驾驶行业受到冲击。这一数量将是非常惊人的，例如滴滴公司在2017年就为2100万人提供了驾驶的正式就业的岗位。然而在自动驾驶逐步落地的过程当中，这些人可能会重新失去工作，并且自动驾驶影响的，不仅是小型的乘用车的驾驶工作，还包括卡车以及其他的驾驶类的工作。这些都是我们在未来需要审慎考虑的问题。

因此自动驾驶的落地是一个系统工程，我们不能仅仅从技术上考虑，而应该从法律、伦理，甚至是人们的心理等多方面综合考虑，这样才能保障自动驾驶可以提高人们的生活水平，改善人们的出行状况，而不是给人们制造更多的麻烦，造成更多更严峻的问题。

智能社会的三大构成要件

什么是智能社会？这个概念与智能城市、智能社区密切相关。城市由组织、政务、交通、通讯、水和能源等系统组成。这些系统不是零散的，而是以一种协作的方式相互连接，而城市本身则是由这些系统所组成的宏观系统。可以说，建设智能城市意味着推进上述系统的科学协作与高效运行，同时也是实现城市可持续发展的需要。

智能社区则是社区管理的新理念、新模式。智能社区是指充分利用物联网、云计算、移动互联网等新一代信息技术的集成应用，为社区居民提供安全、舒适、便利的现代化和智能化生活环境，从而形成基于信息化和智能化服务的一种新的社区管理形态。简言之，基于物联网、云计算等高新技术的智能社区是社区治理的新发展阶段，同时也是构成智能城市的基层细胞。

然而，智能城市和智能社区的概念都将自身局限在某一领域，因此笔者提出了“智能社会”的概念，尝试将社区、城市以及其他治理单位结合起来，将整个社会作为治理对象进行整体性思考。质言之，智能社会是基于大数据、区块链以及人工智能等技术的新型社会形态，是继农业社会、工业社会和信息社会之后的未来目标社会。

笔者认为，智能社会需要以下三大构成要件来实现：

第一，智能相关技术。这些技术主要包括两大类，第一类是智能技术。智能技术的目的是实现物的智能化，可以将目前人们使用的大量电子产品变得智能化和友好化，使用也更加便利。第二类是区块链技术。通过区块链技术，人们可以实现关系的智能化。当然，这里指的是更高层级的区块链技术。具体而言，区块链可以被划分为三个层次：区块链 1.0 被称为数字资产，也就是以比特币等为核心的数字货币；区块链 2.0 的代表是智能合约，目前主要是在以太坊等技术基础上实现的合约系统；而区块链 3.0 的目标则是智能社会。可以预见，将来人类社会将存在大量的智能体，人与智能体、智能体与智能体之间的关系将变得非常复杂。通过区块链技术，特别是智能合约技术所建立的社会关系，就是新型的智能社会关系。很多研究者把人工智能和区块链两种技术割裂，而在我们看来，人工智能和区块链是密切关联的两种技术。两者会在将来形成合流，共同推动智能社会的建设。

第二，智能思维。智能社会建设所需要的技术，对绝大多数民众而言，都是崭新的技术。因此，我们需要将这些技术融入大众的思维，使这些技术在大众的行为中沉淀下来。这要求我们通过学习、交流以及社会互动，把这些新思维通过柔性的方式转化到人们的生活习惯中，形成新的产品和行为模式，最后形成智能思维。智能思维包含如下几种：1. 数字思维。需要我们从数字的角度来理解社会的存在。数字思维还需要我们培养数字的逻辑和习惯，用量化的方法来看待事物、分析问题，更加精准的把握问题发展的规律。2. 智能技术思维。智能思维要求我们用智能的思维去理解事物。当一个行为反复、大量出现时，我们就需要考虑能否通过设计智能程序，来解决这类重复性问题。3. 区块链思维。通过区块链技术，可以将固定化的社会关系以合约的方式呈现出来，还可以用非常低的成本保障这些社会关系的再生产。

第三，相关伦理设计。新型智能社会的建设需要大量的技术支持，同时算法在将来也变得更加重要。当大量决策需要算法来进行决定时，我们则需要思考算法背后的逻辑结构与伦理意义。一方面，智能社会具有高度的技术依赖性，但是另一方面，我们更需要冷静看待技术背后的社会意义和内涵。在享受技术发展带来的福利时，我们也需要发展相应的社会工具来管理技术可能形成的社会风险以及伦理冲突。这样才能在发展技术的同时，用技术来解决问题而不是增加新的社会问题。笔者在此前《人工智能：驯服赛维坦》一书中所展示的主题，就是希望通过一系列的制度、伦理设计，使得我们可以更充分地掌握新技术带来的新变化，使新技术可以更好地服务于社会的公平正义。

未来的智能社会是高度自治化的社会。社会治理的一个重要方面就是要加强社会的自治。早期建设智能社会的国家，可以通过良好的行政措施和制度设计，引导技术向更为自治的方向发展，推动人们提升自治能力。以汽车为例，汽车给行人让路是非常重要的社会规范。这一规范在早期的形成过程中，可以通过摄像头监控、政府政策引导的方式推动，但是通过长时间的引导，就可以使人们逐渐形成遵守这类规范的习惯。在建设智能社会的过程中，我们需要通过国家强制力来保障规范的建立和实施，但是在智能社会不断发展的过程中，社会自我运行的机制会逐渐发展起来，从而形成一个成熟稳定的发达理想社会。在这样的社会形态中，每个公民都能遵纪守法，有良好的道德修养，社会的分配也接近公平正义。可以预期，每一个公民都可以享受舒适的、高质量的幸福生活，这就是未来智能社会的理想状态。

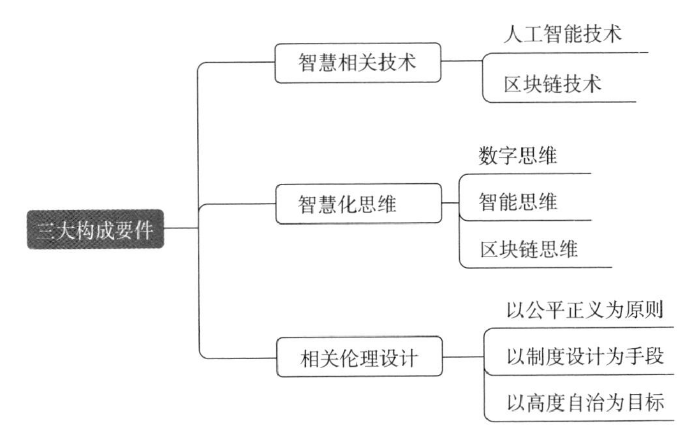

图 2-3　智能社会的三大构成要件

智能社会建设对领导干部执政能力的要求

智能社会是在智能城市普遍发展的基础上形成的一种新型技术社会形态。它基于宏观思考，将城市、社区以及其他治理单元结合起来，用整体性的视角谋划经济社会的智能发展。智能社会更加追求融合发展，更加凸显“以人民为中心”的价值导向。一般而言，不同的社会形态都需要有相应的社会管理方式与之相适应，需要具有相应的治理技术与治理能力。习近平总书记指出：“领导十三亿多人的社会主义大国，我们党既要政治过硬，也要本领高强。”要交出令党和人民满意的合格答卷，就要不断提高党员领导干部的本领、能力和素质。本部分在诠释智能社会理论意涵及其建设必要性的基础上，着力探讨智能社会建设对领导干部执政能力提升的要求，以期为领导干部执政能力和水平的提升提供路径选择。

智能社会建设不仅需要人类智能，更需要融合计算机技术与其他智能技术。人类智能的核心在于知识。对知识的获取、处理与运用能力是人类智能的表现，而创造性的智能行为是人区别于动物的根本性标志。计算机技术是智能技术应用的关键。运用计算机技术可以模拟人类分析、推理、决策等活动，进而延伸和替代人们的脑力劳动，实现决策自动化。20 世纪中叶，计算机的发明改变了人们获取和处理数据信息的方式。21 世纪初，互联网的产生与普遍应用，重塑了人们对知识获取与应用的方式。计算机不仅带来生产力的革命，改变了我们的生活，而且它的发展与人类的本质特征密切相连。加拿大学者马歇尔·麦克卢汉指出："对于社会来说，每个时代的媒体所传播的'讯息'不是最有价值的，传播工具的性质和它所开创的可能性才是最有价值的。"符号智能与计算智能是智能技术的重要组成部分。符号智能是以知识为基础的传统人工智能，通过推理进行问题求解。计算智能的基础是数据，借助人工神经网络、云计算等技术，通过训练建立关联而进行问题求解。从技术属性看，智能技术是众多技术的集合体。从社会属性看，智能技术主要体现为技术网络与现实社会不断进行融合，进而推动社会变革，实现对现实社会的改造。

学习掌握相关技术能促进经济发展和社会进步，更能推动治理方式改进与执政能力提升。党的十八大以来，习近平总书记对大数据技术创新应用与数字经济发展进行了深入思考和谋划布局，将运用大数据技术上升到提升国家治理现代化水平的高度，并在多次讲话中强调其重要性与战略意义。十九大报告提出："要推动互联网、大数据、人工智能和实体经济深度融合。"2017 年 12 月，在中央政治局第二次集体学习时，习总书记指出："要推动大数据技术产业创新发展，要构建以数据为关键要素的数字经济，要运用大数据提升国家治理现代化水平。”2018 年 10 月 31 日，在中共中央政治局第九次集体学习时，习总书记强调：“各级领导干部要学习前沿科学知识，把握人工智能发展规律和特点，提高公共服务与社会治理水平。”

互联网、大数据、物联网、脑科学等新技术的应用，使人工智能呈现出深度学习、跨界融合、人机协同、群智开放、自主操控的新时代特征。推进人工智能技术产业化，推动智能化信息基础设施建设，加强人工智能和产业发展融合，能够为智能社会建设提供技术支撑。把人工智能技术与社会治理有效结合，整合优化政务信息资源，强化公共服务需求精准预测，研判和预防人工智能潜在风险，能有效提升社会治理能力和领导干部执政能力。

智能社会是一种新的技术社会形态，而智能社会建设能有效提高领导干部公共服务能力。技术的发展推动了生产力和生产关系发生重大变化。“智能”作为新生产要素，与土地、资本、劳动等传统生产要素具有同等重要地位。越来越多的智能技术应用于公共服务和社会管理中，使得整个社会运行日益智能化。拥有技术能力的社会主体就能拥有更多的“话语权”，成为新的“权力主体”。面对多元权力主体的诉求，领导干部的公共服务能力就显得尤为重要。

马克思主义认为，要用唯物辩证法和唯物史观来考察人类社会。随着人工智能与其他科学技术的融合创新发展，人类社会形态将迎来新的全面的系统演进。人类社会的发展历史就是社会形态由低级向高级不断演进的历史。智能社会以互联网技术、大数据技术、云计算、人工智能技术等技术形态融合为代表，是在信息社会基础上所产生的新的社会形态，是有助于实现人们美好生活愿景的社会。因此，在建设新的社会形态过程中，领导干部公共服务能力的提升能够满足人民对美好生活的诉求。

就我国现状来看，我们目前正处于一个多种形态叠加的社会，复杂性与特殊性并存。智能社会建设能有效提升领导干部驾驭复杂形势的能力。随着社会主要矛盾的变化，公共服务的需求在领域、结构和层次等方面都发生了较大变化。

精准社会治理需要治理信息精确。领导干部要满足公共需求的多样化和分散化，就需要治理精细化及精准施策。

智能技术的应用有助于实现精准化社会治理，使社会治理可追溯、可监督，有利于达成协同、高效的整体性治理状态，构建包容开放、透明回应的治理体制。经典现代性以 GDP 增长为目标，是财富中心论，而新的现代性要求全面均衡发展。吉登斯在《现代性的后果》中指出："社会学家对现代性持两种看法，一种是乐观主义，一种是悲观主义。"乐观主义认为，现代性使人更多了解自然界和社会的知识与信息，人们更有能力进行控制，进行创造，使历史朝着人们理想的方向发展。悲观主义认为，随着现代性的进一步发展，人类将生活在科学技术和官僚机制的铁笼之中，将面临更多的风险。

中国与西方国家虽然同处在全球化时代，但空间位置不同。在"中心—边缘"两极结构关系中，中心位置是西方国家，边缘位置是中国。西方国家的现代性进程是先经历农业化，然后是工业化、城镇化和信息化，是从"原生态"的前现代、现代、后现代、新现代，按层次递进更迭。我国现代化建设则是"四化"同时出场，具有叠加式演进和跨越式发展的特征。我们在工业化、城市化等经典性现代任务还没有完成的情况下，却要同时面对信息化、后现代或新现代性的挑战。

领导干部要准确认识和理解中国本土化的“新现代性”，能够在纷繁复杂的态势中，深度挖掘复杂社会形态中的各类数据信息，找出其背后隐含的价值和规律，破解传统社会治理困境，提供民生服务供给的精准化。领导干部要善于利用人工智能技术实时呈现社会治理中的关键问题，通过数据分析，推动治理流程的优化，实现治理过程的可量化和治理绩效测评的可操作。不仅较好地完成经典现代性任务，而且也能实现新的现代性任务。中国独特的发展语境造就了中国特殊的出场方式，形成了中国特色的发展思路选择。新的全球化背景下，以现代产业和新技术为推动力，在新型工业化基础上进行经济、政治、社会、文化、生态等领域变革，发展任务艰巨，面临的矛盾也错综复杂，这对领导干部在复杂形势下的精准掌控能力提出了更高要求。

执政能力体现了把握共产党执政规律的升华，是对马克思建党学说的重大贡献。劳动创造了人，但即使是原始人使用石器的劳动，也同时具有技术性因素，每一次技术的创新与进步都会带来生产关系和社会结构的变革。当下，第四次工业革命正在进行，我们如何主动参与而不是被动跟随这次全新的技术革命，避免被“边缘化”，就要求领导干部主动适应智能社会建设需要，从技术、思维、伦理、安全等方面着手，提高自身的执政能力。

第一，领导干部应当重视发展智能相关技术。智能社会有两类核心技术，一类是智能技术，一类是区块链技术。人工智能技术是经济增长的新引擎，能为新技术、新产业、新模式、新业态“四新”经济的发展注入强劲新动能，助力实体经济发展。同时，人机交互、物物相联、智能化物联网的广泛应用，也能为智能社会的建设提供了有力的工具。区块链具有去中心化、不可篡改、可信任性、可追溯、全网记账等优势。通过更高层级的区块链技术，人们可以实现关系的智能化。换言之，如果各部门的数据信息能够互联共享，就能形成高效、公开、透明的云网络，金融记录、行为记录就会转变为信用体系节点。重构后的信用体系能够公开可查，这有利于国家信用体系和诚信智能社会建设。领导干部只有重视和发展相关智能技术，围绕社会和公众的需求持续创新，构建全息全天候政务系统，从线下转向线上线下融合，从单向管理转向双向互动，才能适应智能社会政府治理的要求。

第二，领导干部需要提高智能社会相关思维能力。智能社会建设所需要的技术是全新的技术，运用这些技术需要相关思维。对领导干部而言，数据思维、智能技术思维与区块链思维是最应该提高的三种思维能力。数据思维注重量化分析，智能思维关注交互融合，区块链思维倾向智能合约关系。数据思维从数字角度，用量化的方法来理解社会存在，分析把握事物发展规律。在由多种智能技术融合构成的智能网络中，每个人和物体都可以被感知。通过精准采集数据，进行筛选、分析与处理，就能精准把握人和物的特征，实现精细化管理的目标。智能技术思维从智能交互融合的视角来看待和理解事物。人和物在物理空间生活的同时，也可以通过数据信息进行“数字化”生存，拥有数字化身份。人类的社会与自然物的社会交互融合，“人—物”、“物—物”、“人—人”的交互关系形成了新的社会网络。区块链思维能将固定化的社会关系以合约的方式展现，用较低成本保障这些社会关系的再生产。通过交互协商，就能突破单个智能体的片面性与局限性，呈现集思广益的社会智能功效。

第三，领导干部应当注重智能社会伦理规范建设。智能社会是一个高度技术依赖性的社会，而算法是智能技术的核心。但是由于“算法黑箱”的存在，算法具有后果不可预测性的特征。算法涉及人类需求与利益、现有技术水平、设计开发者能力等因素，这些构成了算法的复杂性。同时，人的认知局限、自然和社会环境的变化，也会使算法后果偏离或超出我们的预期。如果接受决定变成一种机械性思维习惯，那么人类可能丧失作为人的直觉、情感、想象以及经验判断。把自己的判断仅仅交给参数、标准、脚本等，人就会被技术奴役。对领导干部来讲，需要进行前瞻性的顶层设计，运用政策、法律等工具来指导和规范算法的运行。在智能社会建设中，大量决策需要依靠算法来决定，而算法背后的逻辑结构与社会伦理意义对决策正确与否影响巨大。面对技术可能带来的伦理冲突，领导干部应该具有制定相应政策的能力，来创建符合伦理准则的算法，进行伦理价值规范。领导干部要注重算法内在的道德属性与规范，运用新的技术来解决社会问题而不是增加新的社会问题。

第四，领导干部应该提高智能社会信息安全风险防控能力。在智能社会，数据在各行各业广泛存在。数据信息是重要资源，具有公共产品属性，其在许多领域代表的都是公共利益。数据获取和分析技术是数据成为资产的前提。没有分析技术，数据就是一些编码和信息，没有太大的用途。因此数据的获取、应用、分析能力也是一种支配权力。正确使用数据能提高效率、促进社会进步，而恶意篡改数据、窃取数据或者恶性病毒攻击等则会给社会带来灾难。在城市管理和民生服务方面，数据资源是“触角”和“眼睛”，数据资源的开放融合与整合利用是实现精细化治理的保障。领导干部只有高度重视数据信息安全风险，有效觉察和精准回应信息应用与保护的现实诉求，才能更好地解决社会治理问题。在社会生产和交往中，信息消费时刻都在发生，每个社会成员作为数据主体产生的信息都有可能被滥用。商家基于精准营销的需要向顾客实时推送信息，或者是出于利益需要而违规违法出售用户个人信息，这会给社会秩序造成混乱。从这个角度看，就会出现监管机构、数据控制者、数据主体三者之间的关系，就会形成多维度的治理关系。作为领导干部，一定要提高信息安全的研判能力，提高对潜在安全隐患和风险的预测能力，做好风险的防范与管控。

自然界的发展是自发和无意识的，社会发展则是自觉和有意识的。二者的区别体现在，社会发展中的主体具有选择性，包括选择实践目标、实践手段、实践方法等，进而实现对现实社会生活的革新与重塑。人类历史上每一次产业革命的变革，都带来了国家竞争实力的分殊和消长。在智能社会中，领导干部作为执政的中坚力量，要善于把握智能技术发展规律，稳步推进智能技术快速发展，不断提高智能社会相关思维能力，注重伦理建设和信息安全风险的防控。过去未去，未来已来。“智能社会”是正在进行时，领导干部要通过良好的制度设计和行政举措，培育和提高公民素养与公共精神，引导技术向更为善智的方向发展。未来的不可知性使人类拥有探索的好奇心和动力，但同时我们也要对技术未来的不可知性心怀谦卑。进入理想的智能社会状态，领导干部一定既要具备推进智能社会发展的道路自信，又要有防范化解各种风险的能力本领。

第三章

人工智能全球治理的未来

目前仍然由主权国家主导的全球治理机制存在霸权逻辑和冲突逻辑两大核心特征。人工智能在全球治理中的应用，并不会自然地导致霸权逻辑的消解。人工智能的发展并不必然导致美国等西方国家的优势权力下降，而发展中国家也同时面临机遇和挑战。因此，全球善智意味着主要国家应在强人工智能和超人工智能的发展问题上形成全球性共识，通过一种全球协商机制来对智能化的发展进行节奏调节，将可解释的和安全的人工智能作为未来发展方向，通过智能化来推动发展中国家历史性难题的解决，并在全球治理和国家治理之间达成平衡。全球善智的理念建立在“机器人新三原则”的基础上，其内容包括：一是人工智能永远是辅助；二是人类决策占比不低于黄金比例；三是人类应时刻把握着人工智能发展的节奏，并随时准备好暂停或减速。同时，人工智能在全球治理中的应用，也很难直接导致冲突逻辑的下降。长期来看，人工智能的发展有助于人们增进了解，但在短期内直接的频繁接触则可能会增加新的冲突。同时，人工智能技术会帮助流动中的人们了解他国文化，但是全球性失业问题所加剧的反移民浪潮则不利于人口的全球性自由流动。基于此，全球合智要求全球社会在人机合智、多国合智和多行为体合智等方面形成合力。全球善智和全球合智可以成为未来人工智能在全球治理应用的目标性价值和过程性价值。

全球治理目前面临的结构性困境

伴随着全球化进程的日益深入，全球治理已经逐渐成为国际社会中大多数国家的共识，然而全球治理目前也面临一些结构性的困境。同时，作为第四次工业革命中的引领性技术，人工智能正在快速发展，并且深刻地改变着人类生活和世界政治。习近平总书记在第十九届中央政治局第九次集体学习中指出："人工智能是引领这一轮科技革命和产业变革的战略性技术，具有溢出带动性很强的'头雁'效应。……正在对经济发展、社会进步、国际政治经济格局等方面产生重大而深远的影响。"[1] 这一部分讨论的核心问题是：人工智能的发展是否会对全球治理结构性问题的解决有所帮助。本章首先总结了目前全球治理的两大症结：霸权逻辑和冲突逻辑。然后提出两个分析假设：一是人工智能的发展有助于减少霸权逻辑，二是人工智能的发展有利于减少冲突逻辑。为了讨论的深入，笔者将这两大假设分解为若干个次级假设，并逐条考察人工智能发展对这些因素的影响。在对这些问题进行实证性的讨论之后，笔者将研究引回理论研究，并针对实证分析提出两种理念——全球善智和全球合智，并讨论这两种理论对消除霸权逻辑和冲突逻辑的可能性。

尽管全球治理这一理念在提出之初极为强调多中心以及全球性的机制，但在实际运行过程中，全球治理仍然集中地表现为国家推动的全球治理。整体来看，非国家性机制仍未发挥出充分而有效的作用。这些非国家性机制包括全球性机制、地区性机制和全球非政

[1] 习近平：《习近平在中共中央政治局第九次集体学习时强调加强领导做好规划明确任务夯实基础推动我国新一代人工智能健康发展》，载《人民日报》2018年11月1日，第1版。

府组织等。

首先，联合国等国际组织发挥的作用仍然面临诸多局限。尽管联合国、世界银行、世界货币基金、世界贸易组织等国际组织在全球治理中已经发挥了一定的作用，然而，综合来看，这些组织在各个领域的推进仍然面临许多掣肘。例如，东洋大学依吉哲朗（Tetsuro iji）的研究认为，联合国在国际冲突的调解员功能只有在那些大国利益不被卷入的冲突中才会有一些空间。[1] 再如，世界银行力图通过一系列发展规范的确立和引导来推动发展中国家的经济发展。为了避免发展中国家对世界银行的发展模式输出的反对，世界银行的两个下属机构经济发展研究所（Economic Development Institute）和世界银行研究所（the World Bank Institute）通过一些其定义的最佳实践和案例来说服成员国接受这些发展规范。[2] 然而，这些发展规范转化为发展中国家的经济发展实践则是另一回事。另如，美国政治学家理查德·曼斯巴赫（Richard Mansbach）和爱荷华州立大学政治学教授艾伦·皮罗（Ellen Pirro）的研究考察了 2008 年金融危机后世界银行、国际货币基金组织等机构对欧洲复苏的影响，认为这些机构对复苏本身影响不大。[3] 此外，世界贸易机制也面临重构的压力，而全球气候治理谈判也陷入僵局。

[1] Tetsuro Iji，*The UN as an International Mediator*：*From the Post-Cold War Era to the Twenty-First Century*，Global Governance，Vol. 23：1，pp. 83—100（2017）.

[2] Adrian Bazbauers，*The World Bank as a Development Teacher*，*Global Governance*，Vol. 22：3，pp. 409—426（2016）.

[3] Richard Mansbach & Ellen Pirro，*Putting the Pieces Together*：*International and EU Institutions After the Economic Crisis*，Global Governance，Vol. 22：1，pp. 99—115（2016）.

其次，区域治理目前也面临新的显著困难。乔治城大学国际关系教授阿里·卡考维奇（Arie Kacowicz）将区域治理和全球治理之间的关系概括为无关、冲突、合作、和谐四种，并认为欧盟作为区域治理实践的先行者对于全球治理具有示范效应。[1] 尽管欧盟已经取得了巨大成就，但是在英国脱欧事件和欧洲经济不景气的背景下，欧盟发展同样面临许多挑战，这使得地区性治理作为全球治理的辅助性形态也受到一些质疑。[2] 其他地区如北美、东亚、拉美、非洲等区域机制也未出现较大的发展。

再次，全球非政府组织尽管非常活跃，但并无推动全球治理实质性变革的能力。在 20 世纪 90 年代，在全球治理理论被提出之初时，西方学术界把公民社会组织作为全球治理改革的重点推动力量，但现在看来这一点非常不现实。公民社会组织更多的是碎片化的力量，其在一些相对微观和聚焦的问题领域（典型领域如全球卫生治理等）中有直接的推动作用，但是这些微观问题的解决很难触及全球治理的本质。因此，公民社会组织无力推动整个全球治理体系的改革，对许多结构性和根本性问题也无法提出全面的解决方案。

整体来看，目前全球治理的最大问题是全球社会缺乏对全球性问题的解决机制、系统框架和推进路线图。全球性问题是国际社会面临的、需要全球性思维考虑的问题，其中包括地区性冲突、南北关系、生态问题、环境污染、恐怖主义、跨国犯罪、人口爆炸以及

[1] Arie Kacowicz, *Regional Governance and Global Governance: Links and Explanations*, Global Governance, Vol. 24: 1, pp. 61—79 (2018).

[2] Sara Hobolt, *The Brexit Vote: A Divided Nation, A Divided Continent*, Journal of European Public Policy, Vol. 23: 9, pp. 1259—1277 (2016).

资源短缺等。尽管这些问题种类比较多，但是在具体分析之后，可以将这些问题更为宏观地归结为如下几类：

第一类是发展性问题，即因发展中国家不发达而导致的问题。当下主要的一些全球性问题，诸如人口爆炸、传染病流行等都属于这类问题。而跨国犯罪、国际恐怖主义等全球性问题的根源也与这类问题密切相关。发展性问题可以说是全球性问题的重要根源之一。如果不发达国家在未来没有得到长足的发展，那么这类问题仍然会长期存在。

第二类是霸权性问题，即发达国家滥用其在全球秩序中的权力，造成不发达国家的发展问题恶化，或者其不愿在国际机制上作一些自我约束以推动全球性机制的发展。全球性机制的形成本身就需要相关国家都作出一些让步。但是，现在的一个重要态势是，发达国家在多数条件都显著优于发展中国家的背景下，依然不愿在诸如气候问题、贸易问题、南北问题等问题上作出一些让步。

第三类是综合性问题，即既由于发展中国家自身的不发达，也由于某些发达国家的滥用武力等霸权性行为共同导致的复杂性问题。地区性冲突就主要属于这一类。

这些问题长期得不到解决或积重难返，就会导致全球治理危机。[1] 进一步说，目前仍然由主权国家主导的全球治理机制存在如下两个重要特征：

第一，霸权逻辑。目前全球治理仍然被以美国为中心的西方霸权主导。西方发达国家的目标往往是维护西方在整个世界的优势地位（特别是在金融和科技等领域）。因此，西方国家会利用此前形

[1] 门洪华：《应对全球治理危机与变革的中国方略》，载《中国社会科学》2017年第10期。

成的许多优势机制来保持这种竞争优势。[1]这也是导致非西方世界长期贫困的重要原因之一。近年来，一些新兴的发展中国家在取得了较大发展的同时，也有意愿在国际社会中承担更重要的角色，推动现有全球治理体系的改革，但是这些积极的行动都遭到西方发达国家的漠视甚至抵制。近年来西方国家出现的一些反全球化现象正是这种霸权治理逻辑的体现。当西方国家在全球化进程中获得巨大利益的时候，他们就会极大地推动这一进程。但是，当越来越多的发展中国家加入这一进程并慢慢进入某些中心领域时，一些发达国家便可能会采取措施反对或者阻止全球化进程的进一步发展。

第二，冲突逻辑。目前全球治理领域结构性问题的长期存在与西方主流文化中的冲突性思维有密切的关系。这种冲突性思维源于基督教文化的人性恶假设，把行为方之间关系往往看成是相互冲突的。[2]例如，现实主义是西方国际关系理论中最重要的理论流派，同时现实主义就是冲突价值观的典型代表。[3]尽管西方社会在许多方面已经表现出一定的世俗化，但是基督教文化仍然是西方发达国家内部最重要的思想内核。作为一神教，基督教教义的潜在含义是，只有异教徒改宗，皈依基督教，才会得到他们真正的认同。因此，保持自身独特性的其他文明往往会被基督教文明认为是异端或

[1]［英］基斯·范德菲尔：《西方霸权的竞争者：过去与现在——作为一种全球治理视角》，载《当代世界》2010年第11期。

[2]高奇琦：《全球共治：中西方世界秩序观的差异及其调和》，载《世界经济与政治》2015年第4期。

[3]传统现实主义的代表人物摩根索就将权力斗争当成国际政治的主要内容，而摩根索的理论源自施密特的冲突性哲学。参见Hans-Karl Pichler, *The Godfathers of Truth: Max Weber and Carl Schmitt in Morgenthau's Theory of Power Politics*, Review of International Studies, Vol. 24: 1, p. 186 (1998).

另类。例如，欧洲左翼思想家斯拉沃热·齐泽克（Slavoj Žižek）对基督教的排他主义特征有一番精彩的评论："在其他'特殊主义'的宗教中，至少对其他宗教还有一个位置，它们是容忍的，即使它们被轻视。基督箴言'四海之内皆兄弟'也意味着，'那些不是我兄弟的不是人'……基督普世主义片面地将不信仰者排除出人类的普适性之外。"[1] 美国历史学家阿诺德·汤因比（Arnold Toynbee）对西方文化和基督教的这种排斥性也有评述，"在精神领域里，西方理性主义者与西方基督徒都有一种居高临下的态度"，他们"蔑视其他所有的宗教"。[2] 这种传统使得基督教文明很难从心理上接受和认同其他文明。这就是西方发达国家很难接受发展中国家的文化根源。所以，从某种意义上讲，西方发达国家所代表的基督教文明在思想根源上不能接受和容忍其他文明的进步和发展，这是贫困问题和地区冲突长期存在的重要思想文化背景。另外，在全球化流动的背景下，外来人口向西方世界的大量涌入，在某种程度上又加剧了不同文化之间的冲突。而非西方世界的外来人口无法真正融入西方社会，追根溯源也是文化差异所导致的。总之，这种冲突逻辑本质上是一种排他性逻辑或独占性逻辑。

这种冲突逻辑集中地体现在西方学者关于全球治理的论述之中。例如，柏林社会科学研究中心研究员马修·斯蒂芬（Matthew Stephen）认为，新兴国家崛起对全球治理的影响可以总结为如下六点：第一，全球治理将继续存在，但竞争日益激烈；第二，关于全球治理的领导权争夺变得更加显著；第三，全球治理的自由社会

[1] Slavoj Zizek, *On Belief*, Routledge, 2001, pp. 143—144.

[2] 详见［英］阿诺德·汤因比：《历史研究》，刘北成、郭小凌译，上海人民出版社 2005 年版，第 367 页。

目标正在退居二线；第四，现有的多边机构正面临日益严重的僵局；第五，非正式化的特征在增加；第六，全球治理在变得日益碎片化。[1] 斯蒂芬的后三个判断基本是正确的，即看到了目前全球治理面临的问题。然而，这三个问题并不是由于新兴国家崛起而导致的，而是由于传统的全球治理体系自身所存在的困难所决定的。而前三个判断则有很强的霸权和冲突逻辑的特征。第一点和第二点都将全球治理中新兴国家与守成国家的关系看成是零和博弈。第三点则隐含了对西方国家意识形态下降的一种惋惜。斯蒂芬的结论同样有明显的冲突性："在这方面，新的全球治理可能在制度上更加多样化和多中心化，与过去相比，有更多公开冲突的迹象，因为新兴国家已经有公开反对守成大国的能力。在任何情况下，'解决问题'和'合作'都不能充分描述新全球治理的中心动力。政治正在回归。"[2]

再如，乔治梅森大学法学教授克雷格·勒纳（Craig Lerner）认为，全球治理理念是一种现代的巴别塔隐喻。人们通过描述未来的风险如气候变化、核战争、人工智能、纳米技术等，从而强调全球治理的意义和必要性。勒纳认为，从《圣经》对巴别塔的描述来看，全球治理的观念是错误的。巴别塔隐喻中本身就暗含了一种观念，即人类分裂成不同的领域会产生有益的后果。在勒纳看来，除了可行性问题，全球治理解决方案夸大了合作的好处，低估了合作的成本，而保持独立的、甚至是相互竞争的民族国家方式往往具有

[1] Matthew D. Stephen, *Emerging Powers and Emerging Trends in Global Governance*, Global Governance, Vol: 3, pp. 489—490 (2017).

[2] Matthew D. Stephen, *Emerging Powers and Emerging Trends in Global Governance*, Global Governance, Vol. 23: 3, p. 498 (2017).

实质性的优势。[1] 勒纳的观点是典型的冲突逻辑，并且从基督教文化来解释世界政治。从更加抽象的意义来理解，这种冲突逻辑的本质是人的异化。卡尔·马克思（Karl Marx）认为，在资本主义制度的影响之下，主客体关系被异化。所导致的结果是，人与自然的关系不再是统一的，而是对抗的。并且，这种在西方意识形态中的对抗性同样会在人类社会内部蔓延。马克思指出："当现实的、肉体的、站在坚实的呈圆形的地球上呼出和吸入一切自然力的人通过自己的外化把自己现实的、对象性的本质力量设定为异己的对象时，设定并不是主体。"[2] 换言之，当人与自然的关系、人与人的关系异化时，威胁的不仅是客体，更包括主体，并且威胁的不仅是资本主义社会本身，而是整个人类社会和全球治理体系。

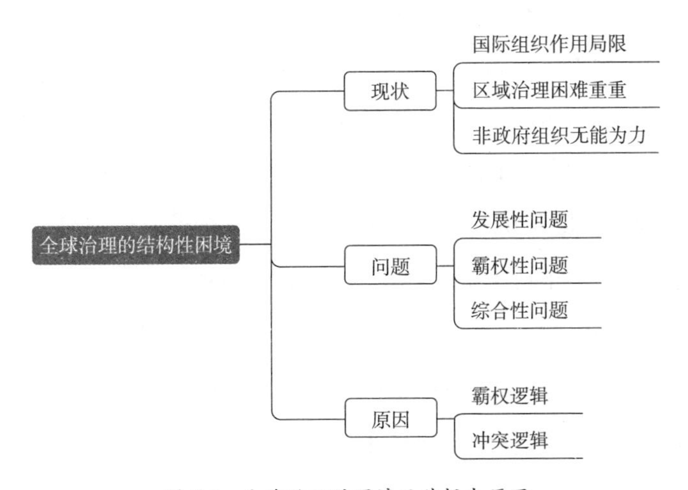

图 3-1　全球治理的困境及其根本原因

[1] Craig Lerner, *The Tower of Babel Revisited: Global Governance As a Problematic Solution to Existential Threats*, North Carolina Journal of Law & Technology, Vol. 19: 1, pp. 69—70 (2017).

[2]《马克思恩格斯全集》第 3 卷，人民出版社 2002 年版，第 324 页。

人工智能是否能改变全球治理的两大症结逻辑

人类社会正在经历第四次工业革命。第一次工业革命起始于18世纪60年代，以蒸汽机革命为中心，主要定义者是英国。第二次工业革命发端于19世纪60年代，以电气革命和内燃机革命为中心，主要定义者是德国和美国。第三次工业革命起始于20世纪40年代，以计算机和信息革命为中心，主要定义者是美国。目前正在发生的是第四次工业革命，多数研究认为其引领性技术是人工智能。

关于人工智能的定义一直是个理论难题。加州大学伯克利分校人工智能教授斯图亚特·罗素（Stuart Russell）和谷歌人工智能科学家彼得·诺维格（Peter Norvig）将目前人工智能的定义总结为四类："一、像人一样行动，即图灵测试的途径；二、像人一样思考，即认知建模的途径；三、合理的思考，即思维法则的途径；四、合理的行动，即合理行动力的途径。"[1] 简言之，人工智能是对人类智能的模拟，即用机器来模拟人的智能，并辅助人们完成一些任务或决策。人工智能起源的标志性事件是1956年的达特茅斯会议。约翰·麦卡锡（John Mckarthy）、马文·明斯基（Marvin Minsky）、克劳德·香农（Claun de Shannon）、赫伯特·西蒙（Herbert Simon）等十位著名的信息科学家出席了这次会议，并奠定了人工智能之后发展的一些基本框架。在此之后，人工智能经历了三次浪潮。第一次浪潮是从1956年开始到20世纪60年代末，其核心是计算机使用推理来解决特定问题，例如，用机器来证明法则。这一时期尽管

[1] [美] 斯图亚特·罗素、彼得·诺维格：《人工智能：一种现代的方法》（第3版），殷建平、祝恩、刘越、陈跃新、王挺译，清华大学出版社2013年版，第5页。

取得了较大成就，但是这种推理方法对于复杂的现实问题却束手无策。当这一弱点越来越显现时，人工智能第一波热潮随之衰退。这样在 20 世纪 70 年代，人工智能研究进入了第一次严冬。第二次浪潮出现在 20 世纪 80 年代，其核心是知识工程，即用专家系统来解决实际问题。然而，知识工程方法也有其局限性。在 1995 年左右，人工智能再次进入冬天。第三次浪潮出现在 2000 年之后，特别是在 2006 年以后，伴随着互联网的繁荣以及海量数据的出现，基于深度学习的人工智能方法随之盛行。[1] 这次兴起主要有三大原因：第一，由于传感器的大量出现，数据量急剧增加；第二，计算机的计算能力比之前也有较大提升；第三，以深度神经网络为代表的深度学习等算法在应用中出现优异效果。我们目前正在经历的是第三次人工智能浪潮的上升期。

第四次工业革命是在第三次工业革命基础上产生的。人工智能发展所依赖重要基础如算力、算法和数据等都建立在信息技术的基础上。从某种意义上讲，人工智能也被看作是信息技术的新发展或新阶段。传统上，人工智能最初也是作为计算机学科或自动化学科等信息科学大类下的分支学科出现的。第四次工业革命还与其他的一些技术关联，如物联网、虚拟现实、区块链等。然而，这些技术在某种程度上都与人工智能密切联系。之所以称为智能革命，是因为人工智能对各个领域的影响都是巨大的。例如，在人工智能技术的辅助下，自动驾驶可能对传统交通产生深刻影响。同样，人工智能对医疗、教育、法律、金融、传媒等诸领域都带来深刻

[1] [日] 松尾丰：《人工智能狂潮：机器人会超越人类吗？》，赵函宏、高华彬译，机械工业出版社 2018 年版，第 40 页。

影响。

由于人工智能在美国已经有六十多年的发展历程，因此，美国在人工智能与政治学以及公共管理的相关成果在第三波浪潮之前就已经出现。例如，英国的理查德·金柏（Richard Kimber）使用了人工智能中的ID3算法构建了神经网络，并基于147个国家的社会经济数据来预测转型国家未来可能达到的民主程度。[1] 北卡罗来纳大学教授托马斯·巴斯（Thomas Barth）和孟菲斯大学的艾迪·阿诺德（Eddy Arnold）讨论了人工智能的技术发展可能引发的一些与行政自由裁量权相关的困境，并总结了人工智能对公共行政领域的好处和危险。[2] 雪城大学政治学副教授加万·杜菲（Gavan Duffy）和雪城大学全球安全教授塞思·塔克（Seth Tucker）还讨论了人工智能在政治科学应用的前景以及未来面临的问题等。[3] 然而，直接关于人工智能对全球治理影响的参考文献非常缺乏。第三次人工智能浪潮对全球治理和国际关系影响的成果在国外文献中也非常少，最为相关的是大数据对全球治理的影响研究。国内学者已经注意到大数据对国际关系研究的影响。[4] 同时，国内学者就人工智能与

[1] Richard Kimber, *Artificial Intelligence and the Study of Democracy*, Social Science Computer Review, Vol. 9: 3, pp. 381—398 (1991).

[2] Thomas Barth & Eddy Arnold, *Artificial Intelligence and Administrative Discretion: Implications for Public Administration*, American Review of Public Administration, Vol. 29: 4, pp. 332—351 (1999).

[3] Gavan Duffy & Seth Tucker, *Political Science: Artificial Intelligence Applications*, Social Science Computer Review, vol. 13: 1, pp. 1—20 (1995).

[4] 参见胡键：《基于大数据的国家实力：内涵及其评估》，载《中国社会科学》2018年第6期；漆海霞：《大数据与国际关系研究创新》，载《中国社会科学》2018年第6期；董青岭：《大数据安全态势感知与冲突预测》，载《中国社会科学》2018年第6期。

国际关系的相关研究也开始零星出现。[1]

前文讨论了目前全球治理机制的两个局限性特征：一是霸权逻辑，二是冲突逻辑。因此，下文围绕如下两个假设展开：一是人工智能的发展有助于减少霸权逻辑（第1假设）。二是人工智能的发展有利于减少冲突逻辑（第2假设）。

本章的第一个假设是：人工智能的发展有助于减少霸权逻辑。这个假设可以分为三个次级假设：一是人工智能的发展使得美国等西方国家的优势权力下降（第1-a假设）。二是发展中国家在智能革命中有更好的发展机会（第1-b假设）。三是关于人工智能的国际规则朝着有利于发展中国家的方向发展（第1-c假设）。

本章的第二个假设是：人工智能的发展有利于减少冲突逻辑。这个假设可以分为两个次级假设：一是人工智能的发展有助于增加不同群体间的理解（第2-a假设）。二是人工智能的发展有助于人口的全球性自由流动（第2-b假设）。

重塑还是消解？人工智能对霸权逻辑的作用

关于第1-a假设“人工智能的发展使得美国等西方国家的超级权力下降”，可观察到的相关事实是：

[1] 笔者在《国际观察》杂志上组织了一组关于人工智能主题的文章。参见高奇琦：《人工智能时代发展中国家的“边缘化风险”与中国使命》，载《国际观察》2018年第4期；陈伟光、袁静：《人工智能全球治理：基于治理主体、结构和机制的分析》，载《国际观察》2018年第4期；董青岭：《新战争伦理：规范和约束致命性自主武器系统》，载《国际观察》2018年第4期；鲁传颖、[美]约翰·马勒里：《体制复合体理论视角下的人工智能全球治理进程》，载《国际观察》2018年第4期。其他相关的文章包括：封帅：《人工智能时代的国际关系：走向变革且不平等的世界》，载《外交评论（外交学院学报）》2018年第1期。

第一，美国在人工智能上的超级权力非常明显，而其他西方发达国家与美国的差距在不断拉大。由于智能革命是信息技术革命的延伸，所以美国在竞争中具有超强实力。这种超强实力主要表现为如下几点：其一，智能计算硬件的领先企业几乎都是美国企业。例如，英伟达因为其 GPU 在人工智能计算中有优势而影响增加，英特尔也在充分布局人工智能芯片，高通在智能手机芯片方面有优势，而谷歌则在开发 TPU 等智能专用芯片上有优势。其二，美国企业和高校在人工智能算法框架及其生态方面非常强势。人工智能最为流行的算法框架如谷歌的 Tensor Flow、IBM 的 System ML、加州大学伯克利分校的 Caffe、脸书的 Torch 等几乎都是由美国公司或研究机构主导的。其三，在具体应用场景中，美国企业具有明显的优势。例如，在自动驾驶领域，谷歌的 Waymo 和特斯拉等都是最为领先的企业。再如，在特种机器人领域，波士顿动力的技术也处于领先地位。其四，美国在某些原发性创新方面也有优势。例如，特斯拉公司首席执行官埃隆·马斯克（Elon Musk）和 PayPal 创始人彼得·泰尔（Peter Thiel）等硅谷巨头支持的 Open AI 正在从事一些颠覆性研究，例如，制造“通用”机器人和使用自然语言的聊天机器人。美国的超级实力与其他西方发达国家也拉开了差距。尽管德国、日本等也是传统工业强国，但是在人工智能领域与美国的差距仍然显著。另外，在传统发达国家中，英国、加拿大、以色列等在人工智能领域也有很好的基础，但都与美国差距较大。[1]

[1] 高奇琦：《中国在人工智能时代的特殊使命》，载《探索与争鸣》2017 年第 10 期。

第二，尽管近年来中国在人工智能领域发展迅速，但未来的不确定性仍然明显。在人工智能领域，中国是新入场者。如下几点原因使得中国在近年来发展迅速：一是中国在信息科技领域的基础扎实。中国在近二十年中赶上了移动互联网的发展浪潮，与发达国家的差距越来越小。在2G到3G的发展过程中，美国的高通是绝对的主导者。在3G到4G的过程中，中国就成为游戏规则的制定者之一。中国主导的TD-LTE标准在4G中占有重要地位。同时，我国手机品牌如华为、OPPO、VIVO、小米等迅速发展，并逐步与苹果、三星等巨头分庭抗礼。到5G落地时，中国已经基本与发达国家同步，甚至在某些技术方面还较为领先。二是国家战略的积极引导。国务院于2017年7月印发了《新一代人工智能发展规划》，之后工业和信息化部在2017年12月印发《促进新一代人工智能产业发展三年行动计划（2018—2020年）》，而教育部则在2018年4月印发《高等学校人工智能创新行动计划》。为保障这一国家战略的落地和实施，各省市也制定了相关推进计划。而且，中央政治局在2018年10月就人工智能发展现状和趋势进行集体学习，对人工智能的下一步发展也会形成重要推动。三是中国的大市场和整齐的消费群体为人工智能落地奠定基础。中国人口数量多，且信息化程度高，数据量巨大，这都是人工智能在各场景中快速落地的基础。四是中国近年来的经济起飞使得民间资本活跃，因此使得人工智能领域的投资快速增加。

中国在人工智能领域的成果近年来增长很快。例如，清华大学发布的《中国人工智能发展报告2018》指出，中国在论文总量和被引论文数量上都排在世界第一。在人工智能的专利数量上，中国也略微领先于美国和日本。[1] 在人工智能领域，中国目前最大的特点是可以将前沿应用较快地转化为产品。近年来，中国的快速发展主要集中在视觉识别、语音识别等应用领域中。例如，在视觉识别技术的基础上，海康威视、大华等企业快速成长为全球规模和技术排名前列的智能安防企业。在芯片领域，一些应用性芯片有长足进步，如华为海思的麒麟系列、寒武纪的NPU、地平线的BPU、阿里达摩院在研的Ali-NPU等。当然，中国还有明显的不足。例如，在智能基础芯片、算法框架和生态等方面还非常欠缺，同时一些基础理论和原生创新方面也较为不足。

第三，发达国家特别是美国希望锁定其在人工智能领域对发展中国家的技术优势。在技术进步的问题上，发达国家力图使用各种机制来冻结技术优势，这在很大程度上导致许多发展中国家只能在相对低端的行业从事低价值产出的工作。由于这些低端产业的附加值非常低，所以发展中国家的劳动者尽管付出了较多劳动，但是却依然贫困。长此以往，发展中国家就陷入一个恶性循环：由于本国的经济水平较低，无法提高国民的教育水平，继而无法提高前沿科学技术的研发能力，也就很难出现支撑整个国家的、有影响力的产业和公司。这样，发展中国家就陷入了不发展的怪圈和循环。要解决全球治理中最为根本的发展问题，最重要的措施应是提高这些国家的技术水平。

然而，目前非常关键的问题是，西方发达国家并不愿意将人工智能等前沿科技学术转让给发展中国家。同时，当一些发展中国家

[1] 李浩：《人工智能和传统产业的结合值得关注——〈中国人工智能发展报告2018〉正式发布》，载《科技中国》2018年第8期。

中的新兴国家在某些前沿领域取得突破性进展时，西方发达国家还会利用外商投资审查、出口控制、限制科技交流和人员交流等方式阻止新兴国家的科技进步。发达国家希望长期把先进的技术控制在自己手中，通过阻碍技术的扩散从而实现长期主导新一轮科技革命的目的。从根本上讲，西方发达国家仍然没有摆脱传统的帝国主义和殖民主义的思维。西方发达国家的传统殖民方式是地理殖民。然而，伴随着民族解放运动的发展，特别是在二战之后，地理殖民的可能性越来越小，而技术殖民则成为其主要的替代形式。西方国家通过对专利技术的控制阻止发展中国家进入许多技术领域，从而冻结发达国家和发展中国家之间的差距。从这个角度考虑，专利技术很大程度是在为技术霸权提供服务的。那些超级大公司不断通过兼并来获得专利，通过诉讼击败对手，所以知识产权在一定程度上服务于西方国家的霸权战略。在人工智能时代，超级大公司对核心技术垄断的情况会更加突出。日本东京大学人工智能副教授松尾丰就提醒我们要对人工智能时代的技术垄断有所警惕。如果人工智能中的某些算法被特定企业控制和“暗箱化操作”，那么这对其他企业和公众都是不公平的。另外，拥有通用性操作系统的企业在竞争中的优势会不断集聚，最后会形成对市场的垄断。[1] 牛津大学法学教授阿里尔·扎拉奇（Ariel Ezrachi）和田纳西大学法学教授苏莫里斯·斯图克（Maurice Stucke）也指出，当一些超级平台企业将触角延伸到虚拟助手、物联网、智能设备时，其数据优势就会演化为一种竞争优势和市场力量。因此，未来最为糟糕的情形是，随着

[1]［日］松尾丰：《人工智能狂潮：机器人会超越人类吗？》，赵函宏、高华彬译，机械工业出版社2016年版，第186—187页。

财富获取能力的增强，资金将集中流向少数几个超级平台。[1]

关于第1-a假设，目前的初步结论是，美国的优势仍然很明显，尽管中国进步很快，但是美国很可能对中国的发展进行限制，这可能会导致中国发展的不确定性增加。

关于第1-b假设“发展中国家在智能革命中有更好的发展机会”，目前可观察到的相关事实包括：

第一，开源软件和新型学习方式有助于发展中国家的人才培养。现阶段与人工智能相关的许多工业领域，其技术都是开源的。开源的技术就意味着后来者可以较为便捷地使用前人的研究成果，从而大大缩短追赶的时间。在人工智能时代，高水平教育资源的稀缺性会不断降低，人们获取知识的方式更加便捷。例如，将目前的直播技术和短视频技术用于知识学习，会产生非常好的效果。现在已经有一些教育产品在使用，例如，国内的学而思网校。如果发展中国家人民可以充分发挥人工智能的技术潜能，通过技术手段赋能学习，提高国家整体的教育水平和国民素养，就可以为经济发展打下扎实的人才基础。质言之，发展中国家可以在人工智能技术的赋能下，通过提高国民的教育水平，逐步提升内部治理的能力，最终实现摆脱贫困的状态。

第二，智能革命推动的制度化有助于发展中国家克服传统文化的限制。人工智能相关技术首先有助于一些传统问题的解决。哥本哈根商学院管理学汉斯·汉森（Hans Hansen）和麦克马斯特大学托尼·波特（Tony Porter）的研究指出，在与埃博拉等疾病的斗争

[1] [英] 阿里尔·扎拉奇、莫里斯·斯图克：《算法的陷阱：超级平台、算法垄断与场景欺骗》，余潇译，中信出版社2018年版，第315—316页。

中，手机和大数据技术是关键。手机有助于人们发送与协调相关的工作信息，而对呼叫数据记录的分析有助于流行病学家追踪疾病的传播。[1] 将人工智能解决方案引入到发展中国家的问题治理，可以在很大程度上减少传统人为因素的干扰。人工智能可以克服人类智能对情感因素的过于倚重，可以帮助传统社会向法理型社会转型。发展中国家的落后在很大程度上是文化的落后，而人工智能的机器理性可以帮助对冲传统文化的影响。例如，许多发展中国家都受到腐败问题的侵扰，然而，通过信息系统、电子化支付或移动支付等手段，所有的交易都被记录下来，那么传统的腐败机会就会减少。当然，在这种制度化的过程中，发展中国家需要在国外经验与自身文化之间寻求平衡。目前国际上的许多指标体系都是建立在西方发达国家经验的基础上，一旦简单地将这些测量工具应用在发展中国家的实践之中，就会出现许多适用性问题。[2] 因此，这种基于数据和测量的全球治理要以发展中国家的实践为中心。渥太华大学政治学教授杰奎琳·拜斯特（Jacqueline Best）的研究也发现，目前的全球治理越来越注重衡量、排名和评分。在国际发展的问题上，大量采用定量方法和评估技术反而成为某些国家施加权力的来源。在许多情况下，这些权力加强了现有的不对称性，并削弱了这些治理实践的实际潜力。[3] 鉴于此，在人工智能技术之上的全球治理实践同样要回到发展中国家的实际情况之中。

[1] Hans Krause Hansen & Tony Porter, *What Do Big Data Do in Global Governance?*, Global Governance, Vol. 23: 1, p. 36 (2017).

[2] Isabel Rocha de Siqueira, Symbolic Power in Development Politics: Can "Fragile States" Fight with Numbers?, *Global Governance*, Vol. 23: 1, p. 43 (2017).

[3] Jacqueline Best, *The Rise of Measurement-driven Governance: The Case of International Development*, Global Governance, Vol. 23: 2, p. 163 (2017).

第三，智能时代的来临可能会导致国际分工的终结，从而使得发达国家和发展中国家的差距进一步拉大。[1] 首先，世界体系分工的基础是劳动分工。根据巴西经济学家多斯·桑托斯（Dos Santos）提出的“主流依附论”，在20世纪五六十年代，由于垄断资本主义发展的需要，西方资本主义国家与发展中国家之间形成了一个不可分割的世界体系。因为不同国家拥有不同的资源禀赋，发达国家拥有先进的技术但是缺乏劳动力，发展中国家恰恰可以提供充沛的廉价劳动力。因此，发展中国家获得机会，充分参与到国际社会分工之中，并取得劳动力素质提高的基础性资源，再通过技能的外溢和技术升级，进一步从整体上提高国家的实力和劳动力素质。[2] 例如，美国经济学家艾丽丝·阿姆斯丹（Alice Amsden）指出，以20世纪20年代的日本为例，它的纺织品之所以能够打入英国兰开夏的市场，依靠的不仅是能够提供生棉、现代化设备和一体化生产线的贸易公司，也依靠廉价的劳动力。到20世纪五六十年代，在韩国和中国台湾的带动下，其他后起工业化国家纷纷试图以低工资这一比较优势打入国际出口市场，这些后起工业化国家和地区代表了一种新的国际经济秩序。[3]

然而，人工智能的发展却很可能摧毁这一基础，因为发达国家逐渐意识到机器人的成本很大程度上低于维持人力的成本。在一些发展中国家，劳动力使用的成本最初较低，但是在全球化过程

[1] 高奇琦：《人工智能时代的人类命运共同体与世界政治》，载《当代世界与社会主义》2018年第3期。

[2] Theotonio Dos Santos, *American Economic Association*, *The American Economic Review*, Vol. 60: 2, p. 231 (1970).

[3] Alice Amsden, *Asia's Next Giant*: *South Korea and Late Industrialization*, Oxford University Press, 1992, pp. 18—19.

中，随着这些发展中国家劳工标准、福利水平的提升，劳动力成本也会随之上升。相较而言，人工智能的成本更加可控。这种对机器的依赖在某种程度上排除了发展中国家参与世界性分工的可能。显而易见，如果未来人工智能技术发展到较高水平，发展中国家在国际分工中承担的劳动密集型分工就会逐渐被替代，那么发展中国家将很难再参与到先前的世界分工之中。正如麻省理工管理学教授埃里克·布莱恩约弗森（Erik Brynjolfsson）和安德鲁·麦卡菲（Andrew McAfee）所概括的："从长期来看，自动化影响最多的可能不是美国和其他发达国家的劳动者，而是以低成本劳动力作为竞争优势的发展中国家。"[1]同时，发展中国家参与的终结会进一步拉大南北方在技术上的鸿沟。发达国家在人工智能新技术上构筑的壁垒会越来越高，而不发达国家通过参与学习进入中心地区的可能性也变得越来越小。微软研究院的达娜·博伊德（Danah Boyd）和凯特·克劳福德（Kate Crawford）认为，大数据的入口有限造成了新的数据鸿沟。大型数据公司对数据有着绝对的垄断性权力。[2]因此，接入鸿沟是数字鸿沟的基本形态。[3]蒙纳士大学新闻与传播学教授马克·安德烈耶维奇（Mark Anderjevic）用大数据鸿沟（big data divide）来描述收集、存储和挖掘大量数据的人与数据收集目标之间的不对称关系。安德烈耶维奇认为，大数据的发展可能加剧

[1]［美］埃里克·布莱恩约弗森、安德鲁·麦卡菲：《第二次机器革命》，蒋永军译，中信出版社 2016 年版，第 252 页。

[2] Danah Boyd & Kate Crawford, "Critical Questions for Big Data," *Information, Communication & Society*, Vol. 15: 5, pp. 673—674 (2012).

[3] 邱泽奇、张树沁、刘世定：《从数字鸿沟到红利差异——互联网资本的视角》，载《中国社会科学》2016 年第 10 期。

数字时代的权力失衡。[1]汉森等人认为，大数据依靠技术在全球运营，以新的方式遮蔽和混淆权力。随着国际事务中大数据实际影响的不断扩大，必须要采取有效的方式调整这些权力关系的变化。[2]实际上，人工智能发展导致的新型不平等可以理解为人工智能的异化。马克思认为，科学技术出现了异化，其根源是“机器的资本主义应用”。马克思强调：“同机器的资本主义应用不可分离的矛盾和对抗是不存在的，因为这些矛盾和对抗不是从机器本身产生的，而是从机器的资本主义应用产生的！”[3]人工智能异化造成的不平等不仅会出现在资本主义社会内部，还会外溢于国际分工体系之中。

因此，关于第1-b假设，目前的初步结论是，尽管发展中国家可以得到人工智能的一些技术红利和后发优势，但是由于人工智能本身是高端前沿技术，而发展中国家缺乏足够的人才储备，那么其与发达国家的差距可能会越来越大。

关于第1-c假设，“人工智能的国际规则朝着有利于发展中国家的方向发展”，目前可观察到的相关事实是：

第一，目前全球人工智能相关的法律法规、政策、原则等方面，主要是由西方发达国家进行定义的。发展中国家在其中的话语权很微弱，甚至无法参与到相关的讨论中。例如，西方发达国家的一些大公司在这些规则的定义上具有主导权。“阿西洛马人工智能23原则”（以下简称“阿西洛马原则”）是近年来最具影响力的人工

[1] Mark Anderjevic, *The Big Data Divide*, International Journal of Communication, Vol. 8, pp. 1673—1689 (2014).

[2] Hans Krause Hansen & Tony Porter, *What Do Big Data Do in Global Governance?*, Global Governance, Vol. 23: 1, pp. 31—32 (2017).

[3]《马克思恩格斯全集》第44卷，人民出版社2001年版，第508页。

智能原则。[1] 尽管“阿西洛马原则”宣称是由近千名人工智能与机器人领域的专家联合签署，但细究之下便会发现，这一原则的主要推动者仍然是像马斯克这样的西方企业家。“阿西洛马原则”的一些宏观性内容是基本正确的，例如，研究目标中强调“有益的智能”、第六条中强调的“人工智能系统的安全性”、第七条中强调的“故障的透明性”、第八条所强调的“审判的透明性”、第十一条的“人类价值观”、第十四条的“共享利益”和第十五条的“共享繁荣”等原则都是相对容易与公众达成共识。

但是，“阿西洛马原则”仍然存在如下问题：首先，该原则暗含了发展通用人工智能甚至是超级人工智能的目标。该原则的第九条和第十条都强调“高级人工智能和高度自主的人工智能系统是可以被设计的”；尽管第十六条强调“人类应该选择如何以及是否代表人工智能作决策，用来实现人为目标”，但是这种选择权某种意义上暗含了可以让人工智能自主做决策的可能性；第十七条强调“不能终止或颠覆高级人工智能产生的权利”；第十九条则强调“不能给未来人工智能的性能发展设置上限”；第二十条强调“高级人工智能可以反映地球上生命历史的深奥变化，并且应该加以支持”。通用人工智能是相对于专用人工智能而言的。专用人工智能也被称为模块化人工智能（Modular AI），其在特定领域拥有狭隘的专业知识，能够通过实践学习来提高其性能。相比之下，通用人工智能

[1]“23 原则”分为三大类，共二十三条。第一类为科研问题（有五条），包括研究目的、经费政策、文化与竞争等内容；第二类为伦理价值问题（有十三条），包括 AI 开发中的安全、责任、价值观等；第三类为长期性的问题（有五条），旨在应对人工智能发展可能造成的灾难性风险。Future of Life Institute, *Asilomar AI Principles*,（Jan.3, 2017）, https://futureoflife.org/ai-principles/?cn-reloaded=1.

（general AI）可以更灵活地运用它的知识来处理一系列更为抽象和无限的问题，包括那些需要理解意义和价值的问题。[1]

简言之，专用人工智能是局限在某一领域的智能，而通用人工智能则指力图在整体上实现类似于人的综合问题解决能力的智能。人们往往把通用人工智能也称为强人工智能，而通用人工智能发展的下一个阶段便是超级人工智能。如果说通用人工智能的目标是等同于人，那么超级人工智能的目标则是培养超过人类智能的智能。牛津大学人类未来研究所教授尼克·波斯特罗姆（Nick Bostrom）将超级智能定义为："在几乎所有领域远远超过人类的认知能力。"波斯特罗姆还将超级智能分为如下几类：高速超级智能，即该系统可以完成人类智能可以完成的所有事，但是速度快很多；集体超级智能，即该系统有数目庞大的小型智能组成，在很多一般领域的整体性能都大大超过现有的认知系统；素质超级智能，即速度与人脑相当，但聪明程度比人类有巨大的质的超越的系统。[2]许多专家对超级人工智能的发展表现出担忧。例如，罗素和诺维格认为，人工智能的成功可能意味着人类种族的终结。在错误的手中，任何技术几乎都有造成伤害的潜在可能性，但是对于人工智能和机器人技术来说，我们的新问题是，错误的手也许正好是技术本身。[3]

其次，对于人工智能的未来风险，"阿西洛马原则"主张自我

[1] Kareem Ayoub & Kenneth Payneb, *Strategy in the Age of Artificial Intelligence*, Journal of Strategic Studies, Vol. 39: 5—6, pp. 793—819（2015）.

[2]［英］尼克·波斯特洛姆:《超级智能：路线图、危险性与应对策略》，张体伟、张玉青译，中信出版社 2015 年版，第 29、64—67 页。

[3]［美］斯图亚特·罗素、彼得·诺维格:《人工智能：一种现代的方法》（第 3 版），殷建平、祝恩、刘越、陈跃新、王挺译，清华大学出版社 2013 年版，第 865 页。

修复。第二十一条和第二十二条涉及如何规划未来人工智能造成的风险。其内容指出，人工智能可以承担自身发展造成的风险，可以通过递归的自我改进和自我复制的方式加以控制和完善。简言之，这两条原则反对人类通过外在的干预来控制和调整人工智能的发展。在西方的人工智能发展过程中，弥漫着一种工程师决定论的思维。正如美国著名记者约翰·马尔科夫（John Markoff）所描述的，“今天，设计基于人工智能的程序和机器人的工程师们，将会对我们使用程序和机器人的方式产生巨大影响”。[1]

再次，“阿西洛马原则”并未就如何行动给出详细方案和路径，这将导致原则在实践过程中出现变形。“阿西洛马原则”的第十八条尽管提出了“应该避免一个使用致命自主武器的军备竞赛”，但是这一原则并未给出实现的路径。缺乏明确的实现路径将导致这一原则沦为空洞的条款。另外，第十一条中强调“人类的价值观”，即人工智能系统的设计和运作应该符合人类尊严、权利自由和文化多样性的理念。但是在实际操作中，由于人工智能的系统设计以及主要的话语权都掌握在少数发达国家手中，因此其中蕴含的价值观很有可能是少数发达国家的主流价值观，而不是人类整体的多样性价值观。类似的问题同样在第十四条、第十五条以及第二十三条原则中出现。当涉及共同利益、共享繁荣等内容时，就会出现宏观原则与实际操作不一致的问题。

在“阿西洛马原则”之外，谷歌在2018年发布了的人工智能原则，内容包括：“（一）对社会有益；（二）避免制造或加强不公

[1]［美］约翰·马尔科夫：《人工智能简史》，郭雪译，浙江人民出版社2017年版，第338页。

平的偏见；（三）建立并测试安全性；（四）对人负责；（五）纳入隐私设计原则；（六）坚持科学卓越的高标准；（七）提供符合这些原则的用途。”[1] 英国上议院特别委员会在2018年4月发布了人工智能代码五项原则，内容包括：其一，人工智能的开发应该是为了人类的共同利益；其二，人工智能应该遵循可理解性和公平性的原则；其三，人工智能不应该被用来削弱个人、家庭或社区的数据权利或隐私；其四，所有公民都应该有权接受教育，使他们能够在精神、情感和经济上与人工智能并驾齐驱；其五，伤害、摧毁或欺骗人类的自主权力永远不应被赋予人工智能。[2] 这五项原则中的第五条尽管看起来在保护人类，但实际上从另一个角度确认了人工智能的自主性。欧盟在2019年发布了人工智能伦理指导方针，包括如下七点原则：人类代理和监督、技术稳健性和安全性、隐私和数据管理、透明度、多样性、环境和社会福祉、问责制。欧盟人工智能伦理指导方针的部分进步在于其强调："人工智能不应该践踏人类的自主性。人们不应该被人工智能系统所操纵或胁迫，应该能够干预或监督软件所做的每一个决定。"[3] 然而，这仍然是一个被动性原则。这一原则在某种程度上反而确认了人工智能系统的自主性。

[1] Google Official website, *Artificial Intelligence at Google*: *Our Principles*, (May 20, 2019) https://ai.google/principles.

[2] Verdict_AI, *The House of Lords AI Report*: *A Turning Point for British AI*, (Apr. 18, 2018), https://verdict-ai.nridigital.com/verdict_ai_apr18/the_house_of_lords_ai_report_a_turning_point_for_british_ai.

[3] European Commission, *Artificial intelligence*, (Apr.8, 2019), https://ec.europa.eu/commission/news/artificial-intelligence-2019-apr-08_en.

表 3-1　西方重要人工智能伦理原则比较

原　则	发布机构	发布时间	对发展通用 AI 的态度	对 AI 自主性的态度	对人类自主性的强调
阿西洛马 23 原则	未来生命研究所	2017 年 1 月	鼓励发展通用 AI	允许 AI 自主性	没有明确强调人类自主性
谷歌 AI 原则	谷歌	2018 年 1 月	没有提到通用 AI	允许 AI 自主性	没有明确强调人类自主性
AI 代码五项原则	英国上议院特别委员会	2018 年 4 月	没有提到通用 AI	限制 AI 的部分自主性	通过强调公民的教育权，来强调人类自主性
AI 伦理指导方针	欧盟	2019 年 4 月	没有提到通用 AI	默许 AI 自主性	明确强调人类自主性

第二，伦理规范是现实中政策、法律与相关原则的基础，而目前人工智能领域最具影响力的伦理规范也是由西方主导定义的。这其中最典型的代表是美国科幻小说代表人物艾萨克·阿西莫夫（Isaac Asimov）的“机器人三法则”（以下简称“阿西莫夫三法则”）。这一法则尽管由阿西莫夫在科幻小说中提出，但是前述西方的相关主要原则几乎都可以理解为这一法则的适用版或延伸版。“阿西莫夫三法则”的构成是：第一法则，机器人不得伤害人类，或坐视人类受到伤害；第二法则，除非违背第一法则，否则机器人必须服从人类命令；以及第三法则，除非违背第一或第二法则，否则机器人必须保护自己。[1]

阿西莫夫三法则本身是非常矛盾的。首先，第一法则强调机器人的主体性。第一法则强调“机器人不得伤害人类或坐视人类受到

[1] Roger Clarke, *Asimov's Laws of Robotics Implications for Information Technology*, in Michael Anderson and Susan Leigh Anderson, eds., *Machine Ethics*, Cambridge University Press, 2011, p. 255.

伤害”，意味着把机器人当成是独特的法律或者伦理主体。但是，第二法则要求“机器人必须服从人类的命令”，却抹杀了机器人的主体性。第三法则反过来强调“机器人必须保护自己”，又重新赋予机器人主体的地位。因此阿西莫夫三法则本身在主体性上是非常模糊，甚至相互矛盾的。这种矛盾可以在西方基督教文化中找到解释。在基督教文化中，神是“大写”的，而人是“小写”的。只有在近代启蒙运动的发展过程中，人才逐渐被“大写”，即具有主体地位。此外，基督教文化认为人是有原罪的，这样的主体性地位是不合理或者不能长久的。在西方人的世界和逻辑中，存在一种隐喻，那就是人的主体地位在某一天终将被剥夺。因此，在西方人的观念里，机器人的主体性很容易被接受，并且从西方悲观的世界观出发，很多学者很容易接受机器人取代人类的结果。这与基督教的悲观主义世界观紧密相连。西方学者的思路基本上完全拥抱完全自主智能体，或者认为这种趋势是不可避免的。因此，在伦理学上，许多西方学者都主张实现自主的道德智能体。例如，印第安纳大学伦理学教授科林·艾伦（Colin Allen）等人认为，随着人工智能越来越接近完全自主智能体的目标，如何设计和实现人工道德智能体（artificial moral agent）的问题变得越来越紧迫。艾伦等人还希望这样的人工道德智能体可以通过“道德图灵测试”（moral Turing Test）。[1] 当然，西方学者过高地预设了智能体的自主性。并且，这里的道德由谁来定义？如何将道德量化并交给机器来决策？这些都是理论难题。像道德这样的命题，人类社会都很难达成共识，那么如何交给机器来作决策？

[1] Colin Allen, Gary Varner & Jason Zinser, *Prolegomena to any Future Artificial Moral Agent*, Journal of Experimental Theory of Artificial Intelligence, Vol. 1: 3, p. 251 (2000).

西方人在思考人和机器的关系时，很容易陷入主奴辩证法的思维。目前的情形是，人是主人，机器是奴隶。但终归有一天，机器会努力获得主人的地位，甚至最终会统治世界，而人将成为机器的奴隶。这就是黑格尔的主奴辩证法在人和机器关系中的自然应用，甚至可以说是西方思想界的主流观点。这种观点的背后反映的正是西方人对人主体地位不确定性的认知。在西方，“大写”的人直到近代以后才出现，人的主体性在西方近代以来的思想中才被凸显出来。由此而言，短暂且流动的主体性构成了西方知识普遍判断的基础。

阿西莫夫第一法则的内容是机器人不得伤害人类，或坐视人类受到伤害。这其中潜在的含义是，机器人具有自身的主体性。如果不承认机器人的主体性，那么这一法则的表达应改为“机器人不得被用于伤害人类”。如果给予机器人过多的决策权，或者说将主体性赋予机器人，便会产生责任推卸或责任缺失的空间。具体而言，如果机器人具备某种主体性，那么当机器人伤害到人类时，人类就会强调机器人应当承担相应的惩罚。然而，机器人本身并不理解人类世界的惩罚意义。同时，这种主体性为其他的相关方推卸责任提供了可能性。例如，日内瓦大学国际法教授马可·萨索里（Marco Sassoli）认为，目前自主武器的一个难题是，在使用自主武器的情况下，当发现攻击是非法的时，取消攻击的责任究竟由谁来承担。[1] 同时，机器人由程序运行，并没有自身的情感，在战争中极易发展成“杀手机器人”。正如美国学者彼特·辛格（Peter Singer）所指出的：“机器人可能会招致一种黑暗讽刺的结果。他们似乎降

[1] Marco Sassoli, *Autonomous Weapons and International Humanitarian Law: Advantages, Open Technical Questions and Legal Issues to Be Clarified*, International Law Studies, Vol. 90, p. 339 (2014).

低了战争中人的损失，但可能会诱使我们发动更多战争。”[1] 其实，人类社会之间的利益冲突主要发生在人与人之间，是人类社会自身意义世界产生的问题，其责任和后果理应由人类成员来承担，而不应该推卸给智能体。

同时，西方的这种对伦理价值观的主导还与其技术垄断结合起来。例如，在机器人武器的问题上，发达国家希望在机器人武器上形成技术优势，然后再借助国际规范来冻结这种优势。西方的典型态度是先推动战争机器人的发展，在形成技术优势后，再对战争机器人的发展进行规范，通过创设相关的国际规约来限制机器人的生产和使用，从而冻结发达国家的技术优势。

因此，关于第 1-c 假设，初步结论是，从目前现状来看，人工智能的国际规则建立还完全缺乏发展中国家的参与，也没有迹象表明这些规则会朝着利于发展中国家的方向发展。

缓和还是加重？人工智能对冲突逻辑的作用

关于第 2-a 假设，“人工智能的发展有助于增加不同群体间的理解”，目前可观察到的相关事实是：

第一，机器翻译可以进一步改善文明间对话的效果。文化间隔阂是全球性问题产生的一个重要原因，这一点在第一部分有过论述。塞缪尔·亨廷顿（Samuel Huntington）也预言，文明间的冲突将成为冷战后国际社会的主要矛盾冲突。[2] 在智能革命之前，跨

[1][美] 彼特·辛格：《机器人战争：21 世纪机器人技术革命与反思》，逯璐、周亚楠译，华中科技大学出版社 2016 年版，第 305 页。

[2][美] 塞缪尔·亨廷顿：《文明的冲突与世界秩序的重建》，周琪等译，新华出版社 1998 年版，第 3—5 页。

文化的交流一直是一个难题。由于语言的不同，人们在沟通上产生了障碍，这些障碍反过来也加深了人们之间的不信任。因此，文化的差异性是人类历史上冲突和战争不断的重要原因。在圣经巴别塔的故事中，上帝通过设置语言障碍，瓦解了修建通天之塔的人类联盟。语言不通的人们逐渐形成了不同的文化，文化的差异导致人们之间无法相互理解，并且由此产生冲突甚至引发战争。然而，人工智能中机器翻译技术的重要进展将极大地促进跨文化的交流。众所周知，人们学习新的语言是非常困难的，而掌握多种语言则更是难上加难。但是，人工智能的发展给人类学习语言提供了土壤。一方面，机器翻译可以消除不同国家的人们在日常交流上的困难，另一方面，人工智能还可以反过来增强人的技能，即人可以在机器营造的环境下进一步快速学习，并提高自身的语言能力。例如，中国的人工智能公司“英语流利说”就可以通过与机器人的对话来帮助人们增强语言能力。

第二，智能相关技术对弱势群体有较强的赋能功能，这使得弱势群体在赋能之后可以与其他群体展开更加平等的对话。弱势群体往往存在自身某些方面的缺陷，而人工智能技术恰恰可以针对这些缺陷进行弥补或重新赋能。例如，射频识别技术（RFID）可以帮助盲人在特定环境中安全行走。[1] 又如，3D 打印技术为肢体残疾

[1] 这种技术系统通过提供关于使用者当前位置的语音指导和关于如何移动到特定位置的导航信息来完成导航。通过利用 RFID 标签进行定位以标记点，以无线传感器网络（WSN）充当数据传输主干。Zhi Heng Tee, Li-minn Ang & KahPhooiseng, *Smart Guide System to Assist Visually Impaired People in an Indoor Environment*, IEEE Technical Review, Vol. 27: 6, p. 455 (2010).

者的假肢定制提供便利。[1] 脑机接口技术给予重病瘫痪者重新恢复的可能。著名经济学家和哲学家阿马蒂亚·森（Amartya Sen）极为强调能力平等。他认为，只有人和人之间的能力平等才能实现真正的平等。[2] 要实现这种能力的平等，人工智能无疑是目前最为重要的技术方案。在过去，有缺陷的人们很难融入公共社会，但是技术的进步正在将这种不可能逐步变成可能。[3] 全球性问题中有许多如卫生问题、贫困问题等，都涉及弱势群体的利益，而人工智能的发展恰恰可以为这些问题的解决提供新的思路。

第三，在人工智能赋能后，不同文化群体直接相遇的可能性和频率都会加大，那么短期内可能会造成新的冲突或适应性问题。尽管从长期来看，由于技术赋能带来的直接对话有助于不同群体的沟通，也有助于弱势群体的利益表达，但是在短时期内会出现表达高峰。不同文化群体在直接相遇时，也会出现跨文化交流的困境甚至冲突。例如，荷兰乌得勒支大学可持续发展和国际关系研究员卡洛–安娜·森尼特（Carole-Anne Sénit）等人的研究表明，民间社会越来越多地使用信息和通信技术（ICT）参与与可持续发展相关的政府间谈判，这些技术也往往被看成是传统机制中民主合法性赤字

[1] 3D 打印技术是制造手部假肢的解决方案之一，并且能够为患者打印假肢提供个性化的服务。Jelle ten Kate, Gerwin Smitand & Paul Breedveld, *3D-prited Upper Limb Prostheses: A Review*, Disability and Rehabilitation: Assistive Technology, Vol. 12: 3, pp. 300—314 (2017).

[2] Amartya Sen, *Inequality Reexamined*, Harvard University Press, 1992, pp. 39—40.

[3] 据统计，仅在 2013 年美国就有 17.6% 的残疾人通过辅助技术（ATs）顺利进入工作岗位。Marilyn Field & Alan Jette, *The Future of Disability in America*, National Academies Press, 2007, pp. 22—25.

的一种潜在补救措施。但是，森尼特等人在对 2012 年联合国可持续发展会议（里约 +20 会议）的大量在线对话的实证研究后得出结论，尽管信息和通信技术在对话和辩论作出了贡献，但是它在全球范围内加强了而不是扭转了隐性的参与性不平等，未能大幅提高透明度和问责制。这反过来又阻止了民间社会有意义地参与政府间谈判，从而表明了“网络民主”的局限性。[1]

关于第 2-a 假设，目前的初步结论是，人工智能的发展增加了不同群体之间交流的机会，也使得不同群体可以更加直接地表达其意愿，从长期来看，这是有助于全球治理中的文化交流，也有助于分歧的消除，但是在短时期内，由于直接相遇带来的不适应性，所以反而可能会导致新型冲突的集中出现。

关于第 2-b 假设“人工智能的发展有助于人口的全球性自由流动”，目前可观察到的相关事实是：

第一，人工智能的发展将可能加剧全球性失业问题，并使得反移民浪潮气势更盛。经济学家一般将失业分为两类：周期性失业和结构性失业。周期性失业是指由于经济萧条和经济繁荣的外部环境使得人们在就业和失业之间循环的状态。结构性失业则是描述长期性的、结构性的因素最终导致某些职业和岗位完全消失。智能革命对就业最大的冲击在于，它不仅威胁到传统意义上的体力工作者，而且对脑力工作者的替代效应也是明显的。用斯坦福大学人工智能与伦理学教授杰瑞·卡普兰（Jerry Kaplan）的话概括就是：“无论

[1] Carole-Anne Sénit, Agni Kalfagianni & Frank Biermann, *Cyberdemocracy? Information and Communication Technologies in Civil Society Consultations for Sustainable Development*, Global Governance, Vol. 22: 4, p. 533 (2016).

你的领子是什么颜色，自动化都毫不留情。”[1]未来人类社会所面临的很可能是全球性失业的问题。失业不仅会成为发展中国家的难题，也会成为发达国家的难题。而且如果新的失业人口以经济难民的形式进行全球性流动，那么会造成更多的全球性问题。目前已经部分出现了反全球化或者说逆全球化的趋势，例如发达国家越来越趋向于收紧移民政策，以阻止发展中国家人口的大量涌入。由此观之，失业问题可能与反移民浪潮形成共振。汉森等人的研究认为，由机器驱动的数据生产以及解释这些数据的工具和技术，是由在相对不透明的政府或商业组织中工作高度专业化的人员创造的，并且其方法不受传统科学审查的限制。因此，人工智能对社会造成的真正失业风险很可能在较长一段时间内不会被大众所察觉。[2]

第二，在共振效应下，世界会出现一些力图实现封闭性的地区。人的自由流动是全球治理的基础。[3]然而，目前西方国家已经出现了反对人口自由流动的趋势。此前，西方发达国家鼓励人口流入，是因为其劳动力缺乏。多数国家在进入发达社会之后，生育率都会下降，使得后续劳动力不足，那么就只能依靠外来劳动力的流入。然而，外来劳动力流入的最大问题是导致社会的巴尔干化。亨廷顿在《我们是谁》一书中所表达的就是这样一种忧虑。[4]因

[1][美]杰瑞·卡普兰：《人工智能时代：人机共生下财富、工作与思维的大未来》，李盼译，浙江人民出版社2016年版，第140页。

[2] Hans Krause Hansen & Tony Porter, *What Do Big Data Do in Global Governance?*, Global Governance, Vol. 23: 1, p. 32 (2017).

[3]高奇琦：《全球治理、人的流动与人类命运共同体》，载《世界经济与政治》2017年第1期。

[4][美]塞缪尔·亨廷顿：《我们是谁：美国国家特性面临的挑战》，程克雄译，新华出版社2005年版，第183—191页。

此，西方世界一直试图通过科技革命降低对外来人口的依赖。从这一意义上讲，人工智能技术的发展将遏制那些在全世界范围内为寻找工作而产生的人口流动。同时，目前西方极右翼思想的要点之一就是反对人口流动。他们认为，欠发达国家的移民抢夺了原住民的工作，并且造成了许多社会问题。[1] 如果西方反对人口流动和移民的思潮继续发展，那么当前世界范围内人口流动发展的状态就会在某种程度上被冻结，发达国家和发展中国家之间的要素交换将不再发生。从这个角度来讲，人工智能的发展和反移民浪潮将不期而遇地结合在一起。

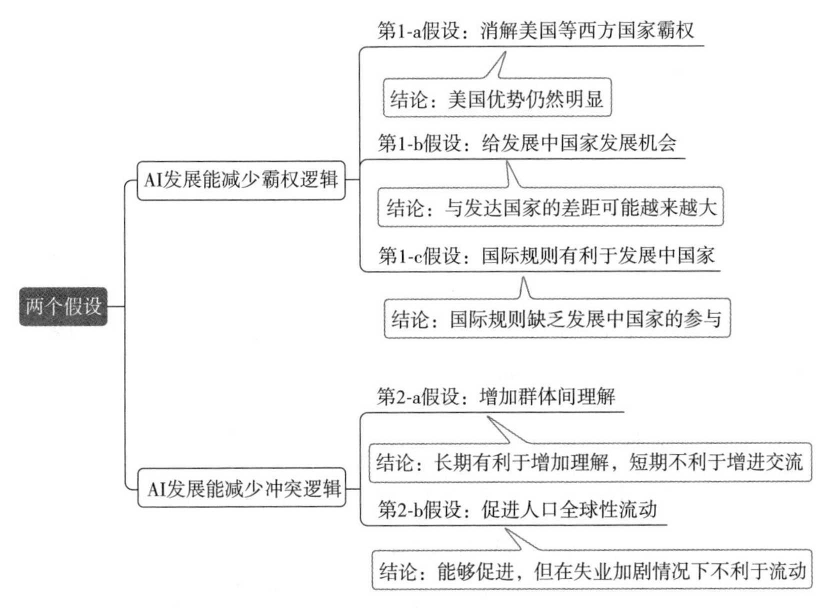

图 3-2 人工智能发展能否改变全球治理的两大症结逻辑

[1] 英国脱欧的缘由之一便是担心过多的新移民所造成的一系列问题。Dominic Abrams & Giovanni Antonio Travaglino, *Immigration, Political Trust, and Brexit — Testing an Aversion Amplification Hypothesis*, British Journal of Social Psychology, Vol. 57: 2, p. 310 (2018).

关于第 2-b 假设，目前的初步结论是，人工智能的发展使得人们在全球流动时更加容易沟通，但同时当失业问题加剧，很可能在各地出现反移民浪潮，因此，这又不利于人口的全球性自由流动。

全球善智：消除霸权逻辑的努力

在综合了第 1-a 假设、第 1-b 假设、第 1-c 假设的结论之后，关于第 1 假设“人工智能的发展有助于减少霸权逻辑”，现实的整体情况是：目前还没有明显迹象表明，人工智能的发展会导致美国等西方国家的优势权力下降。尽管发展中国家可以发挥后发优势，但发展中国家同样面临诸多困境，并可能会遭遇西方国家的技术封堵。同时，目前也没有证据表明，人工智能的国际规则正在朝着有利于发展中国家的方向发展。这一结论告诉我们，人工智能在全球治理中的应用，并不会自然地导致霸权逻辑的消解。从某种意义上讲，霸权逻辑甚至得到了某种重塑和加强。因此，需要在价值层面努力，在国际社会达成新的共识，来共同消除霸权逻辑。

基于此，笔者认为，全球智能治理的目标性价值应是全球善智。全球善智与全球善治有关联，也有区别。全球善治是全球治理理论中的一个重要理论，是指通过良善的治理来实现全球的正义目标。俞可平教授认为，“善治就是使公共利益最大化的社会管理过程”。[1] 在智能时代，我们同样需要进一步考虑此类价值性的问题。例如，我们发展人工智能的初衷是什么？要基于何种目的来发展人工智能？从这个意义上讲，善智就是良善的智能，即将人工智能的发展目标定义为良善正义。而全球善智就是要将人工智能的正义目

[1] 俞可平：《全球治理引论》，载《马克思主义与现实》2002 年第 1 期。

标在全球层面铺开，并进一步拓展全球治理的积极成果。牛津大学伦理学教授罗西亚诺·弗洛里迪（Luciano Floridi）提出“伦理全球化”的概念：“伦理话语表明它需要更新以应对一个全球化的，各部分被密切联系起来的世界。每一个伦理理论被要求为它世界范围的、跨文化的适切性辩护。”[1]这种伦理全球化在智能时代的新要求就可以被总结为全球善智。

进一步而言，全球善智应该包含如下两点内涵：一方面，人工智能的发展要进一步推动全球社会中的平等和正义。此前，约翰·罗尔斯（John Rawls）在《正义论》中强调了国内层面的分配正义，耶鲁大学哲学教授涛慕思·博格（Thomas Pogge）、普林斯顿大学政治理论教授查尔斯·贝茨（Charles Beitz）等人则在此基础上提出了国际分配正义的问题。贝茨认为，“如果国内原初状态中选择出来的是差别原则，同样在国际原初状态中各方也应该选择差别原则”，[2]即各国国民之间也具有平衡分配的义务。伯格也赞同将罗尔斯的契约主义和分配正义应用到全球社会，并以全球最弱势群体的状况作为制度评判的参考。[3]如何定义智能时代的全球正义，以及如何在人工智能时代进一步推动善智是值得深入思考的问题。另一方面，善智的目的是发展良善的人工智能，意味着人工智能的发展要推动全球性问题的解决，而不是加剧全球性问题。正

[1]［英］罗西亚诺·弗洛里迪：《信息伦理学》，薛平译，上海译文出版社2018年版，第429页。

[2] Charles Beitz, *Political Theory and International Relations*, Princeton University Press, 1999, p. 151.

[3] Thomas Pogge, *Realizing Rawls*, Cornell University Press, 1989, pp. 241—273; Thomas Pogge, *The Incoherence between Rawls's Theories of Justice*, Fordham Law Review, Vol. 72: 5, pp. 101—121 (2004).

如维纳所提醒的："新工业革命是一把双刃剑，它可以用来为人类造福，但是，仅当人类生存的时间足够长时，我们才有可能进入这个为人类造福的时期。新工业革命也可以毁灭人类，如果我们不去理智地利用它，它是有可能很快地发展到这个地步的。"[1] 人工智能企业 Deepmind 的研究员卡里姆·阿约巴（Kareem Ayoub）和肯尼思·佩尼布（Kenneth Payneb）认为，人工智能正面临着当前人类智能所面临的那种伦理困境。[2] 基于此，如何定义善智和全球善智就显得尤为关键。

具体而言，实现全球善智，需要在如下几点上作出努力：

第一，全球社会要在通用人工智能的发展问题上达成共识。"阿西洛马原则"强调通用人工智能开发的可行性，这同样也是西方企业界的共识。他们希望通过开发通用人工智能，一劳永逸地解决所有的问题。[3] 但是，通用人工智能的开发，最终可能会导致人类存在的意义受到挑战。因此，全球社会应该在通用人工智能的发展上形成共识，即要总结出哪些类型的通用人工智能是可以开发的，哪些是不可以开发的。笔者认为，一方面，我们不能完全中止通用人工智能的开发，因为通用人工智能确实可以在许多方面帮助人类更有效率和成效地解决某些问题。而且，由于人工智能发展到后期，基本上是通用人工智能之间的比拼，而各国都会在这一领域发力，所以贸然放弃这一领域的发展很可能会丢掉竞争优

[1] [美] 维纳：《人有人的用处——控制论与社会》，陈步译，商务印书馆 1978 年版，第 143 页。

[2] Kareem Ayoub & Kenneth Payneb, *Strategy in the Age of Artificial Intelligence*, Journal of strategic studies, Vol. 39: 5—6, p. 811 (2016).

[3] Vincent Müller & Nick Bostrom, *Future Progress in Artificial Intelligence: A Survey of Expert Opinion*, Fundamental Issues of Artificial Intelligence, 2016, pp. 553—571.

势。另一方面，要对通用人工智能的类型以及整体发展后果进行充分的评估。特别是对更高等级的通用人工智能即超级人工智能的开发保持足够的警惕，因为这样一个结果很可能会挑战人类的意义世界。

西方学者在描述人工智能的政治后果时，几乎都是完全悲观的。阿约巴和佩尼布认为，从长期来看（专业人员之间的估计值从20年到几百年不等），人工智能可以发展出与人类相匹配甚至远远超过人类的一般智能能力，从而在不同问题上进行衡量的复杂主观价值。[1] 例如，澳洲国立大学政治学和国际关系学院的伊凡娜·达姆扎诺维克（Ivana Damnjanović）认为，政治理论似乎总是落后于技术发展。随着人工智能领域的迅速发展，一个共同的估计是技术奇点很可能在未来50年到200年内发生。即使不考虑时间框架，超人类智能人工智能的可能性也提出了严重的政治问题。达姆扎诺维克讨论了英国科幻作家尼尔·阿舍（Neal Asher）的科幻小说《政体》(Polity)。在阿舍的福利社会中，人类的命运被仁慈的人工智能所统治，而政治成为过去。达姆扎诺维克认为，这似乎是一个最符合所有人利益的规则。然而，这样的世界不是由人的规则来定义的，而是由机器规则来定义的。[2] 汉森团队的研究认为，这些自主体的增长优势会使得他们逐渐取代了人类的认知能力。虽然这些机器驱动的过程最终是由人类制造的，但这些过程可以使人类机

[1] Kareem Ayoub & Kenneth Payneb, *Strategy in the Age of Artificial Intelligence*, Journal of strategic studies, Vol. 39: 5—6, p. 816 (2016).

[2] Ivana Damnjanović, *Polity Without Politics? Artificial Intelligence Versus Democracy: Lessons From Neal Asher's Polity Universe*, Bulletin of Science, Technology & Society, Vol. 35: 3—4, pp. 76—83 (2015).

构最终变成次要的。[1] 在阿约巴等学者看来，人工智能未来的发展目标还包括通过后继系统生成越来越复杂的智能，这可能需要额外的资源。因此，在满足这些目标的资源竞争中，或在调和这些紧张关系时所遵循的道德准则方面，人工智能与人类之间会存在较为严重的紧张关系。[2]

基于此，笔者认为，应该提出一种"机器人新三原则"（以下简称"新三原则"）：一是机器人永远是辅助；二是人类决策占比不低于黄金比例；三是人类应时刻把握着人工智能发展的节奏，并随时准备好暂停或减速。在"新三原则"的规范之下，现存的有关机器人的争议便可以得到一定程度的解决。例如，根据"新三原则"的第一法则，在法律上，我们可以给予人工智能一定的法律地位，但绝不是完整的、类似于人的法律地位。沙特授予机器人索菲亚以国籍可以被看成是一个重要的标志性事件。与此类似的是，美国在推动无人驾驶汽车的测试过程中，无人驾驶系统开创性地被赋予了司机的地位。欧洲近年来一直在讨论的电子人权问题，就强调要赋予人工智能系统某种类似于人类的权利关系和法律地位。尽管有学者建议给予智能体完全的人类身份。例如，美国律师、作家、企业家玛蒂娜·罗斯布拉特（Martine Rothblatt）主张："当我们做到像尊重自己一样尊重他人（即虚拟人），并将这一美德普及至世间各处时，我们就为明日世界作了最好的准备。"[3] 笔者认为这是不应

[1] Hans Krause Hansen & Tony Porter, *What Do Big Data Do in Global Governance?*, Global Governance, Vol. 23: 1, p. 33（2017）.

[2] Kareem Ayoub & Kenneth Payneb, *Strategy in the Age of Artificial Intelligence*, Journal of Strategic Studies, Vol. 39: 5—6, pp. 813—814（2015）.

[3]［美］玛蒂娜·罗斯布拉特：《虚拟人》，郭雪译，浙江人民出版社 2016 年版，第 317 页。

该的。智能体应该是“半主权的人”，即可以给予智能体一定的身份。这里可以参考对公司的认定方式。在公司法上，因为公司是拟制的，所以公司被给予法人的身份。从这个意义上讲，智能体可以被给予一定的身份，但同时，智能体的这种身份又不能是完全等同于人的公民身份。

根据“新三原则”的第二法则，人工智能可以成为人类决策的辅助工具，但是人类不能将社会上所有的决策工作都交给人工智能完成。而“新三原则”第三法则，则将引导人们更加谨慎乐观地发展人工智能，并时刻掌握人工智能的发展节奏。这里提出人类决策的占比不低于黄金比例的主要目的，在于保障人类在将来的人机互动中占据主导地位，以及机器人在决策中处于辅助地位。从目前的趋势来看，人类越来越习惯于将自己的几乎所有决策都交给机器来处理。以地图导航为例，虽然导航系统的发展可以极大地便捷人们的出行，但是完全依赖导航的行为将很可能导致人类的退化。因此，通过使用机器来提高人类决策的效率，而不是完全将决策交给机器。从这种意义上讲，通过设置黄金比例，可以反复提醒我们不能把所有的决策都交给机器。之所以选择黄金比例 0.618，是因为当机器在决策中一旦超过一半，其存在将可能威胁人类的长期发展和人类的意义。所以黄金比例的存在可以给人类社会提供重要的提醒功能。当然，在实际操作的过程中，如何评估人类决策与机器决策的占比是非常复杂的问题。

西方学者希望通过实现机器的自主道德性来约束机器。阿约巴和佩尼布指出，虽然人工智能可能有情感和道德能力，但它也可能没有。面对这种可能性，人类最好先完成他们的战略规划。[1]西方学者一般把这种战略规划定义为培养有道德的机器。例如，耶鲁大学伦理学教授温德尔·瓦拉赫（Wendell Wallach）和艾伦主张，通过建立人工道德智能体即道德机器，使得机器可以明辨是非。[2]然而，笔者认为，这种在西方学者中的主流思路，从一开始就是错误的。既然要培养道德机器，那么前提就是毫无保留地承认机器的主体性。并且，关于道德内涵的争论，在整个哲学史上都没有停止过。那么道德机器的道德是谁的道德？是怎样的道德？我们不希望的结果是，这里的道德变成西方主流价值观所定义的道德。

这里之所以强调人工智能的辅助性，实际上是为了进一步凸显人的主体性。人的主体性需要在实践活动中加以确认和体现。人通过生产劳动改变了自然界的存在形式，实现了人类的构想和目标，从而将自然界置于自己的主体控制之下，成为自然界的主人。对此，马克思指出："在我个人的活动中，我直接证实和实现了我的真正的本质，即我的人的本质，我的社会的本质。"[3]这里的核心是创造性实践的过程。在这一过程之中，人的本质直观地呈现出来："正是在改造对象世界中，人才真正证明自己是类存在物。"[4]然而，人工智能异化的问题在于，人的主体性和实践性受到了根本挑战。马克思在《1844年经济学哲学手稿》中指出："人类的特性恰恰就是自由的有意识的活动。"[5]这种"自由的有意识的活动"

[1] Kareem Ayoub & Kenneth Payneb, *Strategy in the Age of Artificial Intelligence*, Journal of Strategic Studies, Vol. 39: 5—6, p. 816 (2015).

[2] Wendell Wallach & Colin Allen, *Moral Machines, Teaching Robots Right from Wrong*, Oxford University Press, 2009, pp. 3—11.

[3]《马克思恩格斯全集》第42卷，人民出版社1979年版，第37页。

[4]《马克思恩格斯全集》第3卷，人民出版社2002年版，第274页。

[5]《马克思恩格斯全集》第3卷，人民出版社2002年版，第273页。

是人的本质，如果丧失了这一特征，人将难以为人。

第二，要通过一种全球协商机制来对智能化的发展进行节奏调节。目前人工智能的发展主要由民族国家或其内部的企业来推动，然而，人工智能产生的影响却是全球性的。例如，各国就人工智能发展进行的竞争会形成一种全球层面的竞争焦虑，即一国很难在这一领域减速，因为减速可能意味着出局。这种竞争焦虑可能会使得之前提出的“机器人新三原则”的第三原则失效。因此，形成全球层面的机制协调就显得至关重要。我们不能在明确的威胁形成之后，才进行全球性协调。在冷战期间，美苏双方的协调是在威胁明确并且感觉已经不能承受毁灭之重时才进行协调。美苏双方一开始都希望拥有更多的核武器，但是当双方意识到核武器的总数已经足以将整个人类文明摧毁成千上万次之后，双方便开始就核军备竞赛进行谈判，以共同限制核武器的规模。

再如，失业问题同样需要提前进行全球性协调的布局。在人类社会适当保存一些冗余的设置，或者向人工智能系统征税并补偿失业者，这些都可以为人类社会的自身调节争取更多的时间，以减缓智能体对人类职业的替代速度。[1] 否则，人类社会很有可能陷入自我争斗甚至矛盾激化的困境之中。如前所述，如果缺乏对人工智能发展的适度调控，那么南北差距可能会进一步拉大，并最终导致全球性问题的进一步激化。失业问题同样会超出民族国家的范围，因此全球性协调的意义就会更加凸显。

第三，将可解释的、安全的人工智能作为未来发展方向。正如

[1] 高奇琦:《人工智能：驯服赛维坦》，上海交通大学出版社2018年版，第150—151页。

马克思所指出的："自然科学往后将包括关于人的科学，正像关于人的科学包括自然科学一样：这将是一门科学。"[1] 人工智能的发展不仅涉及自然科学，同样涉及社会科学。人工智能不仅是关于机器人的科学，还是关于人的科学，因为人工智能要运用到人类社会之中。正因为如此，IBM 沃森认知计算平台顾问阿米尔·侯赛因（Amir Husain）认为，要推进人工智能的发展，设定超高的安全性和可解释性标准迫在眉睫。[2] 总之，未来人工智能的发展要更多地向安全、人文和理性这些人类的特征靠近。这一轮人工智能浪潮的主要成就要归功于机器学习中的深度学习算法。深度学习是以数据为基础，由计算机自动生成特征量。它不需要由人来设计特征量，而是由计算机自动获取高层特征量。[3] 典型的深度学习模型就是深层的神经网络。对于神经网络模型而言，提高容量的一个简单方法就是增加隐层的数量。隐层数量增多，那相应的神经元连接权、阈值等参数就会增加，模型的复杂度也可以提高。[4] 深度学习强调数据的抽象、特征的自动学习以及对连接主义的重视。但是，深度学习缺少完善的理论。因此，在深度学习的应用实践中，工程师需要手工调参数，才能得到一个很好的模型，但同时这些工程师也无法解释模型效果的影响因素。[5] 换言之，由于内部大量参数的不

[1]《马克思恩格斯全集》第 3 卷，人民出版社 2002 年版，第 308 页。

[2][美] 阿米尔·侯赛因：《终极智能：感知机器与人工智能的未来》，赛迪研究院专家组译，中信出版集团 2018 年版，第 48—49 页。

[3][日] 松尾丰：《人工智能狂潮：机器人会超越人类吗？》，赵函宏、高华彬译，机械工业出版社 2018 年版，第 110 页。

[4] 周志华：《机器学习》，清华大学出版社 2016 年版，第 113 页。

[5] 刘知远：《大数据智能：互联网时代的机器学习和自然语言处理技术》，电子工业出版社 2016 年版，第 19—20 页。

可解释性，所以其本身存在算法黑箱。因此，发展可解释的人工智能就是关键。与深度学习的路径不同，知识图谱通过实体链指、关系抽取、知识推理和知识表示等方法希望在可解释的人工智能发展上有所突破。

第四，通过智能化来推动发展中国家历史性难题的解决。善智更多是赋能，而不是替代。通过人工智能巨大的赋能能力，发展中国家的弱势群体可以有更多的机会来改善自身的条件。卡普兰认为，美国社会要应对智能革命的冲击，就需要深入地思考分配问题。卡普兰指出："我们不需要夺走任何人的东西，只需要用一种更加公平的方式来分配未来的增长，问题就会迎刃而解。"[1] 卡普兰的这一观点是有见地的，同时我们需要在国际社会中把这一观点加以推广和适用。从这一意义上讲，智能化应该成为多数全球性问题的优化解决方案。例如，许多发展中国家饱受水资源短缺的困扰，而通过有效的智能化水资源管理方案使得这一问题得到有效解决。再如，对于发展中国家而言，最大的问题是传统因素对管理活动的影响。而智能化方案可以在智能系统和设备的辅助下将传统因素的影响降到最低，从而有效应对发展中国家的一些历史性顽疾。另如，通过智能化技术手段可以让政府监管更加高效透明，从而可以在控制行政成本的前提下降低腐败发生的可能性。因此，要把人工智能作为解决全球性问题的重要方案和思路来加以推进。人工智能的最大优点是可以极大地节省人力资源，而联合国和其他国际组织在第三世界国家执行相关任务的最大难点就是人力资源的缺乏，

[1] [美] 杰瑞·卡普兰：《人工智能时代；人机共生下财富、工作与思维的大未来》，李盼译，浙江人民出版社 2016 年版，第 168 页。

所以人工智能可以在这方面发挥重要的补充作用。

第五，在全球治理和国家治理之间达成平衡。[1] 需要在全球层面形成人工智能相关的全球性机制，并与国内制度形成积极良性的互动。一方面，目前人工智能国际规则主要由西方发达国家的企业或机构来推动。这意味着从全球层面来整体考虑的全球性人工智能治理机制是缺位的，因此，下一步需要发达国家和发展中国家共同推动这样的机制建设。另一方面，全球治理最终还是要回到国家治理的框架中。在全球社会中，国家仍然是最重要的行为体。多数与个人福利、安全保障相关的关键问题最终都要由国家主体来解决。[2] 所以，仅谈全球治理而不谈国家治理的方案是空洞且不切实际的。印第安纳大学法学教授弗莱德·凯特（Fred H. Cate）的研究指出，政府机构已经对识别洗钱和恐怖主义相关的金融交易、定位犯罪嫌疑人、识别和阻止儿童色情等领域的大数据运用表现出浓厚的兴趣。这意味着我们需要在全球数据流动的背景下重新思考国家主权的概念和内涵。[3] 在国家治理层面，最为关键的问题是，如何通过人工智能的技术和产业发展提高各国（特别是发展中国家）

[1] 关于全球治理与国家治理的平衡与互动，参见蔡拓：《全球治理与国家治理：当代中国两大战略考量》，载《中国社会科学》2016 年第 6 期；陈志敏：《国家治理、全球治理与世界秩序建构》，载《中国社会科学》2016 年第 6 期；刘雪莲、姚璐：《国家治理的全球治理意义》，载《中国社会科学》2016 年第 6 期；吴志成：《全球治理对国家治理的影响》，载《中国社会科学》2016 年第 6 期；刘贞晔：《全球治理与国家治理的互动：思想渊源与现实反思》，载《中国社会科学》2016 年第 6 期。

[2] 高奇琦：《国家参与全球治理的理论与指数化》，载《社会科学》2015 年第 1 期。

[3] Fred Cate, Christopher Kuner, Christopher Millard & Dan Jerker Svantesson, *The Challenge of 'Big Data' for Data Protection*, International Data Privacy Law, Vol. 2: 2, p. 49 (2012).

的国家治理能力，从而从根本上消除引发全球性问题的国内症结。

全球合智：消除冲突逻辑的努力

在综合了第 2-a 假设、第 2-b 假设的结论之后，关于第 2 假设“人工智能的发展有利于减少冲突逻辑”，现实的基本情况是，长期来看，人工智能的发展有助于人们增进了解，但在短期内的直接频繁接触则可能会增加新的冲突。同时，人工智能技术会帮助流动中的人们了解他国文化，但是全球性失业问题所加剧的反移民浪潮则不利于人口的全球性自由流动。这一结论表明，人工智能在全球治理中的应用，也很难直接导致冲突逻辑的下降，甚至在短期内还会加剧冲突。因此，在价值层面上的准备就非常重要。这其中的关键问题是，如何在智能时代形成紧密而团结的全球社会。

在这一过程中，中国的作用就显得尤为关键。中国长期强调自己是第三世界的一员。[1] 虽然在改革开放后，中国在国际场合中较少地使用第三世界这一表述，但中国仍然强调自己是发展中国家的代表。在十九大报告中，中国尽管宣布进入了新时代，但是仍然强调自己是发展中国家的一员，仍然处于社会主义初级阶段。[2] 事实上，中国在世界政治中也在积极为广大发展中国家争取利益。例

[1] 1974 年 2 月 22 日毛泽东在同赞比亚总统卡翁达谈话时提出了关于三个世界划分的理论。毛泽东说：“我看美国，苏联是第一世界，中间派，日本、欧洲、澳大利亚、加拿大，是第二世界。咱们是第三世界。”“第二世界，欧洲、日本、澳大利亚、加拿大”，“亚洲除了日本，都是第三世界。整个非洲都是第三世界，拉丁美洲也是第三世界。”参见《毛泽东文选》第八卷，人民出版社 1999 年版，第 441—442 页。

[2] 习近平：《决胜全面建成小康社会　夺取新时代中国特色社会主义伟大胜利——在中国共产党第十九次全国代表大会上的报告》，载《人民日报》2017 年 10 月 28 日，第 1 版。

如，中国提出“一带一路”就是希望将自身的发展经验与其他发展中国家进行交流，在“五通”的基础上，为其他国家的基础设施建设和民生服务提供帮助。[1] 从这些措施中可以看出，在国际政治舞台上，中国在思考自身利益的同时，也在考虑广大发展中国家的利益。

在人工智能的发展问题上，中国的态度与西方形成鲜明对比，具体体现在如下两点：第一，与西方的悲观论不同，中国对人工智能的发展持谨慎乐观的态度。西方的学术界和产业界对人工智能的未来发展结果都是非常悲观的。例如，卡普兰描述了这样一个未来图景：“地球可能会变成一座没有围墙的动物园，一个实实在在的陆地动物饲养所，那里只有阳光和孤独，我们的机械看管者为了维护正常的运转偶尔会推动我们一下，而我们会为了自身的幸福高举双手欢迎这样的帮助。”[2] 这一点与西方基督教文化传统中的末世论有密切的关系。[3] 这种悲观观点不仅体现在对待人工智能技术的发展上，同样出现在其他前沿技术（如生物技术）的伦理讨论中。例如，日裔美国学者弗朗西斯·福山（Francis Fukuyama）认为，在生物技术的推动下，人类可能会进入一个后人类的未来之中，而这样一个世界可能更为等级森严和矛盾丛生。[4] 相比而言，

[1] 龚雯、田俊荣、王珂：《连接亚欧贸易融汇东西文明　“一带一路”跨越时空的宏伟构想》，载《人民日报》2014 年 6 月 30 日，第 6 版。

[2] [美] 杰瑞·卡普兰：《人工智能时代：人机共生下财富、工作与思维的大未来》，李盼译，浙江人民出版社 2016 年版，第 200 页。

[3] 高奇琦：《向死而生与末世论：西方人工智能悲观论及其批判》，载《学习与探索》2018 年第 12 期。

[4] [美] 弗朗西斯·福山：《我们的后人类未来：生物技术革命的后果》，黄立志译，广西师范大学出版社 2017 年版，第 216—217 页。

中国则更多持有一种谨慎乐观的态度。例如，中国强调需要抓住新一轮科技革命的机遇，积极主动地发展相关科学技术及其应用，这一点则体现出中国在人工智能发展上的乐观态度。同时，中国强调积极应对人工智能在伦理、法律方面产生的影响，这是对人工智能发展的谨慎态度。正如习近平总书记所指出的："确保人工智能安全、可靠、可控。要整合多学科力量，加强人工智能相关法律、伦理、社会问题研究，建立健全保障人工智能健康发展的法律法规、制度体系、伦理道德。"[1]

第二，与西方强调独占和霸权不同，中国更加强调与其他国家（特别是发展中国家）的共享。如果人工智能的发展最终导致世界分工体系的终结，那么发展中国家通过与西方世界的交流与合作进而走向发展的可能性就会变得越来越小。如果西方进一步限制第三世界人口的流入，那么人工智能技术向第三世界的流动就更加不可能实现。然而，中国却持有明显的共商、共建和共享的态度。"一带一路"倡议就是这一理念的代表。[2]习近平指出："'一带一路'建设秉持的是共商、共建、共享原则，不是封闭的，而是开放包容的；不是中国一家的独奏，而是沿线国家的合唱。"[3]中国在"一带一路"倡议中积极主张前沿技术的合作、协同与共享。基于共商、共建和共享的态度，人工智能的发展可以让全球社会中的绝大

[1] 习近平：《习近平在中共中央政治局第九次集体学习时强调加强领导做好规划明确任务夯实基础推动我国新一代人工智能健康发展》，载《人民日报》2018年11月1日，第1版。

[2] 欧阳康：《全球治理变局中的"一带一路"》，载《中国社会科学》2018年第8期。

[3] 习近平：《迈向命运共同体开创亚洲新未来》，载《人民日报》2015年3月29日，第1版。

多数群体都可以获得收益和便利。作为发展中国家的代表，中国能够在人工智能时代主张发展中国家的利益和诉求。因此，中国发展人工智能具有道义立场，即中国发展人工智能不仅为了中国自身，同时还为广大发展中国家谋取发展权益。

基于此，笔者提出全球合智的概念。全球合智就是从全球范围内集合人类和智能体共同的智慧来为全球性问题的解决作出贡献。全球合智是一种整体性思维，即从全球的视角来考虑问题。同时，全球合智也是一种并行思维。目前人工智能取得重大突破原因主要是数据量的增大、计算能力的提高和算法的改进。实际上，机器的算法与人相比是非常笨拙的，但是由于机器有强大的并行计算能力，这样就可以把相对笨拙的算法步骤最后整合为整体性的优异结果。如果人类也向机器学习这种并行计算，联合各方面的力量，达成共识，齐心协力，就可能会攻克困扰人们的全球性难题。正如习近平总书记所指出的："我们应该从不同文明中寻求智慧、汲取营养，为人们提供精神支撑和心灵慰藉，携手解决人类共同面临的各种挑战。"[1] 从这一意义上讲，要形成一种人工智能时代的"新全球治理共识"。[2] 具体而言，全球合智主要包含几方面的内容：

第一，人机合智。这其中主要两点内容：一是人工智能和人类智能的各自优势可以形成互补。人工智能的优势是可复制、易推广，能使信息储存和记忆回溯更为完整，也能够有效避免情感等非理性因素的干扰。当然，人工智能也有一些不足。作为一种技术密集型和资本密集型的产业，人工智能需要对其应用和开发的成本和

[1] 习近平：《习近平谈治国理政》，外文出版社2014年版，第262页。
[2] 李滨：《新全球治理共识的历史与现实维度》，载《中国社会科学》2017年第10期。

效益进行平衡。另外，目前的深度学习算法由于存在解释黑箱，从而导致结果的不可解释性。相比而言，人类智能本身就是通用智能，在面对更多情境和处理更复杂问题时的效率将大为提高。然而，人类智能需要在休息和工作的交替中才能实现，也无法在短期内实现大范围的扩展，也存在模糊记忆以及感性因素驱动等问题。因此，在实践过程中，人类智能与人工智能可以互相补充，取长补短。二是人工智能可以作为人类的助手、朋友、辅助者，但是重要决策仍然应该由人类来完成。机器要始终成为辅助者，而不是决策者。在某些领域可以让机器的决策成为主导，但是在整体上机器决策的比例不应该超过黄金比例，否则意义世界将会模糊，最终导致人类独特性的消失。

第二，多国合智。在目前的全球治理中，国家仍然具有重要作用。个人的主要利益仍然需要由国家来保障，任何全球治理的机制最终都要落实到国家层面。从前几次工业革命与国家的关系来看，如果争夺技术主导权的关系处理不好，那么最终导致的结果很有可能就是国家间的战争。这一点在第一次和第二次世界大战中都可窥见一斑。第三次工业革命中同样可以看到美国与苏联以及美国和日本的冲突迹象。在第四次工业革命的发展过程中，美国是传统的规则定义者，而中国则是新兴力量。因此，美国已经把中国作为重要的竞争对手加以遏制，这一点在近年来的中美贸易争端中表现得极为明显。中美贸易争端的实质是科技竞争。美国利用中美贸易争端希望阻止中国在新一轮技术革命中获得定义权。[1] 很明显，美国仍然用传统的冷战思维逻辑来看待当下的问题，这种冷战思维最终

[1] 唐世平：《国际秩序变迁与中国的选项》，载《中国社会科学》2019年第3期。

的导向必然是冲突，这点可以在一战前英国对待德国的态度中有所体现，而我们恰恰要跳出这种错误的思维。只有突破冷战思维，在新的框架下用“合智”的思维将中国和美国的力量结合起来，才能共同为人类的科技进步和发展贡献力量。

这种冷战思维在大数据时代的集中体现就是数据民族主义。美国智库“信息技术与创新基金会”副主席丹尼尔·卡斯特罗（Daniel Castro）的研究认为，在数据民族主义者看来，数据被存储在自己国家境内才会安全。这种观念越来越多地被各国的决策层所吸纳，并整合进各国的数据相关法律和政策中。卡斯特罗认为，这种错误观点最终会导致一系列阻碍创新、生产力和贸易的政策的出台。[1] 针对这种错误观点，多国合智就需要各国就人工智能在全球治理中的适用形成一系列公约。例如，美国学者约翰·韦弗（John Weaver）建议，各国应该就人工智能与国家责任、国家主权、自导航行器、知识产权、监控、与武装冲突等相关内容形成一系列国际公约。韦弗指出，国家间应该起草多边协议，以确定人工智能如何影响国家主权、何种程度的人工智能无人机监视是被许可的，以及在武装冲突中允许人工智能做什么。[2] 这种多国合智所强调的各国协调不仅要建立在具有固定规则和约束性承诺的国际公约基础上，更要提供一些更为灵活的软治理框架，如依赖于自愿性的“非对抗性和非惩罚性”的合规机制等。[3] 例如，东盟的地区治理方

[1] Daniel Castro, *The False Promise of Data Nationalism*（Dec.9, 2013）, https://itif.org/publications/2013/12/09/false-promise-data-nationalism.

[2]［美］约翰·弗兰克·韦弗：《机器人是人吗？》，刘海安、徐铁英、向秦译，上海人民出版社2018年版，第181—183、229页。

[3] Amitav Acharya, *The Future of Global Governance: Fragmentation May Be Inevitable and Creative*, Global Governance, Vol. 22: 4, p. 459（2016）.

式，以其包容性、非正式性、实用主义、便利性、建立共识和非对抗性谈判而闻名，[1] 与“西方多边谈判中的敌对姿态和合法决策程序”形成鲜明对比。关于气候变化的《巴黎协定》也是如此，它们代表了一种新的全球治理形式。因此，未来关于人工智能领域的多国合作可以更多在软治理的形式上展开。

第三，多行为体合智。人工智能赋能的全球治理未来不应该仅仅由少数国家或者少数超级公司来决定。在人工智能规则、政策和法律的生产和制定过程中，应该将更为广泛的多方行为体纳入其中。整体来看，人工智能对非国家行为体有很强的赋能效果。一方面，智能革命使得国际组织协调性治理的成本降低。例如，在人工智能和区块链等技术的辅助下，各国的政策协调和沟通会更加便利，同时对国家履行国际组织承诺的监督和检查同样可以通过智能技术使其进一步制度化。弗洛里迪提出了政治多智能体系统的概念，认为这一系统可以减少资源浪费和最大化回报，而国际组织更加符合政治多智能体系统的特征。[2] 然而，由于资源更多地向国家和跨国公司集中，因此，国际组织是否能发挥作用取决于国家向其授权的程度。目前已经逐步出现全球化衰退和国家主义兴起的苗头，因此，西方主要国家的态度就会非常关键。纽约大学法学教授菲利普·阿尔斯通（Philip Alston）认为，处于发展致命机器人武器技术的前沿国家，可能不太愿意接受国际法管辖或主动进行法律或道德约束。同时，这类技术的目标国或受害者国也不太可能领导这项工作。因

[1] Amitav Acharya, *Ideas, Identity and Institution-Building: From the "ASEAN Way" to the "Asia Pacific Way"*, The Pacific Review, Vol. 10: 3, p. 329 (1997).

[2] [意] 罗西亚诺·弗洛里迪：《第四次革命：人工智能如何重塑人类现实》，王文革译，浙江人民出版社 2016 年版，第 203、210 页。

此，这项责任不可避免地落在国际行动者的头上。阿尔斯通认为，联合国应该发挥重要作用。联合国秘书长应该召集一个由各国在人权和人道主义法方面的主要部门官员、应用哲学家和伦理学家、科学家和开发人员组成的军事代表和文职代表小组，旨在促进与这些新技术的开发有关的目标。该小组的任务是考虑可以采取哪些方法来确保这些技术符合适用的人权和人道主义法要求。这将包括：考虑到任何无人机或机器人武器系统应具有与可比较的载人系统相同或更好的安全标准原则；在部署前对此类技术的可靠性和性能进行测试的详细说明；以及将记录系统和其他技术纳入开发的武器系统之中，允许对所谓的不当使用武力进行有效调查和追究责任。[1]

另一方面，个体和社会组织可以在智能革命中得到一定程度的赋能，但也面临诸多挑战。例如，利用自媒体，个体也可以成为舆论的中心，从而对被国家掌握的传统主流媒体进行影响和反制。智能革命的多数产品都是以个人即消费者为中心展开的，因此，这种消费者赋能实际上是个体赋能。利用新的技术工具，个体可以在全球层面做更大的联合。伦敦大学丹·普莱什（Dan Plesch）和全球治理著名学者托马斯·维斯（Thomas Weiss）认为，网络和非正式机构的全球扩张是对战后多边主义特别是联合国机制的一个严重挑战。他们警告说，应该对正式和系统的多边主义保持热情，而不是过多关注临时和非正式的多边主义。[2] 美国大学国际关系教

[1] Philip Alston, *Lethal Robotic Technologies: The Implications for Human Rights and International Humanitarian Law*, Journal of Law Information and Science, Vol. 21: 2, pp. 59—60 (2011).

[2] Dan Plesch & Thomas G. Weiss, 1945's Lesson: "Good Enough" Global Governance Ain't Good Enough, *Global Governance*, Vol. 21: 2 (August 2015), p. 203.

授阿米塔夫·阿查亚（Amitav Acharya）则批评普莱什和维斯的观点，认为今天的全球治理不仅要包括主要大国，还包括国际和区域机构、非国家组织、合作组织以及人们的运动和网络。[1] 从这个意义上讲，互联网、大数据和人工智能无疑助推了这些非正式网络的发展。乌得勒支大学全球可持续发展治理研究教授弗兰克·比尔曼（Frank Biermann）等认为，全球治理出现了碎片化的趋势。这种碎片化的对象包括不同性质的国际机构（组织、制度和隐含规范）、它们的空间范围（从双边到全球）以及它们的主题（从具体政策领域到普遍关切）。[2] 比尔曼等人更多地从负面的含义来解读碎片化，而其他学者则认为碎片化所代表的恰恰是一种新的方向。例如，外交关系委员会国际机构和全球治理项目主任斯图尔特·帕特里克（Stewart Patrick）认为，这种碎片化产生了"足够好的全球治理"（Good Enough Global Governance）。[3] 阿查亚也认为，这种碎片化是不可避免的，甚至是创造性的，因为它反映了世界政治变化的更广泛力量。更详细地说，今天的世界在文化和政治上是多样化的，但更加相互联系和相互依存。[4]

维斯在最新的一篇文章中似乎调整了立场。在他和萨塞克斯大学国际政治学教授罗登·威尔金森（Rorden Wilkinson）合作的

[1] Amitav Acharya, *The Future of Global Governance: Fragmentation May Be Inevitable and Creative*, Global Governance, Vol. 22: 4, p. 454 (2016).

[2] Frank Biermann, Philipp Pattberg, Harro van Asselt, & Fariborz Zelli, *The Fragmentation of Global Governance Architectures: A Framework for Analysis*, Global Environmental Politics, Vol. 9: 4, p. 16 (2009).

[3] Stewart Patrick, *The Unruled World: The Case for Good Enough Global Governance*, Foreign Affairs, Vol. 93: 1, pp. 58—73 (2014).

[4] *The Future of Global Governance: Fragmentation May Be Inevitable and Creative*, Global Governance, Vol. 22: 4, p. 454 (2016).

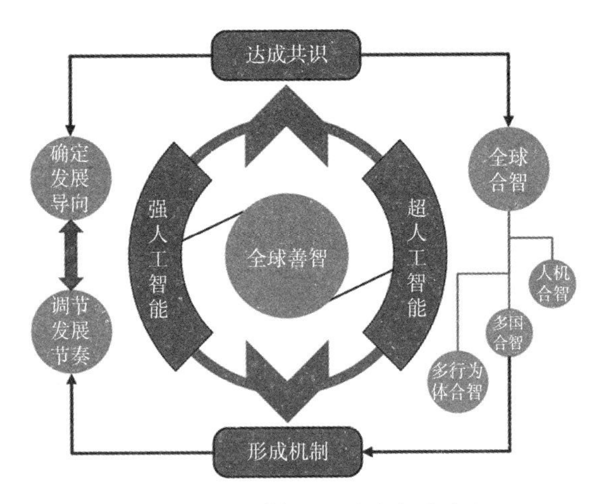

图 3-3　全球善智与全球合智的关系

文章中主张一种日常化的全球治理（Everyday Global Governance），试图从被治理者的角度出发去思考全球治理，这样可以对全球治理的复杂性、时间、空间、连续性和变化等作更加深入的理解。[1]在全球性机制形成的过程中，作为全球公民的个体参与决策过程也具有重大意义。奥利佛·福克斯（Oliver Fox）和彼得·斯托特（Peter Stoett）认为，公民参与对于全球治理的有效性和合法性至关重要。通过对联合国《2030 年可持续发展议程》形成过程中各国政府、民间社会、企业、知识型机构和公民等作用的评估，福克斯和斯托特认为，公民参与为民主的全球治理提供了一个新的选择。[2]正如德国波茨坦高级可持续发展研究所主任奥特温·雷恩教授（Ortwin Renn）所指出的，现代社会比以往任何时候都更加需

[1] Thomas G. Weiss & Rorden Wilkinson, *The Globally Governed—Everyday Global Governance*, Global Governance, Vol. 24: 2, p. 193（2018）.

[2] Oliver Fox & Peter Stoett, *Citizen Participation in the UN Sustainable Development Goals Consultation Process: Toward Global Democratic Governance?*, Global Governance, Vol. 22: 4, p. 555（2016）.

要社会大众的参与。有效和充分的公民参与机制可以降低对新技术未来风险的抗议和抵制。[1]

在《机器、自然力和科学的应用》中，马克思明确地表达出科学技术促进经济和社会变迁的思想："随着新生产力的获得，人们改变自己的生产方式，随着生产方式即谋生的方式的改变，人们也就会改变自己的一切社会关系。"[2] 人工智能作为一种新的生产力，正在改变着我们的生产方式。同时，人们的社会关系和治理结构也在随之调整。因此，智能革命的发生需要我们对未来全球治理的理念重新作整体性的思考。全球善智可以成为未来人工智能在全球治理应用的目标性价值。全球善智要解决人工智能向何处去的问题。人工智能被认为是一种颠覆性技术。一方面，这种技术对于结构性问题的解决可能会有帮助。另一方面，由于其巨大的颠覆效应，管控不好的后果则可能会造成全球社会的倾覆。这其中的核心是通用人工智能的问题。因为通用人工智能最终挑战人的意义，所以必须对其进行理性而严格的约束。也正是基于此，笔者提出"机器人新三原则"。正如在冷战期间核武器的快速发展使得整个人类社会产生恐慌，之后才形成对核武器控制的全球共识。目前人工智能的发展还处在前期，许多颠覆性效应还没有完全展现出来。因此，对人工智能全球治理效应的研究要具有前瞻性，以保证人工智能的健康发展及其在全球治理中的良善应用。人工智能在全球治理应用时不仅要强调可控、可调节原则，还要强调差别原则，即更多从发展中国家和全球社会弱势群体的角度来分析问题。

[1]［德］奥特温·雷恩：《公民参与》，载阿明·格伦瓦尔德编：《技术伦理学手册》，吴宁译，社会科学文献出版社2017年版，第696—702页。
[2]《马克思恩格斯选集》第1卷，人民出版社2012年版，第222页。

全球合智则可以成为未来人工智能在全球治理应用的过程性价值。全球合智是要解决用何种手段来实现全球治理目标的问题。人工智能会产生出巨大的离心机效应。人工智能的发展可能会冲垮之前被认为是社会稳定器的中产阶级。在全球社会中，这种可能性同样存在。全球中间力量受到冲击，意味着大量中等收入国家可能会堕入底层或不发达状态，而底层力量的不断积聚就会导致弱者的反抗。在这样一个背景下，形成紧密团结的全球社会就变得更加有意义。近年来，世界局势的发展让我们更多观察到的是一个碎片化、非团结的，甚至是去全球化或逆全球化的全球社会。人工智能的快速发展则可能会对这一趋势产生强大的加速效应。正如习近平总书记所指出的："处理好人工智能在法律、安全、就业、道德伦理和政府治理等方面提出的新课题，需要各国深化合作、共同探讨。中国愿在人工智能领域与各国共推发展、共护安全、共享成果。"[1]因此，如何实现全球合智理念的传播和制度化就显得至关重要。

[1] 习近平：《共同推动人智能造福人类》，载《人民日报海外版》2018年9月18日，第1版。

第四章

区块链与全球经济治理转型

由于受到制度惯性、路径依赖和治理霸权等多重因素的干扰，全球经济治理难以有效地适应当前全球社会的发展现实，即目前的多中心化趋势与之前的中心化结构之间存在明显的冲突，进而导致全球经济治理中的内在缺陷与系统性风险不断扩大。其中，原有“中心—外围”式的国际货币格局并未真正被打破，美元仍在国际货币体系处于主导地位。这种国际货币格局不仅加剧了不同主权信用货币之间的竞争，也压缩了全球经济治理体系转型升级的空间。而区块链技术能够通过构建自信任生态、多元融合机制以及开放的协作系统，来加快实现全球经济治理从中心化到多中心化的转变。为此，笔者认为可以基于区块链技术，构建一套以“数字货币体系—数字金融账户体系—数字身份验证体系”为基本结构的 E-SDR 超主权数字货币体系，为国际货币体系的改革和全球正义经济秩序的构建创造新的空间。目前来看，发展中国家同发达国家在区块链技术的基础理论、产业结构和制度建设等方面仍存在着巨大的差距。因此，中国应及时抓住技术发展的机遇，加快区块链基础理论的研究和底层技术的开发，并推动相关技术发展的开源与共享，进而在区块链技术以及数字货币的构建上实现新的开放性合作语言，为全球多边合作的实现贡献中国智慧和中国方案。

布雷顿森林体系的演变与美元霸权的扩张

随着全球化的进一步发展，全球经济治理体系发生了巨大变化，这一体系的转型与升级也成为了全球社会讨论的重要议题。从发展趋势来看，世界经济的全球化和政治的多极化为发展中国家提供了一定的发展空间，发展中国家也为全球发展提供了强劲的动力。这就逐渐打破了原有的全球力量分布格局，全球经济治理也由此开始呈现治理主体多元化和治理区域多中心化的现实趋向。然而，从现实结构来看，发达国家凭借其先行优势及强大的国家实力，仍旧维持着以自身为中心、发展中国家为边缘的全球经济格局，并借此不断加强对发展中国家的压制与剥削。因此，现行的全球经济治理体系难以有效地适应当前全球社会的发展趋势，即目前的多中心化趋势与之前的中心化结构之间存在明显的冲突。这就使得全球社会发展所带来的新问题无法得到有效解决，进而导致原有全球经济治理体系中的内在缺陷与系统性风险不断扩大。

此外，从技术发展来看，数字化技术的进步与金融解决方案的变革不仅为全球经济治理提供了全新的视角，并且也为全球经济秩序演变过程中权力的分化与融合提供了有效的管控方式。其中，区块链通过运用加密链式区块结构、分布式节点和共识算法等技术，能够实现多中心化架构与分布式交易的构建。而这一技术应用将有助于加快实现全球经济治理从单一的中心化到多中心化的转变。为此，本章旨在分析二战后国际货币体系的演变以及当下全球经济治理转型的情境，深入探讨全球经济治理的现状以及未来可能的发展方向。与此同时，本章还对区块链技术的本质、特点、应用层级及其对全球经济治理效用进行了梳理，提出了建立 E-SDR 超主权数字货币体系的构想，以期为推动全球经济治理的转型与升级提供新视角。

国际货币是指当某一主权国家的法定货币突破了地理疆域和政

治界域，成为国际贸易、商品计价和价值储藏所使用的货币。[1] 迄今为止，国际货币体系仍保持着一定程度的“中心—外围”构架，即“中心国家”的本币成为国际货币，“外围国家”则以国际铸币税为代价，来换取使用这一国际货币的权利。同时，拥有国际货币主导权的“中心国家”通过一系列制度安排的设计与实施，来左右国际货币体系的发展和全球财富的再分配，以实现维护其国家利益的目的。[2] 此外，尽管“外围国家”采取了一系列的措施来改变这一体系，但是由于受到“中心国家”的霸权限制以及改革成本的制约，进而未能够真正有效地实现国际货币体系的改革，甚至在某种程度上还形成了对原有“中心—外围”体系的高度依赖。

实际上，自布雷顿森林体系创建以来，美元便逐步在国际货币体系中获得了中心地位，即美元成为被其他国家“外围货币”所紧密围绕的“核心货币”。[3] 一方面，美元成为黄金和多数国家货币

[1] Richard Cooper, *Prolegomena to the Choice of an International Monetary System*, International Organization, Vol. 29: 1, p. 65 (1975).

[2] Robert Gilpin, *Global Political Economy: Understanding the International Economic Order*, Princeton University Press, 2001, pp. 248—250.

[3] 实际上，二战后国际货币体系的建立最初有“怀特方案”和“凯恩斯计划”两种构想，主要区别如下：(1)“怀特方案”采取基金制，即以主权国家的购买为基准授予其使用的权利，设想以 Unita 作为记账单位（实际流通的仍为美元等主权信用货币），并以黄金作为其货币锚，实行非对称调节的外汇稳定方案，即逆差国承担多数的调整责任；(2)“凯恩斯计划”采取银行制，以 Bancor 作为超主权储备货币（以全球贸易总量作为货币锚），并实行对称调节的外汇稳定方案，顺差国、逆差国按比例共同承担调整责任。从理论上看，由于“凯恩斯计划”推行超主权储备货币，以全球贸易总量为锚定，并注重国际收支失衡调节机制中权利与义务的相对公平性，因而更加合理性。然而，作为战后全球经济格局构建的主导者，美国极力追求自身在国际货币体系中的优先地位。因此，“凯恩斯计划”最终落空，“怀特方案”则成为制定战后国际金融体系的蓝本。参见吴晓灵、伍戈：《“新怀特计划”还是“新凯恩斯计划”——如何构建稳定与有效的国际货币体系》，载《探索与争鸣》2014 年第 8 期，第 59—62 页。

之间的中间驻锚，即美元与黄金挂钩，其他国家的货币则与美元挂钩。美元的这一中心地位促使其成为了国际贸易中最主要的支付货币以及资本主义体系的国家和地区中最主要的储备货币。另一方面，美国基于美元的霸权地位，逐渐获得了国际金融霸权和话语强权，即美国通过主导全球贸易规则的制定和调整，以确保全球经济治理体系始终朝着有利于美国的方向演进，并实现对其他国家的经济掠夺和控制。

作为"世界本位货币"，美元具有高度的垄断性和流通性。因此，美国仅凭发行美元就能够攫取全球范围内的国际铸币税和通胀税，即以美元的超发来制造美元的对外贬值和对内通胀，并以此来减轻美国对外负债的压力。[1]同时，美国可以通过调整本国的货币政策来促进本国商品的出口和降低自身的债务水平，而使用美元或购置美元资产的国家则将承担这部分经济调整带来的失衡负担。针对这一点，美国对外关系委员会国际经济部主任本·斯泰尔（Benn Steil）认为，布雷顿森林体系不仅仅是一种国际金融解决方案，更是美国地缘政治战略的一部分，其核心要义之一就在于构建一个新的国际金融体系形成对他国的压制。[2]此外，国际货币体系本身就具有极强的路径依赖性和不断自我强化的特征，而这种制度化的支持机制使得美元在国际货币体系中拥有极强的网络效应。正如美国加州大学伯克利分校经济学教授巴里·艾肯格林（Barry Eichengreen）所言，只要美元拥有足够的流动性金融市场，就能够

[1] 李巍：《制衡美元的政治基础——经济崛起国应对美国货币霸权》，载《世界经济与政治》2012年第5期，第99页。

[2] Benn Steil, *The Battle of Bretton Woods*, Princeton University Press, 2013, pp. 334—335.

继续保持其在国际货币体系中的地位，其他国家的货币就难以在国际货币体系中突破美元中心化的束缚。[1]

当然，尽管布雷顿森林体系在推动全球战后经济恢复和国际贸易增长中的确发挥了重要的作用，但其治下的以美元为中心的国际货币体系则具有天然的不稳定性和不可持续性。对于这一问题，最具代表性的研究就是美国经济学家、耶鲁大学教授罗伯特·特里芬（Robert Triffin）所提出的“特里芬难题”。他认为在布雷顿森林体系之下，美元承担着相互矛盾的双重职能，这主要表现在：（1）为了满足全球经济发展对于美元储备的需要，美国通过维持国际收支的持续逆差来保持美元流动性，但是长期的国际收支逆差将导致美元的贬值；（2）为了保持美元币值的稳定，美国就必须保持国际收支的长期顺差，但是这又会导致美元流动性不足，无法为国际结算提供足够的货币支持。因此，这两者间所形成的这一悖论表明了布雷顿森林体系存在着其自身无法克服的内在矛盾。[2] 同时，普林斯顿大学经济学教授保罗·克鲁格曼（Paul Krugman）认为，在布雷顿森林体系之下，尽管各国货币政策的独立性和汇率的稳定性得到实现，但是资本的国际流动却受到了严格的限制。这也就意味着这一体系并未打破货币的三元悖论（monetary trilemma），并在事

[1] Barry Eichengreen & Marc Flandreau, *The Rise and Fall of the Dollar, or When did the Dollar Replace Sterling as the Leading Reserve Currency?*, European Review of Economic History, Vol. 13: 3, pp. 398—401 (2009).

[2] 实际上，只要黄金和外汇储备机制并行运作，黄金储存就仍将被作为货币当局的最终价值储存库，国际货币体系中的不稳定性也就无法被根除。相关研究可以参见 Robert Triffin, *Gold and the Dollar Crisis*, Yale University Press, 1960; Robert Triffin, *Gold and the Dollar Crisis: The Future of Convertibility*, International Affairs, Vol. 37: 1, pp. 251—258 (1961); Robert Triffin, *The International Role and Fate of the Dollar*, Foreign Affairs, Vol. 57: 2, pp. 269—286 (1978).

实上加剧了全球资本流动性危机和国际汇率波动性风险。[1]此外，美国得克萨斯大学国际事务教授弗朗西斯·加文（Francis Gavin）则指出，布雷顿森林体系本身就具有高度政治化的特征，即美国需要通过不断的干预和控制才能较为有效地维持这一体系。而这就导致国际货币体系中经常出现因政治因素干扰所导致的货币冲突甚至对抗的局面。[2]因此，随着全球化的逐步深化以及国际收支危机的加剧，布雷顿森林体系在20世纪六七十年代逐渐开始瓦解。[3]

布雷顿森林体系解体后，美国则凭借原先构建政治、军事和科技的“霸权三角”，逐步实现了石油等大宗商品计价单位的美元化，并通过影响大宗商品的交易价格与供给关系来强化美元的霸权

[1]“三元悖论”主要是指一个国家在“货币政策的独立性”“汇率的稳定性”和“资本的流动性”三个政策目标中只能达成两个，不可能同时实现这三个目标。参见 Maurice Obstfeld, Marc Melitz & Paul Krugman, *International Economics: Theory and Policy*, Pearson Addison Press, 2017, pp. 534—537。

[2][美]弗朗西斯·加文：《黄金、美元与权力——国际货币关系的政治：1958—1971》，严荣译，社会科学文献出版社2011年版，第146—154页。

[3]布雷顿森林体系的解体经历了若干次美元危机，其发生过程大致如下：（1）二战后，由于美国在“马歇尔计划”和“道奇计划”的执行中采取了“廉价货币”政策，造成了美国的国际收支状况恶化，美元贬值压力由此倍增。1960年10月，受到伦敦黄金市场价格猛涨的刺激，美元继而出现大幅贬值并遭到大规模抛售，第一次美元危机由此爆发。（2）1965年3月，越南战争的爆发导致美国国际收支持续恶化，第二次美元危机随之爆发。（3）1971年8月，美国众议院国际交易和收支委员会分会发布报告认为，“美元估值过高，建议采用弹性汇率机制解决美国的赤字问题”。时任美国总统的尼克松宣布推行“新经济政策”，并单方面关闭了美元兑换黄金的窗口，即终止了以美元兑换黄金的义务。这随即就导致了美元抛售浪潮，第三次美元危机也由此爆发。（4）1971年12月，“十国集团”签订了“史密斯协议”，试图通过确立不同的比价重建固定汇率制。但是，由于美元与黄金可兑换性的终止，而且成员国的货币已经实现了事实上的自由浮动，因而该协议并未消除对美元的信任危机，也未能恢复原有的钉住汇率制度。（5）1973年2月，（转下页）

地位。这意味着，“黄金—美元”为“石油—美元”计价机制所替代，全球经济体系也随之进入了以“石油—美元”计价机制为根本特征的“牙买加货币体系”，即后布雷顿森林体系时期。在这一时期，美元统一了原有的黄金定价权以及石油等大宗商品的生产贸易控制权，从而为自身构建了新型的信任基础，并进一步提升了美国的霸主地位。正是看到这一点，美国国际关系研究学者大卫·斯皮曼（David Spiro）指出，“石油—美元”的计价机制使得美国能够通过改变国内的政策来影响甚至操纵石油等大宗商品价格，进而以此实现对世界战略资源分布的控制，并将其他国家的利益与美国相捆绑。[1] 然而，尽管这种新的货币锚定方式一定程度上减轻了因汇率波动而导致的国际结算体系崩溃的风险，但同时也衍生出了新的风险。麦肯锡全球研究院研究员黛安娜·法瑞尔（Diana Farrell）

（接上页）由于美国国际收支状况继续恶化，美国被迫再次宣布美元贬值。（6）1973 年 3 月，西欧共同市场国家宣布对美元实行联合浮动制，英国和意大利等国则对美元实行单独浮动制。原先以黄金为基础、美元为中心的可调整的固定汇率制至此彻底解体。尽管美国在此期间也采取了诸如成立黄金总库、实行“黄金双价制”以及“克制提取黄金协议”等手段来维持美元与黄金之间的比价。然而，国际收支平衡危机的频发导致这些措施并未解决美元贬值的压力。（7）1976 年 1 月，国际货币制度临时委员会通过了《牙买加协议》；同年 4 月，国际货币基金组织通过了《国际货币基金协定第二次修正案》，该协议确认了黄金的非货币化，并正式承认成员国在汇率制度选择方面的自由。至此，以“黄金—美元”本位为基石的布雷顿森林体系正式解体。参见 Ernest Mandel, *The Crisis of the International Monetary System*, International Socialist Review, Vol. 30: 2, pp. 147—151（1969）; Michael Hogan, *The Marshall Plan: America, Britain and the Reconstruction of Western Europe, 1947—1952*, Cambridge University Press, 1989, pp. 12—24; Barry Eichengreen, *Global Imbalances and the Lessons of Bretton Woods*, Economic History Review, Vol. 60: 3, pp. 645—646（2007）。

[1] David Spiro, *The Hidden Hand of American Hegemony: Petrodollar Recycling and International Markets*, Cornell University Press, 1999, pp. 344—345.

和苏珊·隆德（Susan Lund）指出，“石油—美元”计价机制使“石油美元”主权财富基金的规模不断上升，而这些基金相对较高的风险偏好加剧了全球资本市场的动荡。[1]

当然，“石油—美元”体系形成的基础仍在于美国自身的霸权地位。美国的经济实力和市场规模、金融市场的开放性以及健全的法律和政治制度等因素为“石油—美元”体系提供了有力的支撑。但更为关键的是，“石油—美元”计价机制助推了“石油—美元—美元计价金融资产”环流体系的形成。而为了缓解因布雷顿森林体系解体所导致的大规模通胀，美国通过调整利率、放松金融管制以及加大金融产品创新等直接和间接的方式来吸纳溢出的美元，并以此来管控美元的数量和保持美元的稳定性。[2] 与此同时，在后布雷顿森林体系时期，资本的自由流动成为国际基本共识，而主要储备货币在实质上的单一性以及出于流动性及保值的需要，各国仍首先将美债等美元资产作为承接其美元盈余的主要途径。[3] 因此，全球市场中的美元以美元资产的形式大批量回流到美国，美元也以各类金融资产的形式变相成为各国的价值储藏。在这一过程中，美元使用的广泛性、便利性以及美国综合实力的稳定性，促使美国的国家信用逐步成为了美元的新型锚定物。而这一体系的形成使得美元无需通过依赖锚定物的稀缺性来保证自身的信用。美元由此成为完全建立在单边信用基础之上的国际

[1] Diana Farrell & Susan Lund, *The New Role of Oil Wealth in the World Economy*, The McKinsey on Finance, 2008, pp. 2—4.

[2] [美] 迈克尔·赫德森：《金融帝国：美国金融霸权的来源和基础》，嵇飞、林小芳译，中央编译出版社 2008 年版，第 33 页。

[3] 张广斌、张绍宗、王源昌：《货币寻锚的历史回顾与当下困局》，载《国际经济评论》2017 年第 6 期，第 77 页。

货币。[1]

因此，尽管后布雷顿森林体系形成了多元货币体系，但这在实质上仍是一种以美元为本位的信用货币体系，多数国家（尤其是中小发展中国家）的货币在国际市场上仍以美元为主要锚定对象。[2] 与此同时，随着美元的实质意义和作用的增强，美国采取了更为强硬的货币政策，并以此来塑造和扩大以美国为核心的全球体系。正如美国杜克大学政治学教授罗伯特·基欧汉（Robert Keohane）和美国哈佛大学政治学教授约瑟夫·奈（Joseph Nye）所言，当美国不再为货币兑换的要求所掣肘后，美国就能够充分运用自身的经济、政治和军事力量去影响国际货币博弈的规则。[3]

实际上，美国在面临国家利益与国际义务相冲突时，其本身更加倾向于制定符合本国国家利益的政策。而在后布雷顿森林体系之下，美元仍是全球贸易顺差国主要储备资产和事实上的钉住货币，但是美国无须承担原有维护汇率稳定的责任。因此，美国进而能更为自主地选择财政和货币政策，并规避因汇率持续波动而带来的巨大经济风险。美国密苏里大学经济学教授米歇尔·赫德森（Michael Hudson）认为，美国基于美元的霸权地位，形成了一种以国家资本主义形式存在的“超级帝国主义”（Super Imperialism），20 世纪八九十年代的“广场协议”“卢浮宫协议”就是最为典型的

[1] Richard Cooper, Rudiger Dornbusch & Robert Hall, “The Gold Standard: Historical Facts and Future Prospects”, *Brookings Papers on Economic Activity*, Vol. 1982: 1, 1982, pp. 1—56.

[2] 王湘穗：《币缘论：货币政治的演化》，中信出版集团 2017 年版，第 1—2 页。

[3] [美] 罗伯特·基欧汉、约瑟夫·奈：《权力与相互依赖》，门洪华译，北京大学出版社 2002 年版，第 147—159 页。

说明。[1] 然而，其他国家却仍旧面临着美元中心化所可能导致的风险。对此，美国斯坦福大学经济学教授罗纳德·麦金农（Ronald Mcinnon）认为，美元霸权的延续使得多数国家仍旧无法用本国货币构筑对外债权，而那部分因经常项目盈余所导致对外债权不断增加的国家则继续面临着“两难的美德”（Conflicted Virtue）的困境。[2]

美国通过积极地推动国际金融衍生品交易市场的发展，来刺激全球对于美元交易、投资与储备的需求，进而以此巩固和扩大美元的霸权地位。这就意味着，美国能够通过货币、财政政策的调整来主导全球资本的流动和贸易活动的收缩，并以此攫取制造业国家和资源类国家的巨额财富。[3] 这导致了国际货币体系中出现了“美元陷阱”（Dollar Trap）的困境。针对这一点，美国康奈尔大学经济

[1] 赫德森认为，美国的“超级帝国主义”（Super Imperialism）的主要表现就在于美国通过推行美元中心化、干预各国中央银行以及操控政府间资本的多边机构来实现对他国的压制与剥削。参见 Michael Hudson, *Super Imperialism: The Origin and Fundamentals of U.S. World Dominance*, Journal of International Studies, Vol. 32: 2, pp. 350—352（2003）。

[2] 麦金农认为，美元的霸权地位导致东亚国家并不能以本国货币对外放贷，只能形成以美元为对外债权的基础结算货币。这在一定程度上加重本国货币被动升值的压力。同时，东亚国家往往能够在对外贸易中保持贸易顺差，其经常项目能够保持较高的盈余水平。然而，这些国家对外的债权也由此不断增加使得债务国逐步开始抱怨东亚国家本币低估所导致的双边贸易逆差，从而进一步提高本国美元资产持有者对于本币升值的预期。但是如果东亚国家的货币升值，其国内美元资产持有者的资产将遭受损失；如果不升值，东亚国家将面临债务国更多的抱怨及更大的施压。因此，东亚国家由此陷入本币“升值不行、不升值也不行”的两难境地。参见 Ronald Mckinnon & Gunther Schnabl, *The East Asian Dollar Standard, Fear of Floating, and Original Sin*, Comparative Economic & Social Systems, Vol. 8: 3, pp. 331—360（2003）。

[3] 王湘穗：《币缘政治：世界格局的变化与未来》，载《世界经济与政治》2011年第4期，第15页。

学教授埃斯瓦·普拉萨德（Eswar Prasad）指出，正是由于全球大量的金融资产均以美元形式存在，使得美国变相成为了全球安全金融资产的主要供给者。在国际储备大幅增长和金融危机频发的背景下，国际社会对于安全资产的需求反而成为美元的霸权地位的又一支撑力量。[1] 此外，美国凭借美元的霸权地位在国际金融体系中获得了极大的话语权，并在制定或修改国际经济事务处理规则等方面攫取了巨大的经济利益和政治利益。[2]

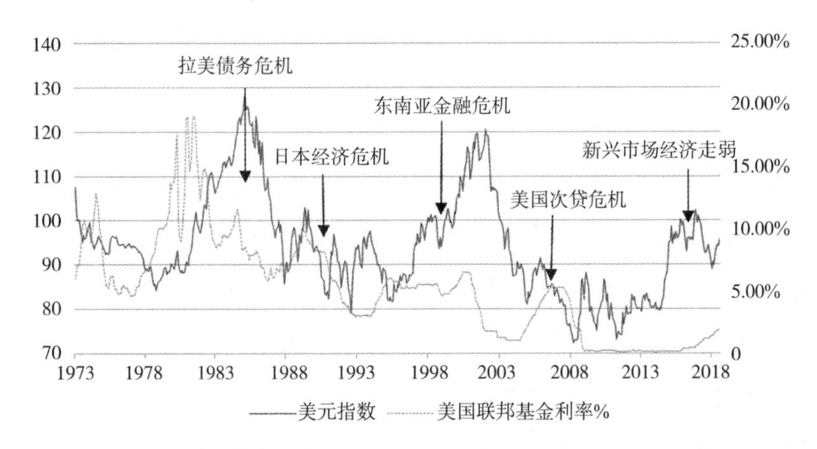

图 4-1　美国货币政策、美元指数与二战后全球金融危机的走势

资料来源：英为（Investing），美元指数（DXY）、美国联邦基金利率（FFR），https://cn.investing.com，访问时间：2018 年 12 月 12 日。

[1]"美元陷阱"（Currency Trap）是指因一国或多国的经济活动严重依赖于美元而导致自身面临的一系列金融困局。普拉萨德认为，在后金融危机时代，由于安全性资产缺少合适的替代品，使得全世界的官方投资者与私人投资者被动地提高对以美元计价的金融资产的依赖性。而正是这种依赖性的提高导致美元霸权的不断强化。参见 Eswar Prasad, *The Dollar Trap: How the U.S. Dollar Tightened Its Grip on Global Finance*, Princeton University Press, 2014, pp. 63—67。

[2] 陈雨露、王芳、杨明：《作为国家竞争战略的货币国际化：美元的经验证据——兼论人民币的国际化问题》，载《经济研究》2005 年第 2 期，第 37 页。

然而，美元的这一周期性变化却加剧了国际货币体系的波动性，而且也对全球资本流动与资产配置造成了极大的影响，部分国际经济活动甚至为此遭受了巨大冲击（图 4-1）。[1] 具体来看，美元周期性变化所具有的外溢效应主要分为四个方面：

第一，从内外部融资角度来看，美元的阶段性弱势使得经济周期不同步的各国被迫以加息的方式来应对流动性紧张的问题。这导致了这些国家对内融资成本和对外债务水平的大幅上升。而那些过度依赖外资以及短期债务过高的国家在这一情景之下就极易发生债务危机。为此，世界银行全球发展预测局国际金融主管曼苏·戴拉米（Mansoor Dailami）和加拿大多伦多大学罗特曼管理学院教授保罗·曼森（Paul Masson）等人指出，美国货币政策变化的预期对于新兴市场的利差具有极大的影响，并在一定程度上加剧了债务危机在全球范围的扩散。[2] 第二，从国际贸易角度出发，美元阶段性强势有利于其他国家的出口，但同时会导致他国货币的相对贬值和进口成本的上涨。而这可能造成其他国家国内物价的持续上涨，进而使其面临输入型通货膨胀的风险。而那些处于价值链环节相对下游位置的国家在短期内将面临对外贸易恶化的风险。克鲁格曼认为，尽管美元的走强有利于其他国家的出口，但是由于在价值链环节处于相对下游位置，并受到资源出口导向等因素的影响，这部分国家在短期内仍面临着对外贸易恶化的

[1] Obstfeld Maurice, *The Logic of Currency Crises*, in Barry Eichengreen, Jeffry Frieden & Jürgen Hagen, *Monetary and Fiscal Policy in an Integrated Europe*, pp. 85—86 (1994).

[2] Mansoor Dailami, Paul Masson & Jean Padou, *Global Monetary Conditions versus Country-Specific Factors in the Determination of Emerging Market Debt Spreads*, Journal of International Money and Finance, Vol. 27: 8, pp. 1333—1336 (2008).

风险。[1]第三，从货币流动性角度来看，在后布雷顿森林体系之下，由于多数国家实行浮动汇率机制，因此美元一旦走强就会造成这些国家的美元外汇储备不断流失。为此，这些国家的央行基础货币投放被迫收紧，其国内货币流动性由此收缩。这使得全球流动性出现结构性不足以及与之相伴的通货紧缩，再次加剧了国际储备货币的供求矛盾。正如美国加州大学圣克鲁分校经济学教授迈克尔·杜里（Michael Dooley）所言，浮动汇率制度与资本市场的扩大实际上促使了“布雷顿森林体系的复苏”，即国际货币体系形成了新的“中心—外围”结构。[2]第四，从资产配置来看，美元阶段性弱势使得大量多余的流动性资本涌入新兴市场。新兴市场国家的股票、房地产等广义资产价格随之迅速上升。然而，美元一旦恢复走强，流动性资本则重新回流美国。这对于流动性和利率比较敏感的“脆弱国家”来说，这一过程就加速了其国内资产的泡沫化和过度美元负债。原有资产泡沫化和过度美元负债则极易催生其国内爆发经济危机。[3]

基于美元在国际货币体系中的霸权地位，美国构建了以其为主

[1] Paul Krugman, *Will There Be a Dollar Crisis?*, Economic Policy, Vol. 22: 51, pp. 454—455 (2007).

[2] Michael Dooley, David Folkerts-Landau & Peter Garber, *Bretton Woods II still Defines The International Monetary System*, Pacific Economic Review, Vol. 14: 3, pp. 309—310 (2010).

[3]“脆弱国家”来自摩根士丹利于2013年所提出的“脆弱五国”(Fragile Five)概念，特指一些在经济方面过度依赖外国投资、本币极易受到美元波动的影响以及在应对风险方面具有脆弱性的新兴国家。其评比指标主要包含了经常账户余额、外汇储备与外债比率、政府债券的外国投资者持有量、美元债务、通货膨胀以及实际利率差等因素。参见 Oznur Umit, *Stationarity of Real Exchange Rates in the “Fragile Five”: Analysis with Structural Breaks*, International Journal of Economics & Finance, Vol. 8: 4, pp. 254—255 (2016)。

导的全球跨境支付和结算系统，并据此为美国实施金融制裁提供了关键的技术保障和基础条件。1977 年，在美国及部分欧洲国家的大型银行的主导下，环球银行金融电信协会（以下简称 SWIFT）正式成立，随即便成为占据全球主导地位的国际支付清算体系。作为国际统一的银行间支付信息传输系统，SWIFT 构建了统一的全球金融资金流动的信息渠道，其电文标准格式和交易模式已成为银行进行数据交换的标准化流程。英国伦敦政治经济学院教授苏珊·斯科特（Susan Scott）认为，SWIFT 已经构成了国际金融服务基础设施的核心部分，甚至一度成为国际银行间跨境汇兑市场上的垄断机构。[1] 然而，尽管 SWIFT 名义上作为一个国际银行间非营利性的国际合作组织，但这实际上是美国基于美元霸权而建立的跨境资金清算系统。一方面，美国不仅主导了 SWIFT 的建立，而且还通过联合传统盟友国家以占据董事会多数席位，因此从事实上控制了 SWIFT 的运作。[2] 另一方面，通过对 SWIFT 数据及其管理权的垄断，美国不仅能够有效地掌握全球资金流动的信息，而且能够通过限制国际支付结算的通道来对他国实施金融制裁。[3] 法国

[1] Susan Scott & Markos Zachariadis, *The Society for Worldwide Interbank Financial Telecommunications (SWIFT): Cooperative Governance for Network Innovation, Standards, and Community*, Routledge Press, 2014, pp. 187—188.

[2] SWIFT 实行董事会制度，共设 25 个董事席位，每三年轮换一次董事席位。其中，美国、英国、法国、德国、比利时和瑞士各拥有两个董事席位，其他核心会员国有一个席位，多数普通会员国则无席位。参见 Susan Scott, Markos Zachariadis, *Origins and development of SWIFT, 1973—2009*, Business History, Vol. 54: 3, pp. 471—473（2012）。

[3] 例如，2005 年 9 月，美国通过分析 SWIFT 和纽约清算所银行同业支付系统的数据后，发现澳门汇业银行与朝鲜之间存在交易。基于这一调查结果，美国财政部对有多个朝鲜客户的澳门汇业银行进行制裁。该禁令也成为美国在朝鲜核计划六方会谈中的一个重要砝码。同时，根据爱德华·斯诺登（Edward Snowden）（转下页）

波城大学欧洲研究中心研究员西尔·维佩鲁（Sylvie Peyrou）对此认为，美国对SWIFT数据的使用远远超出了正常范畴，并且还通过操控SWIFT来威胁及事实发动对其他国家的制裁。[1] 实际上，SWIFT仅是美国基于美元霸权在全球支付结算与金融产品交易等领域所构建"金融基础设施"的一部分，而这正是美元在国际货币体系所获取主导地位的一种权力衍生。这种权力结构的形成不仅强化了美元的国际地位，同时也导致其他国家被迫加强对于美元的依赖。

当然，尽管美元面临诸如欧元、日元等货币的挑战以及受到相关国际制度的约束，但是目前美元在全球贸易和金融活动中仍保持着绝对的优势地位。相反，新兴货币的崛起反而加速了国际货币权力的分散和权力结构的重组。[2] 美国康奈尔大学国际政治经济学教授乔纳森·科什纳（Jonathan Kjrshner）指出，布雷顿森林体系的解体虽然减弱了美元在外层区的势能，但是美国对货币操控工具的使用却更加无所顾忌，并且新的国际货币体系让部分国家也获得了货币权力的实施机会。这就在一定程度上加剧了国际货币体系中

（接上页）在2013年公布的文件中显示，美国国家安全局（NSA）始终对SWIFT数据信息进行监控。此外，2018年5月，美国宣布退出伊核协议并重启对伊朗的经济制裁，其中也要求SWIFT将伊朗银行排除在外。参见Lee Mathews, *Shadow Brokers Leak Reveals The NSA's Deep Access Into SWIFT Banking Network*, FORBES NEWS（Apr.15, 2017）, https://www.forbes.com/sites/leemathews/2017/04/15/shadow-brokers-leak-reveals-the-nsas-deep-access-into-swift-banking-network/#77ddd0a4445b。

[1] Sylvie Peyrou, *Anti-Terrorism Struggle Versus the Protection of Personal Data: a European Point of View on Some Recent Transatlantic Misunderstandings*, Journal of Policing Intelligence & Counter Terrorism, Vol. 10: 1, pp. 49—51（2015）.

[2] 张宇燕，张静春：《货币的性质与人民币的未来选择——兼论亚洲货币合作》，载《当代亚太》2008年第2期，第22页。

的竞争与冲突。[1] 同时，美国哈佛大学经济学教授劳伦斯·萨默斯（Lawrence Summers）则认为，在美元主导的国际货币体系下，美国所采取的巨额资本输出和双赤字（财政赤字、贸易逆差）使其成为全球最大的市场，因此新兴国家的经济发展对于美国需求的依赖性也在不断上升。在这种格局下，新兴国家出于对成本代价规避的考虑而选择维持现有的“平衡”状态，美国则继续凭借外部资本的流入为其贸易逆差融资。这就导致国际金融格局由此呈现一种“金融恐怖平衡”（Balance of Financial Terror）的状态。[2] 此外，美国马里兰大学教授吉列尔莫·卡尔沃（Guillermo Calvo）和哈佛大学金融学教授卡门·莱因哈德（Carmen Reinhart）则认为，多元货币格局以及浮动汇率机制的出现使得主权国家不得不通过政府干预来降低汇率的波动性，进而就导致了“浮动恐惧”（fear of floating）的产生。[3]

总的来看，美国宏观经济力量的减弱是布雷顿森林体系解体的重要原因。然而，美元同黄金固定比值承诺和义务的分离反而使得

[1]［美］乔纳森·科什纳：《货币与强制：国际货币权力的政治经济学》，李巍译，上海人民出版社2013年版，第302页。

[2] 萨默斯认为，美国双赤字的持续扩大导致美国面临更大的偿债压力。如果新兴市场国家此时不继续买入美元资产，则极有可能导致美元的崩盘和引发美国的经济危机，进而对其本国的经济发展造成负面影响。为此，新兴市场国家不得不购入美元资。参见项卫星，王冠楠：《中美经济相互依赖关系中的敏感性和脆弱性——基于“金融恐怖平衡”视角的分析》，载《当代亚太》2012年第6期，第92—93页。

[3] 在浮动汇率机制下，部分新兴市场国家由于缺少国际公信力，其国际储备利率经常出现大幅度波动。而这不仅对其进出口造成极大的影响，并且也极易导致其国内出现通货膨胀。因此，这些国家对汇率的波动抱有恐惧的态度，往往会通过政府干预将汇率波动限定在较小的范围内，进而导致名义和实际汇率之间具有较大的差异。参见 Guillermo Calvo & Carmen Reinhart, *Fear of Floating*, Quarterly Journal of Economics, Vol. 117: 2, pp. 399—402（2002）。

美元进入一个相对无责任的自由之境，美国也由此彻底摆脱了原有机制对其行使经济权力的限制，进而能够选择和实行更为自主的财政和货币政策。因此，强势美元也就成为美国的货币战略和地缘政治的必然选择。这也是美国全球霸权中的“国家利益本位主义”更为突出的重要原因。此外，冷战结束以及全球化的深化导致国际政治体系和国际经济体系逐步结合，从而为美元的再次全球扩张创造了良好的环境。然而，美国在享受美元霸权的福利的同时，却未能充分承担起维护和协调国际货币秩序的责任。这使得不断膨胀的金融资产泡沫与有限的美元货币供给之间的矛盾不断加剧，并导致国际金融系统性风险不断增加，国际货币体系的脆弱性不断上升。

转型情境：传统的中心化与现实的多中心化

发达国家凭借其先行优势及国家实力，在全球经济治理中长期维持着这样一种格局——以自身为中心和发展中国家为外围的全球经济格局，并借此不断强化对发展中国家的压制与剥削。[1]然而，在全球化的深入以及社会生产力水平不断提高的背景下，发展中国家和新兴市场得到迅速发展，传统发达国家的实力则相对减弱，两

[1]“中心—外围”是依附论用于分析全球政治、经济的基本架构。阿根廷经济学家劳尔·普雷维什（Raúl Prebisch）认为，发达国家和发展中国家，或者说中心和外围在世界经济中处于不平等的发展地位，而国际分工的不对称则深化了这种“中心—外围”的关系，参见 Raúl Prebisch, *The Economic Development of Latin America and Its Principal Problems*, United Nations Deptment of Economic Affairs, 1950, pp. 49—55; Raúl Prebisch, *Commercial Policy in the Underdeveloped Countries*, The American Economic Review, Vol. 49: 2, pp. 251—273 (1959)；埃及经济学家萨米尔·阿明（Samir Amin）则认为，资本主义的扩张导致了“中心—外围”结构性世界体系的形成，即“中心国家”的资本主义通过垄断和控制技术、自然资源、金融、全球媒体和大规模杀伤性手段形成对全球的寡头统治，参见 Samir Amin, （转下页）

者间经济发展的差距不断缩小。这就使得全球经济治理开始呈现治理主体多元化和治理多中心化的发展趋势。

发展中国家和新兴市场对全球经济增长所作出的贡献不断增加，并逐渐改变原有世界经济力量的格局。具体表现在以下方面：

第一，发展中国家和新兴经济体同发达国家之间的差距不断缩小。1980年，发展中国家和新兴经济体以购买力平价（PPP）计算的GDP占世界比重为36.66%，发达市场占63.34%；2002年，发展中国家和新兴经济体GDP份额首次超过七国集团（G7）；2008年，发展中国家和新兴经济体GDP份额上升至51.21%，首次超过发达国家的48.79%；截至2018年12月，发展中国家和新兴经济体GDP份额已达到59.77%；根据国际货币基金组织预测，2020年，发展中国家和新兴经济体GDP份额将达到60.50%，发达国家的份额则将下降至39.50%（图2）。

第二，发展中国家和新兴经济体为全球经济的发展贡献了多数的力量。1980年到2017年，全球经济年均增速为3.49%，发展中国家和新兴经济体平均增速为4.53%，其中亚洲新兴经济体增长速度高达7.36%；发达国家增速为2.42%，其中核心的G7国家增速

（接上页）*Accumulation and Development: a Theoretical Model*, Review of African Political Economy, Vol. 1: 1, pp. 9—26（1974）; Samir Amin, *Global Restructuring and Peripheral States: The Carrot and the Stick in Mauritania*, International Journal of African Historical Studies, Vol. 30: 4, p. 375（1997）；英国伯明翰大学政治学与国际关系系教授彼得·普雷斯顿（Peter Preston）则认为，主导全球结构的中心发达国家通过不平等的交换与外围的发展中国家相互联系，外围国家则严重依赖中心国家的技术、资本和市场，这种“中心—外围”的模式导致了边缘国家始终处于欠发达状态，参见Peter Preston, *The Other Side of the Coin: Reading the Politics of the 2008 Financial Tsunami*, British Journal of Politics & International Relations, Vol. 11: 3, pp. 504—517（2010）。

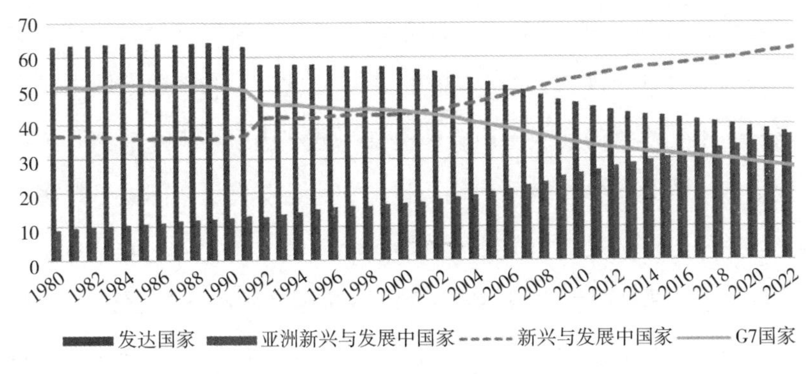

图 4-2 全球 GDP 总量份额比较

资料来源：国际货币基金组织数据库，GDP Based on PPP（Share of World）数据集，http://www.imf.org/external/datamapper，访问时间：2018 年 12 月 13 日（注：2018—2022 年为预测数据）。

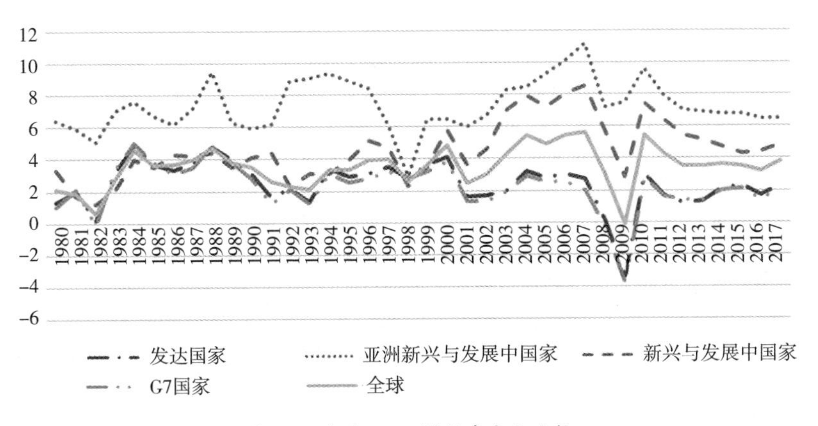

图 4-3 全球 GDP 增长率变化比较

资料来源：国际货币基金组织数据库，Real GDP Growth 数据集，http://www.imf.org/external/datamapper，访问时间：2018 年 12 月 13 日。

为 2.22%（图 3）。可见，以中国领衔的新兴经济体为全球经济的增长作出了巨大贡献。与此同时，根据世界银行报告的数据显示，在其 189 个成员国中，有 150 个国家为发展中国家，其中又有 108 个国家已成为“中等收入国家”，即进入所谓的中等收入阶段。就目前来看，这些发展中国家的 GDP 总和仅占全球的三分之一，其总人口数却占到全球人口的 74.32%。[1] 因此，尽管多数发展中国家仍旧处于现代化的初级阶段，但是如果这些国家在未来能够基于现行基础，继续向中高级现代化迈进，那么这些发展中国家必然将为全球经济的发展提供强劲的后续增长动力。

第三，发展中国家和新兴市场不断提高其在全球贸易中的地位，并且不断加快融入全球市场。全球价值链的分工和全球产业布局的调整使得跨国公司不断将生产基地移向新兴国家。在这一转移过程中，发展中国家和新兴市场凭借丰富的劳动力和资源优势成为“世界制造工厂”和跨国公司的“生产车间”。发展中国家和新兴市场的出口快速增长，在国际贸易中的占比规模不断扩大，其经常账户余额总体呈现上升趋势，部分发展中国家也已成为全球重要的贸易顺差国家和债权资源国（图 4-4）。实际上，全球价值链的形成不

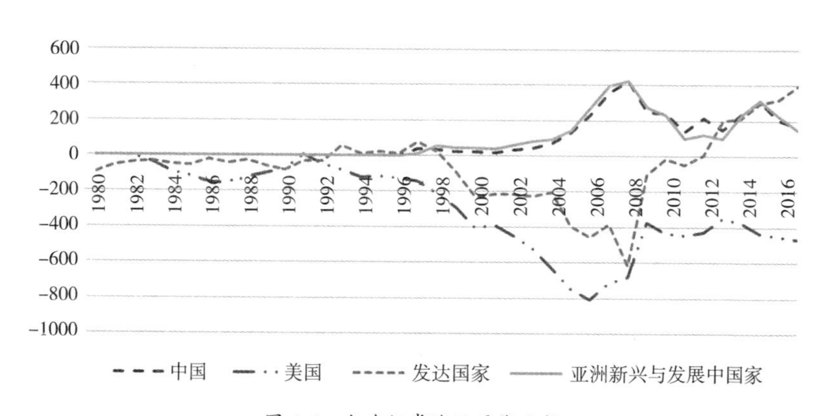

图 4-4　全球经常账目平衡比较

资料来源：国际货币基金组织数据库，Current account balance U.S. dollars 数据集 http://www.imf.org/external/datamapper，访问时间：2018 年 12 月 13 日。

[1] 资料来源：联合国贸易和发展会议，《世界投资报告 2018》，2018 年 9 月 13 日 http://worldinvestmentreport.unctad.org/world-investment-report-2018/#key-messages。

仅提高了新兴经济体在全球经济中的作用，而且也使得这些国家在产业承接的过程中实现自身产业的转型。[1]

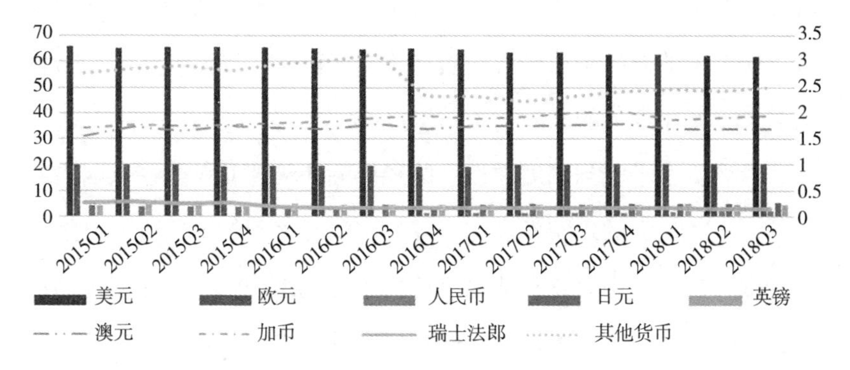

图 4-5　全球外汇分配储备的份额变化

资料来源：国际货币基金组织数据库，World Currency Composition of Official Foreign Exchange Reserves，http://www.imf.org/external/datamapper，访问时间：2018年12月13日。

第四，国际货币体系已经开始趋向多种国际货币主导的格局，出现了“一超多强”的变化。截至2018年三季度，美元在官方外汇储备货币中的占比从2018年二季度的62.40%降至61.94%（连续第七个季度下降），所占份额创下自2013年四季度以来的最低水平（图4-5）。同时，根据SWIFT在2018年12月发布的报告显示，2018年11月美元在国际支付使用中的占比为39.56%，欧元、英镑和日元分别约为34.13%、7.27%和3.55%，人民币则占比约为2.09%。[2] 可见，一种多元化的国际货币体系正在逐步形成，而这

[1] Valentina Marchi，Elisa Giuliani & Roberta Rabellotti，*Do Global Value Chains Offer Developing Countries Learning and Innovation Opportunities?*，The European Journal of Development Research，Vol. 30：3，pp. 405—407（2017）.

[2] 资料来源：SWIFT，International Payment，http://www.swift.com/products_services。

就对国际储备货币的各个发行国形成更为有力的约束，并对美元的霸权地位形成有力的挑战。对此，澳大利亚西悉尼大学国际政治经济系研究员托马斯·科斯蒂根（Thomas Costigan）认为，当前国际货币体系中的储备货币与支付货币逐渐分散化，进而形成了一个较为多元且互相竞争的国际货币结构。[1]

然而，由于受到制度惯性、路径依赖和治理霸权等多重因素的干扰，全球社会的现实发展与全球经济治理之间的不适应性愈发明显，即目前的多中心化趋势与之前的中心化结构之间存在明显的冲突，全球经济治理中的内在缺陷与系统性风险也随之不断扩大。这就使得全球社会发展所带来的新问题无法得到有效解决，全球经济面临着诸如后续发展动能不足、国际金融乱象频发、逆全球化浪潮兴起等问题。近期单边主义和贸易保护主义的兴起更是说明了这一问题。具体来看，全球经济治理存在以下几方面的问题：

第一，相对于全球发展贡献度而言，全球经济治理权力分配存在合理性不足的问题。发展中国家和新兴市场国家对全球经济增长所作出的贡献不断增加，但是这部分国家却未能获得与之相匹配的治理权力，尤其是大多数的中小发展中国家被排除在全球经济治理的权力核心之外。例如，1997 年亚洲金融危机之后东南亚各国的发展可以被看成是资本主义世界体系边缘地带的发展。[2] 同时，尽管发展中国家凭借其实力的提升，在全球经济治理中的话语权有了

[1] Thomas Costigan, Drew Cottle & Angela Keys, *The US Dollar as the Global Reserve Currency: Implications for US Hegemony*, World Review of Political Economy, Vol. 8: 1, pp. 117—119 (2017).

[2] 王正毅：《边缘地带发展论——世界体系与东南亚的发展》，上海人民出版社 2018 年版，第 10 页。

一定的提升，但在关键规则与核心标准的制定上仍未能获得与发达国家相对平等的地位。而以美国为代表的发达国家仍旧掌握着全球经济治理机制和国际规则的制定权。[1] 此外，新兴市场国家和发展中国家取得的相对优势是以大量的劳动力、自然资源、环境等投入和消耗为代价的。那些改革尚未显现成效且国内经济脆弱性较大的发展中国家反而面临越来越多的新生风险。[2] 因此，全球经济治理权力结构的失衡还导致了“全球风险情绪”(Global Risk Sentiment)和“风险溢价”(Risk Premium)的持续上升。[3]

第二，原有以中心化方式构造的全球经济治理机制难以有效适应当前全球互联之下多中心的现实。在经济全球化和贸易自由化的推动下，全球化进程持续深化将绝大部分国家和地区整合起来，使得全球经济治理的议题不断扩大，治理领域的边界也由此变得越来越模糊。[4] 然而，原有的全球经济治理体系更多的是从全球角度出发，即以中心化的方式实现对全球经济发展的治理，未能对全球化中兴起的多元力量进行有效的调和，并且同区域经济治理以及各国国内的经济治理之间的联系尚且不够充分。苏珊·斯特兰奇

[1] 吴志成:《全球治理对国家治理的影响》，载《中国社会科学》2016年第6期，第25页。

[2] 俞可平:《全球治理的趋势及我国的战略选择》，载《国外理论动态》2012年第10期，第8页。

[3] 全球风险情绪(Global Risk Sentiment)是指市场参与者对全球经济预期所持有的悲观态势的程度。这种情绪的传导往往先于经济发展的实际状况。风险溢价(Risk Premium)则是指高出无风险收益的那部分收益。风险溢价越高说明需要承担的相对风险越大。参见 Wayne Ferson & Campbell Harvey, *The Valuation of Economic Risk Premium*, Journal of Political Economy, Vol. 99: 2, pp. 386—389 (1991)。

[4] [英] 卡尔·波兰尼:《巨变：当代政治与经济的起源》，黄树民译，社会科学文献出版社2013年版，第210—212页。

（Susan Strange）就曾表示，国际政治经济关系中所存在的多元主体是基本权力结构的重要组成单元，而这些单元在权力结构中的互动缺失则会加剧这一体系的无序性。[1] 因此，在这样中心化的治理体系框架之下，各国间难以实现治理政策的多边协商，在短期内也难以形成有效的共识。[2] 同时，全球经济治理的议题随全球发展而处于动态演化之中，并且治理主体多元化与利益相关方层次深化也导致全球经济治理所涉及的对象和范围不断增加，而中心化的治理体系缺乏足够的自由性、灵活性与包容性，尤其缺乏对于发达国家与新兴大国互动关系的考量，因而难以跟上全球经济治理问题变化的速度。[3] 此外，技术变革和金融创新导致全球生产体系和经济治理的复杂性不断提高，越来越多具有技术力量和私人权威的非政府行为主体参与到全球的价值链运行当中，而原有的全球经济治理体系很难对这部分行为主体进行有效的监管。

第三，全球经济的分化发展加剧了全球经济治理的碎片化，进而降低了全球经济治理的有效性。全球经济治理的碎片化首先体现在治理机制的繁杂与冗余上。这在一定程度上就造成了若干机制复合体，导致跨国企业在多重国际、国内规则的制约下，付出了大量的合规成本。[4] 而那些处于成长期、规模相对较小的公司为此付出的成本更为高昂。德国柏林洪堡大学经济学教授迈克尔·布尔达

[1] Susan Strange, *Protectionism and World Politics*, International Organization, Vol. 39: 2, pp. 254—256 (1985).

[2] 蔡拓：《全球治理与国家治理：当代中国两大战略考量》，载《中国社会科学》2016 年第 6 期，第 8 页。

[3] 徐秀军：《新兴经济体与全球经济治理结构转型》，载《世界经济与政治》2012 年第 10 期，第 76 页。

[4] 何帆、冯维江、徐进：《全球治理机制面临的挑战及中国的对策》，载《世界经济与政治》2013 年第 4 期，第 20 页。

（Michael Burda）认为，尽管社会分工和成本竞争提高了社会生产的效率，但是这也导致了国际贸易规则的碎片化，并造成了高昂的制度性成本。[1] 同时，根据《世界投资报告 2018》对于全球投资政策趋势的判断，未来将有更多的国家加强对外资的审查，全球监管和限制性投资政策占比将由此不断增加。[2] 实际上，由于经济治理的理念和经济的状况各不相同，各国在利益分配、成本负担和规则机制等核心治理内容上的认知存在着较大的差异。因此，各国往往难以在全球经济治理上达成有效共识，进而加剧了全球经济治理的低效率。[3] 此外，在当前全球经济治理规则面临重构的背景下，全球经济治理体系之下所达成政策的执行力和执行效果各不相同，且由于部分规则未能充分考虑多边情况和不同区域间的差异，反而阻碍了全球经济的发展，甚至还加剧了贸易保护主义的抬头。

第四，全球经济治理中仍存在着霸权主导的问题，这使得全球经济治理陷入内卷化和路径依赖的困境之中。[4] 尽管原有霸权治理模式已经因为霸权国本身的相对衰落、正当性缺失和新兴大国的群

[1] Michael Burda & Barbara Dluhosch，*Cost Competition, Fragmentation, and Globalization*，Review of International Economics，Vol. 10：3，pp. 437—439（2010）.

[2] 资料来源：联合国贸易和发展会议，《世界投资报告 2018》，http://worldinvestmentreport.unctad.org/world-investment-report-2018/#key-messages 2018 年 10 月 13 日。

[3] 周宇：《全球经济治理与中国的参与战略》，载《世界经济研究》2011 年第 11 期，第 29 页。

[4] “内卷化”（Involution）最初由历史人类学家利福德·盖尔茨（Clifford Geertz）提出，是指一种社会或文化模式在达到某种确定的形式后，便会陷入停滞不前的状态。而全球经济治理中的内卷化则是指由于规模经济、学习效应、协调效应、适应性预期以及既得利益约束等因素的存在，导致全球经济治理往往会沿着既定的方向不断得以自我强化，陷入转型和升级的困境。参见 Clifford Geertz，*Agricultural Involution*：*the Process of Ecological Change in Indonesia*，American Anthropologist，Vol. 70：3，pp. 599—600（2010）。

体性崛起而难以为继，但是发展中国家在全球价值链中的嵌入，使其同发达国家之间的关系更加紧密。[1] 在这一过程中，由于发展中国家处于价值链的中下游位置，一旦发达国家宏观经济政策发生调整，发展中国家将面临更大的资本外流、货币贬值压力和全球贸易保护主义等危机。[2] 同时，由于新兴发展中国家仍需要一个较为稳定的国际发展环境，并且新兴发展中国家目前仍难以承担推动全球经济治理转型与升级的制度与行为成本。因此，发展中国家（尤其是小国）一方面希望推动治理机制的改革，另一方面却又难以承担制度变革的成本和缺乏推动治理体系改革的能力。[3] 因此，发展中国家被迫选择维持原有的治理机制，陷入了路径依赖的困境之中。此外，发达国家并未及时承担相应治理的责任，反而奉行“单边逻辑”的思路、坚持“西方标准”的评估机制以及滥用治理权力来实现对发展中国家的控制与掠夺。[4]

总的来看，随着全球化的进一步深化以及发展中国家和新兴市场国家的崛起，全球经济治理进入了一个治理区域多中心和治理主体多元化的时代。然而，在原有“中心—边缘”全球经济秩序的作用下，广大的发展中国家在经济上仍受制和依附于发达国家，处于中心位置的发达国家在重要领域仍拥有绝对的优势。而这种不平衡性不仅限制了全球整体性发展的空间，并且还制约了全球经济治理

[1] 陈志敏：《国家治理、全球治理与世界秩序建构》，载《中国社会科学》2016年第6期，第19页。

[2] 王正毅：《国际政治经济学通论》，北京大学出版社2010年版，第495页。

[3] 秦亚青：《全球治理失灵与秩序理念的重建》，载《世界经济与政治》2013年第4期，第6页。

[4] 卢静：《当前全球治理的制度困境及其改革》，载《外交评论（外交学院学报）》2014年第31期，第112页。

的有效实施及升级转型，进而使全球经济陷入发展赤字与治理赤字的双重困境之中。然而，经济架构必须与政治现实相适应，一个稳定的经济结构必须以共同的政治谅解为基础。[1]因此，有必要通过改革来构建一个权责基本对称和发展共同利益的全球经济治理体系。

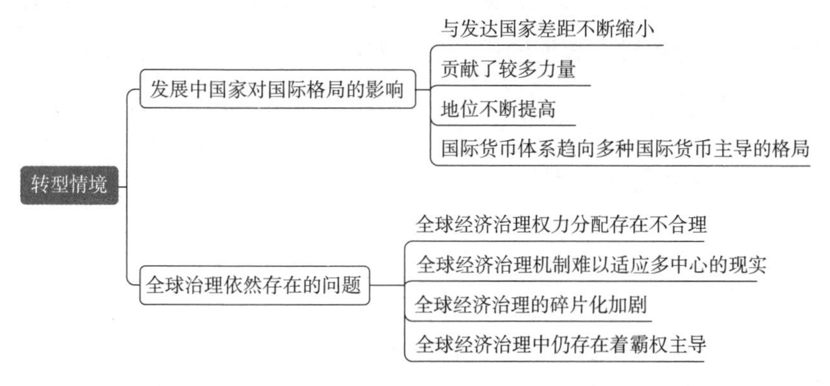

图 4-6　全球经济治理的转型情境与显著问题

区块链的技术特征及其对全球经济治理转型的意义

数字化时代的技术进步与金融解决方案的变革为全球经济治理转型提供了全新的视角。作为一种具有框架性的底层技术，区块链能够利用加密链式区块结构、点对点网络、分布式算法和数据云端存储等技术，来实现多中心化架构与分布式网络的构建，其核心目的在于打造一套开放透明、安全可靠、高效智能的“游戏规则”。这一技术的应用将有效推动全球经济治理的转型与升级。

区块链技术最初作为比特币的底层技术，由化名为“中本聪”（Satoshi Nakamoto）的学者于 2008 年在密码学邮件组发表的奠基

[1][美]亨利·基辛格：《全球化时代世界经济治理体系的变革》，载《经济研究参考》2011 年第 49 期，第 5 页。

性论文——《比特币：一种点对点电子现金系统》中提出。[1] 2009年1月，比特币网络的上线则正式标志着区块链应用的落地。目前来看，学界对于区块链技术已经形成了较为一致的定义，即区块链是一种通过加密链式区块结构来验证与存储数据，利用分布式节点和共识算法来生成和更新数据，并嵌入自动化脚本代码（智能合约）来编程和操作数据的一种分布式计算模式。[2] 区块链采取了基于时间戳的链式区块结构，这一结构运行的基本如图4-7所示：

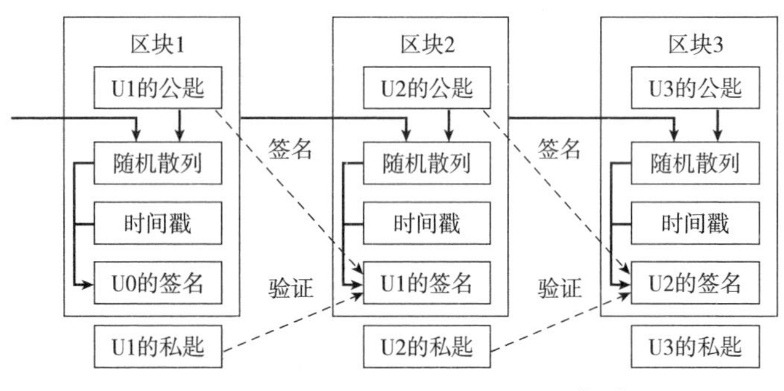

图4-7　区块链的链式结构散列原理[3]

[1] Satoshi Nakamoto, *Bitcoin: A Ppeer-to-Peer Electronic Cash System*, Bitcoin Organization, https://bitcoin.org/bitcoin.pdf.

[2] 区块链技术定义的相关论述可以参见 Andreas Antonopoulos, *Mastering Bitcoin: Unlocking Digital Crypto-Currencies*, O'Reilly Media, 2014, pp. 195—211; Melanie Swan, *Blockchain Thinking: The Brain as a Decentralized Autonomous Corporation*, IEEE Technology and Society Magazine, Vol. 34: 4, pp. 41—52 (2015); Sarah Underwood, *Blockchain beyond Bitcoin*, Communications of the ACM, Vol. 59: 11, pp. 15—17 (2016); Tomaso Aste, Paolo Tasca & Tiziana Matteo, *Blockchain Technologies: The Foreseeable Impact on Society and Industry*, Computer, Vol. 50: 9, pp. 18—28 (2017); Massimo Pierro, *What is the Blockchain?*, Computing in Science & Engineering, Vol. 19: 5, pp. 92—95 (2017); Marco Iansiti & Karim Lakhani, *The Truth about Blockchain*, Harvard Business Review, Vol. 95: 1, pp. 9—10 (2017)。

[3] 袁勇、王飞跃：《区块链技术发展现状与展望》，载《自动化学报》2016年第4期，第483—484页。

首先，获得“记账权”的“矿工”采取公钥验证和私钥签名的方式对前一区块的身份进行确认后，对其所传递的信息进行重组或者分解，并使用本区块的私钥对重组或者分解后的信息加密，从而将当前区块与前一区块相互链接以形成新的区块链条。同时，在区块信息传递时，各个区块的“矿工”需要在信息中嵌入一个随机散列的数字签名，并以此作为信息接收者的检验凭证。此外，各区块节点按照时间顺序将数据记入各自的区块，而各区块之间又通过时间戳进行有序链接形成区块链，并将在区块网络中进行广播以作为区块数据的存在性证明（Proof of Existence）。如此循环，各个区块依次相接，形成从创世区块到当前区块的一条最长主链，完成对区块链中的所有数据的记录，并据此对本区块链的数据进行溯源和定位。

区块链技术具有以下四个特点：（1）多中心化。区块链采用了开源多中心的高容错分布式结构，并以多中心协调管理的方式对数据进行验证、记录、储存、传输和更新。这一分布式结构能够在缺少中央协调的情况下，确保分布式账本在不同节点上备份的一致性，并让所有成员参与到集体数据的管理之中。因此，任一节点的损坏或者数据丢失都不会影响系统整体的稳定，因此具有较高的安全性和可靠性。美国计算机科学家阿尔温德·纳拉亚南（Arvind Narayanan）及其研究团队认为，区块链技术所采用的多中心化或者是弱中心的结构安排能够最大程度的实现全网连接。[1]（2）时

[1] 纳拉亚南认为，尽管区块链具有去中心化的潜质，但是在现行区块链发展阶段，如果采取绝对的去中心化，那么区块链则无法同时满足信息记录的准确性和高效性，并且也容易完全脱离机制的监管。因此，目前区块链的应用仍应采用多中心化或者是弱中心的结构安排，并以多节点对数据整体进行验证、监管和编辑，以此增加数据交换的效率和交叉验证的准确性。参见 Arvind Narayanan，（转下页）

序回溯。实际上，链式区块结构所具有的时序性极大地增强了数据的可回溯性和可验证性。一方面，区块链中每条数据都被增添了时间维度，因此可以较为准确地回溯定位数据在区块中所处的位置。另一方面，时间戳不可篡改和无法伪造的特性也可以充分保障数据记录的真实性。正如美国东北大学计算机工程系研究员弗朗西斯科·雷斯图恰（Francesco Restuccia）所言，区块链能够通过采取非对称加密算法为系统整体提供数据保护，为数据提供完整的证据链和可信任的追溯方式。因此，这一特性能够在保证数据的高度透明与公开的同时，又能够有效地保护参与者的个人隐私。[1]（3）数字信任。区块链能够基于共识机制、非对称加密和可靠数据库，来构建和维护一个完整的、分布式的和不可篡改的账本。而这种基于分群组签名的非交互性共识机制以及与硬件体系结合的分布式共识机制，使得各个节点无需借助第三方机构对交易进行背书或者担保验证。为此，德国卡尔斯鲁厄理工学院研究员本尼迪克特·诺泰森（Benedikt Notheisen）指出，区块链的这一特性有助于实现价值转移和信用转移。[2]（4）智能编程。区块链除了能够用于数据的储存

（接上页）Joseph Bonneau, Edward Felten, Andrew Miller & Steven Goldfeder, *Bitcoin and Cryptocurrency Technologies: A Comprehensive Introduction*, Princeton University Press, 2016, pp. 37—40。

[1] Francesco Restuccia, *Blockchain for the Internet of Things: Present and Future*, IEEE Internet of Things Journal, Vol. 1: 1, pp. 6—7（2018）.

[2] 在传统的市场交易体系之中，为了降低“有限理性”和“机会主义行为”所导致的信任成本，交易主体需要交易平台或仲裁机构等中介机构对交易进行规制。而区块链则将交易建立在全体共识和协作的基础上，并事先将所有的规则以算法、程序的形式表述出来。因此，参与者在无需彻底了解对方基本信息的情况下也可完成交易。参见 Benedikt Notheisen, Jacob Benjamin Cholewa & Arun Prasad Shanmugam, *Trading Real-World Assets on Blockchain*, Business & Information Systems Engineering, Vol. 59: 6, pp. 426—428（2017）。

和传输外，还可以将可编程的运行代码嵌入其中，并供接入网络的各个节点执行。美国IBM区块链研究院研究员康斯坦第诺斯·克里斯蒂德斯（Konstantinos Christidis）等人表示，参与者能够将价值的特定限制、交易模式变动和更新等以程序的方式写入区块链，并构建在特定条件下自动触发的智能合约，从而自动完成交易协议或契约。[1]

根据区块链的可扩展节点范围（开放的对象及范围），一般将区块链分为公有链（Public Blockchain）、私有链（Private Blockchain）和联盟链（Consortium Blockchain）三种应用形态。首先，公有链又被称为非许可链（Permissionless Blockchain），是指各个节点按照系统规格自由地接入区块链之中，并基于共识机制开展工作的一种区块链组织架构。公有链实行工作量证明机制（Proof of Work，PoW）或权益证明机制（Proof of Stake，PoS）等系统维护机制。因此，公有链被认为是较为完全的多中心化。比特币（Bitcoin）、以太坊（Ethereum）等就是典型的基于公有链构架的应用。但由于公有链需要全节点参与处理全部交易，其可处理交易的数量十分有限。这也体现了区块链在以较为完全的扩展性进行多中心化时，将会面临处理效率低下的问题。其次，私有链又被称为许可链（Permissioned Blockchain），是指应用于机构内部的数据管理和审计的单中心网络区块链。在私有链中，参与节点的资格会受到严格限制，其写入权限的可控性相对更高。因此，私有链能够获得更快的交易速度、更低的交易成本、更好的隐私保护和更高的安

[1] Konstantinos Christidis & Michael Devetsikiotis，*Blockchains and Smart Contracts for the Internet of Things*，IEEE Access，Vol. 4：11，pp. 2299—2301（2016）.

全性。新加坡国立大学和浙江大学在联合推出私有链的评估框架BlockBench时就曾提出，私有链能够搭建更为有效的数据处理程序，并具有更好的“拜占庭容错”能力。[1]最后，联盟链则是指由若干机构组成并由这些联盟机构共同维护的区块链。由于联盟链按照联盟的共同规则来明确参与机构的读写权限和参与记账权限，因而又被称为共同体区块链（Consortium Blockchains）。联盟链中的数据只允许系统内不同的机构进行读写和发送交易，因而又被视为部分的多中心化。但由于参与共识的节点比较少，联盟链一般采用委托权益证明（Delegated Proof of Stake，DPoS）、拜占庭容错算法（Practical Byzantine Fault Tolerant，PBFT）或分布式一致性算法（RAFT）等共识机制。[2]目前，区块链联盟R3CEV和Linux基金会所支持开发的超级账本（Hyperledger）就属于典型的联盟链架构。

在以上三种应用形态的基础上，为了提升主链的可扩展性和扩展区块链技术的创新空间，侧链技术（Side Chains）应运而生。从

[1]“拜占庭容错”是指由于在不可靠通信路径（存在消息丢失的可能）上进行消息传递是不可能达到双边信息一致性的，为此可以通过分布式算法来尽可能地减少信息的失真和满足所要传递信息要求的规范。因此，“拜占庭容错”对于缺乏信任的多点网络具有极大的应用价值。参见Tien Tuan Anh Dinh, Ji Wang, Gang Chen & Rui Liu, *Blockchain: A Framework for Analyzing Private Blockchains*, paper presented to the conference on “2017 ACM International Conference on Management of Data”, Chicago, May 14—19, 2017, pp. 1087—1088。

[2]以“超级账本”（Hyperledger）为例，Hyperledger根据邀请建立授权分布式的分类账本，并通过虚拟和数字的形式进行价值交换。Hyperledger中的多数参与者根据先前商定的一组不变的因素来达成共识，并通过平衡授权节点和未授权节点来运行。参见Harish Sukhwani, Jose Martinez & Xiaolin Chang, *Performance Modeling of PBFT Consensus Process for Permissioned Blockchain Network (Hyperledger Fabric)*, paper presented to the conference on “2017 IEEE 36th Symposium on Reliable Distributed Systems（SRDS）”, Hong Kong, September 26—29, 2017, pp. 253—254。

本质上来说，侧链是一种实现数字资产跨区块链转移的解决方案。实际上，众多区块链之间的信息隔离或阻断不可避免地导致了信息传递中出现多次支付或者价值丢失的问题。这一问题的实质在于数据在不同区块链之间的流动过程中出现了“失帧”，并且各个区块链之间的信息无法进行有效沟通而导致数据链价值被封存。侧链则在遵守“价值守恒定律”前提下，通过锚定主区块链上的某一个节点形成新的区块链，并借用双向锚定等机制来实现数字资产在多个区块链间的转移，从而打破数字资产在各自区块链沉淀下所导致的“价值孤岛”的问题。[1] 与此同时，侧链还可以通过建立分支链来提高对区块链之间信息传递的隐私保护，并为数字资产的转移提供了更为安全的协议升级方式。对此，Blockstream 公司的创始者亚当·拜克（Adam Back）、马特·科拉罗（Matt Corallo）等人指出，侧链的主要目的在于通过实现不同数字资产在多个区块链之间的转移，来避免流动性短缺以及滥发数字货币导致的市场波动。[2] 这样来看，侧链能够以更为融合的方式实现加密货币金融生态构建，

[1]“价值守恒定律”主要是指侧链实现的是数据在不同账本间的同步更新，从而保证避免出现双重支付或者价值丢失的问题。双向锚定（Two-Way Peg）则是侧链的技术基础，其工作原理是先暂时将数字资产在主链中锁定，同时以等价的数字资产在侧链中释放。当等价的数字资产在侧链中被锁定时，主链的数字资产就可以被释放。参见 Konstantinos Christidis & Michael Devetsikiotis, *Blockchains and Smart Contracts for the Internet of Things*, IEEE Access, Vol. 4: 1, pp. 2293—2294（2016）; Johnny Dilleyet, *Strong Federations: An Interoperable Blockchain Solution to Centralized Third Party Risks*, CoRRabs（Jan. 6, 2017）, http://web.archive.org/20170922194157/https:/lightning.network/lightning-network-paper.pdf。

[2] Adam Back, Matt Corallo, Luke Dashjr, Mark Friedenbach, Gregory Maxwell, Andrew Miller, Andrew Poelstra, Jorge Timón & Pieter Wuille, *Enabling Blockchain Innovations with Pegged Sidechains*, Blockstream（Oct.22, 2014）, https://www.blockstream.com/sidechains.pdf.

使区块链技术能够应用于诸如小微支付、安全处理机制、财产注册等资产类型的交易中。[1]

对于区块链技术范式的应用层次，美国区块链科学研究所创始人梅兰妮·斯万（Melanie Swan）将其分为三个层次，即以比特币为代表的数字加密货币的区块链技术 1.0，以以太坊为代表的数字加密货币与智能合约相结合的区块链技术 2.0，超越货币、金融和市场的应用的区块链技术 3.0。[2] 第一，区块链 1.0 是指数字加密货币及其支付系统，其主要功能在于实现数字货币发行和支付手段的多中心化，即在交易、结算和支付等过程中应用数字加密货币。[3] 目前来看，纽交所、芝交所、高盛和纳斯达克等大型金融机构已将区块链 1.0 的成果应用到了跨境转账、汇款和数字化支付等领域之中。第二，区块链 2.0 是指智能合约。这一层级应用的核心理念在于将区块链作为可编程的分布式信用基础设施，从而利用程序与算法来执行相关事务，即以算法和程序为信用背书的智能合约来处理各种事务。[4] 目前，区块链 2.0 的典型代表是应用于公众的公有链的以太坊（Ethereum）和应用于企业的联盟链“超级账本”

[1] 目前，比较具有代表性的侧链有基于数字加密货币的 BTC Relay、Blockstream 开发的 Liquid 开源侧链项目，基于非数字加密货币的 Lisk 以及国内的 Asch 等项目。参见 Jamie Redman, *BTC Relay The First Ethereum and Bitcoin Sidechain*, LiveBIT（May. 3, 2016）https://www.livebitcoinnews.com/btc-relay-the-first-ethereum-and-bitcoin-sidechain/; Samburaj Das, *Blockstream Announces Liquid — the First Sidechain for Bitcoin Exchanges*, CCN（Oct. 14, 2015）, https://www.ccn.com/blockstream-announces-liquid-the-first-sidechain-for-bitcoin-exchanges/。

[2] Melanie Swan, *Blockchain: Blueprint for a New Economy*, O'Reilly Media（2015）, pp. 10—12.

[3] Melanie Swan, *Blockchain: Blueprint for a New Economy*, pp. 5—8.

[4] 智能合约最早由美国计算机科学家尼克·萨博（Nick Szabo）提出，这一技术的工作机理是当数据和信息传入后，合约资源集合中的资源状态将被更新，（转下页）

（Hyperledger）。其中基于以太坊的智能合约已被应用于电子资产、消费模式等多个领域。[1] 第三，区块链 3.0 则是指区块链技术超越了货币、金融和市场等经济领域，进入了政府、医疗、科学、教育和艺术等非经济领域，并以其优势重塑人类社会结构和社会关系。《经济学人》刊物在 2015 年 10 月封面文章《信任机器》中就提到，以区块链为基础的账本平台具有改变人们和企业之间协作方式的潜力，并且未来区块链将会在金融、供应链、贸易等场景中出现更多的实验性应用。[2] 这意味着区块链技术能够被应用于社会生活的各个方面，并由此成为一种全球化的通用技术，嵌入到社会基础设施之中。正如俄罗斯莫斯科工程物理学院研究员埃凡诺夫·德米特里（Efanov Dmitry）和罗申·帕维尔（Roschin Pavel）所言，区块链实际上是一种普适性技术，在其 3.0 层次的应用中则表现为由诸多横向累积元素构成的数字智能社会。[3] 目前来看，尽管区块链 3.0 还处于技术构想阶段，也并未形成系统化和规模化的应用，但

（接上页）进而触发智能合约进行状态机（Finite-State Machine，FSM）判断。如果状态机中的某个或某几个动作的触发条件被满足，状态机则会根据预设信息选择事前的合约动作，并自动执行该合约，即数字化承诺在满足触发条件下将被自动执行。当然，智能合约本身仅一个事务处理系统，并不会对合约本身的内容进行修改。参见 Nick Szabo, *Formalizing and Securing Relationships on Public Networks*, First Monday, Vol. 2: 9, pp. 2—7（1997）。

[1] Riikka Koulu, *Blockchains and Online Dispute Resolution: Smart Contracts as an Alternative to Enforcement*, ScriptTED, Vol. 13: 1, pp. 67—69（2016）.

[2] *The Trust Machine: The Technology behind Bitcoin could Transform how the Economy Work*, The Economist（Oct.31, 2015）, http://www.economist.com/news/leaders/21677198-technology-behind-bitcoin-could-transform-how-economy-works-trust-machine.

[3] Efanov Dmitry & Roschin Pavel, *The All-Pervasiveness of the Blockchain Technology*, Procedia Computer Science, Vol. 123: 19, p. 118（2018）.

是部分市场主体已经在量子级别管理、大数据预测任务自动化、分布式反审查组织模式和数字艺术认证服务等非金融领域进行了初步的应用试验。[1]

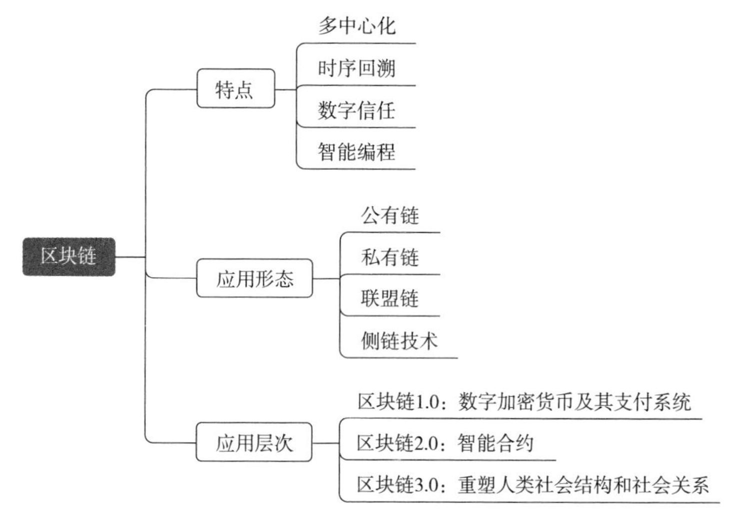

图 4-8　区块链的特点、应用形态与层次

值得注意的是，未来区块链技术还将与人工智能技术的发展紧密结合。从当前技术发展水平来看，区块链对于人工智能的意义主要体现在以下三个方面：第一，区块链能够通过实现多中心的连接

[1] 例如，新型数字艺术与媒体平台“Monegraph”提供数字艺术作品认证、传输和交易等服务；域名币（Namecoin）则为存储及转账匹配的秘钥与财产所属权提供了分布式加密的解决方案；公证通（Factom）则将区块链技术运用于公共记录和业务文档等数据的保护和验证。参见 Harry Kalodner, Miles Carlsten, Paul Ellenbogen, Joseph Bonneau & Arvind Narayanan, *An Empirical Study of Namecoin and Lessons for Decentralized Namespace Design*, WEIS, pp. 1—2 (2015); Rachel Dwyer, *Does Digital Culture Want to be Free? How blockchains are transforming the economy of cultural goods*, Academia, (Jan. 3, 2019), http://www.academia.edu/33838249/Does_digital_culture_want_to_be_free_How_blockchains_are_transforming_the_economy_of_cultural_goods。

来进一步提升人工智能的效能。尽管人工智能能够为生产力提供新的劳动力增量，但是人工智能无法实现发展要素的均等化。这是由于大量智能体应用所产生的数据仍被中介平台所垄断。这一数据中心化的发展模式导致了生产力未能被充分开发和利用。[1] 区块链的介入则能为人工智能的发展搭建一个基于分布式系统的信息共享平台，并结合数字信用实现基于这一平台的数据集群与演化。而这一系统集群和平台优化不仅能够推动数据的共享，而且还能够实现数据的集中化管理。第二，区块链能够通过构建数字信任来润滑人工智能时代的社会关系。智能社会最典型的特征就是智能体作为新的行为体将大量出现，而智能体的出现将催生海量数据的形成，并据此形成复杂、多变的社会关系。[2] 而区块链技术能够承接智能社会对于数据隐私安全保护方面的需求。一方面，区块链的介入能够为数据提供高水平的隐私保护，即通过非对称加密、公私钥等设计，实现数据加密保存和数据的授权使用。[3] 另一方面，区块链所采取的点对点的数据记录方式和分布式的存储方式能够最大程度的防止数据的伪造，进而通过提升数据的透明度和准确性来保证人工智能的安全性与可靠性。[4] 第三，在实现数据共享和保证数据安全的基础上，区块链将推动数据“以个人为中心”的汇聚意愿以及个

[1] 高奇琦：《人工智能时代的世界主义与中国》，载《国外理论动态》2017 年第 9 期，第 12—13 页。

[2] Paul Daugherty & James Wilson, *Human + Machine: Reimagining Work in the Age of AI*, Harvard Business Review Press, 2018, pp. 175—176.

[3] Nir Kshetri, *Blockchain's Roles in Strengthening Cybersecurity and Protecting Privacy*, Telecommunications Policy, Vol. 41: 10, pp. 1027—1038 (2017).

[4] Paul Vigna & Michael Casey, *The Truth Machine: The Blockchain and the Future of Everything*, St. Martin's Press, 2018, pp. 203—204.

体对数据使用的话语权，并通过一系列的归纳、溯因和演绎交互推动社会信用关系网络的形成，激活更多围绕个人的应用场景，进而在信任化的网络中为人工智能的应用提供更多价值创造的机会。显然，两者技术的结合能够有效处理这些行为体之间所产生的大量数据，并且还能够基于数字信用来更好地实现这些社会关系智能化，进而提高智能社会整体的运行效率。

可见，区块链同人工智能的结合不仅有助于提升对方的应用空间，也提供了更好的技术监督和问责的手段。实际上，从长期来看，未来社会生产力的发展需要以人工智能为核心，而生产关系的调整则需要以区块链技术为核心。这是由于人工智能最大的作用在于解放劳动力，即通过计算机的模拟代替部分劳力的工作，所以人工智能实现的是生产力的革命。[1] 区块链则体现的是让价值重新发挥作用，并且把人进行重新组织的一种功能，所以它更多的是一次生产关系的革命。实际上，全球治理的目标在于实现发展均衡与全球正义，这种均衡与正义的实现应该基于资源平等与能力平等基础之上。[2] 区块链与人工智能的结合一方面能够通过提高生产力来创造更多实现能力平等的机会，另一方面则通过优化生产关系来实现更为公平的资源分配。因此，在区块链与人工智能的共振之下，我们能够实现一种生产力与生产关系共进的社会秩序，进而推动全球治理目标的实现。

当然，我们必须把区块链技术同以比特币为代表的数字加密货

[1] Spyros Makridakis, *The Forthcoming Artificial Intelligence (AI) Revolution: Its Impact on Society and Firms*, Futures, Vol. 90: 5, p. 55 (2017).

[2] 高奇琦：《全球治理、人的流动与人类命运共同体》，载《世界经济与政治》2017 年第 1 期，第 40 页。

币加以区分。实际上，已有诸多专家与学者对于比特币等数字货币提出了质疑。罗伯特·席勒（Robert Shiller）、保罗·克鲁格曼（Paul Krugman）、理查德·塞勒（Richard Thaler）、约瑟夫·斯蒂格利茨（Joseph Stiglitz）以及尤金·法玛（Eugene Fama）等诺贝尔经济学奖得主都认为，由于受其本质和市场因素等影响，比特币更多的是一种“泡沫”。[1] 美国经济学家努里尔·鲁比尼（Nouriel Roubini）甚至认为，比特币是“泡沫之母”。[2] 同时，德国明斯特大学教授赖纳·伯麦（Rainer Böhme）、美国卡内基梅隆大学教授尼古拉斯·克里斯廷（Nicolas Christin）、美国哈佛商学院教授本杰明·埃德尔曼（Benjamin Edelman）、美国俄克拉荷马州塔尔萨大学助理教授泰勒·摩尔（Tyler Moore）在经济学领域的最有影响力的顶级期刊《经济展望杂志》（*Journal of Economic Perspective*）发文，对比特币所存在的市场风险、对手风险、操作风险以及隐私相关风险进行了系统性的分析。[3] 此外，前中国央行数字货币研究

[1] Sead Fadilpašić, *What Six Nobel Laureate Economists Have to Say About Crypto*, Cryptonews（Mar.31, 2018）, https://cryptonews.com/exclusives/what-six-nobel-laureate-economists-have-to-say-about-crypto-1402.htm.

[2] Kate Rooney, *Bitcoin is the "Mother of All Scams" and Blockchain is Most Hyped Tech Ever*, CNBC（Oct.11, 2018）, https://www.cnbc.com/2018/10/11/roubini-bitcoin-is-mother-of-all-scams.html；其他对于比特币是否为泡沫的相关讨论，可以参见 John Fry, Eng-Tuck Cheah, *Negative Bubbles and Shocks in Cryptocurrency Markets*, International Review of Financial Analysis, Vol. 47：32, pp. 343—352（2016）；Pavel Ciaian & Miroslava Rajcaniova, *The Digital Agenda of Virtual Currencies：Can Bit Coin Become a Global Currency?*, Information Systems and e-Business Management, Vol. 14：4, pp. 883—919（2016）；Ole Bjerg, *How is Bitcoin Money*?, Theory Culture & Society, Vol. 33：1, pp. 53—72（2016）。

[3] Rainer Böhme, Nicolas Christin & Benjamin Edelman, Tyler Moore, *Bitcoin：Economics, Technology, and Governance*, Journal of Economic Perspectives, Vol. 29：2, pp. 226—229（2015）.

所所长姚前则从价值稳定性、公共经济学、交易费用理论等视角对数字货币进行了讨论，并认为比特币等私人数字货币无法成为真正的货币。[1]

具体来看，比特币主要存在以下几方面的问题：第一，尽管比特币能够在一定程度上解决交易的信用问题，并在某些场景中发挥着交易媒介的作用，但比特币作为一种算法工作量或所有权的证明，仅提供了货币指标的粗略衡量标准，缺乏维护实际货币交换价值的调节机制，也不具备价值尺度的货币职能。例如，欧盟委员会联合研究中心首席研究员帕维尔·齐艾安（Pavel Ciaian）认为，由于比特币采取了规模恒定的发行机制，无法根据现实经济发展进行及时有效的调整。因此，比特币无法对实体经济和金融系统产生长期稳定的优化作用。[2] 第二，现行的比特币生态圈决定了比特币的投机性质远超过其现实的使用价值，部分投机者甚至通过搭建所谓的“币圈”来炒作比特币。[3] 第三，比特币的发行结构、运营透明度、数字钱包与交易所安全性等都存在极高的风险，因此在资本力量的操纵下，比特币对经济秩序和社会稳定产生了一定的危害性。美国印第安纳大学摩利尔法学院研究员丹顿·布莱恩斯（Danton Bryans）认为，比特币自身的缺陷以及监管的缺失，使其往往为犯罪活动所利用，成为暗网交易媒介、金融诈骗和市场投机

[1] 姚前：《共识规则下的货币演化逻辑与法定数字货币的人工智能发行》，载《金融研究》2018 年第 9 期，第 47 页。

[2] Pavel Ciaian & Miroslava Rajcaniova, *The Digital Agenda of Virtual Currencies: Can BitCoin Become a Global Currency?*, Information Systems and e-Business Management, Vol. 14: 4, pp. 35—36 (2016).

[3] Matt Elbeck & Chung Baek, *Bitcoins as an Investment or Speculative Vehicle? A First Look*, Applied Economics Letters, Vol. 22: 1, pp. 33—34 (2015).

的工具。[1] 例如，最早的虚拟货币交易所 BTC-e 网站涉嫌利用比特币为犯罪组织洗钱 40 多亿美元，而在最大的暗网黑市“阿尔法湾”（AlphaBay）中，比特币等代币作为其主要支付工具，成为其洗黑钱的“帮凶”。可见，尽管比特币等数字货币是目前区块链最为成熟的应用，但是比特币等数字加密货币仅是区块链 1.0 技术承载的体现，其自身存在诸多的不确定性和隐藏风险。

区块链技术对于生产关系的革命作用主要表现为克服集体行动难题的社会革命、打破传统中介定价的价值革命与实现最大程度社会参与的治理革命。因此，这一技术的应用对于全球经济治理具有以下几方面的影响：第一，区块链能够为自信任生态的构建创造良好的技术条件，推动以集体利益导向的多元机制融合，加快全球经济治理从中心化向多中心化转变。实际上，市场中信息不对称主要发生在交易之前的逆向选择（adverse selection）和交易之后的道德危害（moral hazard）等问题上。而区块链通过数字加密技术和分布式共识算法，能够构建一个多中心化的可信任系统。这一特质能够使得全球经济治理的主体在无需信任单个节点的情况下，利用多中心化的模式实现网络各节点的自证明，并通过“基于编程的信任”（Coded Trust）来产生数字信任。[2] 英国金融创新实验室高级研究员布雷特·斯科特（Brett Scott）认为，在数字信任的生态下，全球经济治理机构能够以较低的制度成本，将更多行为主体纳

[1] Danton Bryans, *Bitcoin and Money Laundering: Mining for an Effective Solution*, Indiana Law Journal, Vol. 1: 89, p. 472 (2013).

[2]“基于编程的信任”（Coded Trust）为“可编程经济”（Programmable Economy）的衍生概念，具体是指为了自主支持和管理商品服务的生成、生产与消费，以及支持多种价值（货币和非货币）在不同场景下的匿名、加密交换，将实体纳入全方位的编程结构，进而产生的具有“可编辑和可控性”的信任机制。参见 Michael（转下页）

入治理体系之中。而在这一新型信任机制之下，各行为主体不需要了解交易对方基本信息的情况，就可以进行可信任的价值交换。[1]这就意味着区块链能够依靠数字法则创建的信任和共识，使个体无需借助第三方金融中介而实现价值转移。这有助于破除制度惯性和既得利益对于多方合作的桎梏，为双边信任和多边合作的形成创造良好的生态。同时，区块链通过高信任度的节点来验证经济活动的信息，并基于全局一致性原则来实现资产的转移，进而能够减少“柠檬市场”（Lemon Market）的出现，并有效地提升合作的稳定性和持久性。[2]美国全球化学者莎拉·曼斯基（Sarah Manski）认为，区块链能够极大地提高社会资本的重要性，因此通过协作而形成的“可共享的价值”将取代全球资本主义市场中的交换价值。[3]英国拉夫堡大学智能自动化创新制造中心研究员拉德梅尔·蒙法雷德（Radmehr Monfared）则表示，区块链能够有助于减少全球经济

（接上页）Casey & Paul Vigna, *In Blockchain We Trust*, MIT Technology Review（Apr. 9, 2018）, https://www.technologyreview.com/s/610781/in-blockchain-we-trust/; David Furlonger & Ray Valdes, *Hype Cycle for Blockchain Technologies and the Programmable Economy*, Gartner（Jul. 27, 2016）, https://www.gartner.com/doc/3392717/hype-cycle-blockchain-technologies-programmable。

[1] Brett Scott, *How Can Cryptocurrency and Blockchain Technology Play a Role in Building Social and Solidarity Finance?*, Working Paper of The United Nations Research Institute for Social Development, pp. 13—16（2016）.

[2] “柠檬市场”（Lemon Market）是指自由市场在信息不对称的条件下，卖方将比买方拥有更多的信息，导致低质量产品将会驱逐高质量产品，参见 George Akerlof, *The Market for “Lemons”: The Quality of Uncertainty and the Market Mechanism*, Quarterly Journal of Economics, Vol. 84: 3, pp. 488—499（1970）。

[3] Sarah Manski, *Building the Blockchain: The Co-Construction of a Global Commonwealth to Move Beyond the Crises of Global Capitalism*, Strategic Change, Vol. 26: 5, p. 517（2017）.

治理在协作上的分歧，使其更多地从公共产品的需求出发，进而促进全球经济治理从垄断型、资源优势型向开放型和服务导向型转变。[1] 此外，区块链的分布式数据储存结构能够实现数据信息的分流，并且也能够避免中心化结构中某一环节损坏或缺失而导致的整体结构中断的问题，从而减少原有中心化结构系统的交易成本。对此，英国克兰菲尔德大学研究员理查德·亚当斯（Richard Adams）指出，区块链能够在保障信息安全的同时，保证信息系统运营的高效率与低成本，进而推动经济信息的网络化和全球化，实现信息互联网向价值互联网的转变。

第二，区块链有助于厘清和维护全球经济治理中各行为主体间的关系，为全球经济治理和各国国内经济治理间的互动实践提供制度性的保障。实际上，由于全球经济治理中难以规避集体行动中的“搭便车”现象，并且碎片化的关系更是加剧了不同行为体间的沟通成本。因此，全球经济治理体系难以打破这一合作困境的桎梏。而区块链技术的介入将在全球经济治理中构建一种互助治理的逻辑。[2] 首先，区块链能以分布式的数据系统形式存储所有数据信息，并以其技术的开源和数据的共享来保证系统整体的可溯源性和可追责性，进而有助于实现信息对称性的提高和信任成本的降低。

[1] Saveen Abeyratne & Radmehr Monfared, *Blockchain Ready Manufacturing Supply Chain Using Distributed Ledger*, International Journal of Research in Engineering and Technology, Vol. 5: 9, pp. 2—3 (2016).

[2] 正如哈耶克所说：“秩序是事物的一种状态：在这种状态下，纷繁众多的各种因素彼此相互联系的，使我们可以从熟悉的部分空间或时间来得出对于其他部分的正确期望，或者至少使我们有可能得出正确的期望。”因此，只有当形成一种较为稳定的信任关系后，主体之间才具备互助的充分条件。参见哈耶克，邓正来译：《法律、立法与自由》，中国百科全书出版社2000年版，第54页。

加拿大不列颠哥伦比亚大学副教授威廉·尼古拉斯基斯（William Nikolakis）认为，区块链将有助于处理全球价值链发展所带来的大量的数据信息，并可以从“提供、检验和执行”三方面来保证这些数据信息的对称性。[1] 这就意味着，区块链能够为各行为主体之间的信息沟通和政策协调提供更为便利的技术支持。而这就将在某种程度上加强各个相对独立的监管体系和规则内部间的互动，进而为高度融合的综合性全球经济治理体制的形成奠定良好的沟通基础。[2] 同时，区块链可以用于记录各类结构化或非结构化数据信息，并通过建立大数据算法程序和分布式计算方式来处理、量化和评价这些数据，进而能够最大化地利用一切已有的数据信息。而这一特性就有助于更有效地监督各行为主体，并为全球经济治理中的“选择性激励”机制提供更加合理的指标说明，从而减少监管碎片化导致的合规难题，弥合彼此之间的监管冲突和漏洞。此外，尽管互联网的出现使得在线信誉评价系统和自主选择机制逐渐成为交易双方形成信任的重要渠道，但是这一系统与机制仍存在着被操控和篡改的风险。[3] 而区块链不仅能够大大降低数据信息的不对称性，其独特的共识机制更是有助于加强验证交易内容的真实性和完整性。斯万认为，区块链能够更加客观地记录各行为主体在执行具体规则时的程度及偏差情况，并充分发挥数据在治理中的效用以及

[1] William Nikolakis, Lijo John & Harish Krishnan, *How Blockchain Can Shape Sustainable Global Value Chains: An Evidence, Verifiability, and Enforceability (EVE) Framework*, Sustainability, Vol. 10: 3926, pp. 13—15 (2018).

[2] Victoria Lemieux, *Trusting Records: Is Blockchain Technology the Answer?*, Records Management Journal, Vol. 26: 2, pp. 137—138 (2016).

[3] Michael Luca, *Designing Online Marketplaces: Trust and Reputation Mechanisms*, Innovation Policy and the Economy, Vol. 17: 1, p. 89 (2017).

为共识构建提供新的模型。[1] 奥地利维也纳大学教授马克·科凯尔伯格（Mark Coeckelbergh）更是认为，区块链能够最大程度地保证数据的中立性与公开性，而这将显著地提高交易的合法性与可信度。[2]

第三，区块链能够通过巧妙的技术设计和经济激励，创造一种更为自由开放系统的协作机制，从而可以更好地契合经济全球化深度发展多边协作的需求。首先，区块链能够以自身的透明性和不可篡改性来有效地提高国际贸易文件和协定流转的便利性，并通过非对称加密的方式实现价值交换中的摩擦最小化，降低各参与主体达成共识的成本。美国哈佛大学商学院教授马可·依恩斯蒂（Marco Iansiti）等人认为，区块链的分布式、点对点传输、数据记录不可修改以及透明的匿名性等特性能够降低各行为主体间的连接成本，并在连接各方之间搭建一种开放式的关系，进而推动形成新的社会合作语言来释放新的经济价值。[3] 其次，区块链能够通过提高数据信息的流转性和可信任度，使跨国企业能直接通过区块链进行共享数据、货物交易与资金融通，并将供应链上下游企业完全连接起来，形成基于产业的协作组或者协作块。更为重要的是，区块链能够通过构建新的信任机制来打破金融中介对于信息的垄断，从而在降低各行为主体的交易风险和成本的同时，打破任何国家、地域或机构对数据信息限制。这一技术特性不仅能够提高金融资本的使用

[1] Melanie Swan, *Blockchain Thinking: The Brain as a Decentralized Autonomous Corporation*, IEEE Technology and Society Magazine, Vol. 34: 4, pp. 49—51 (2015).

[2] Mark Coeckelbergh & Wessel Reijers, *Cryptocurrencies as Narrative Technologies*, AcmSigcas Computers & Society, Vol. 45: 3, pp. 176—177 (2016).

[3] Marco Iansiti & Karim Lakhani, *The Truth About Blockchain*, Harvard Business Review, Vol. 95: 1, pp. 9—10 (2017).

效率，而且也能够显著提升产品的质量和附加值，进而推动全球价值链的多方位衍生。[1] 再次，区块链通过算法、程序设计可实现数据的自动化处理，并构建支付和结算体系的底层协议，进而从信用体系建设、交易流程简化、提高交易安全性等方面对支付体系加以优化，并提升操作环节的风险控制水平。目前，我国部分商业银行已经开始尝试使用区块链技术进行跨境转账。例如，招商银行联手永隆银行、永隆深圳分行，成功地运用区块链技术实现了跨境人民币汇款。[2] 此外，通过与物联网的资产标记和识别技术相结合，区块链还可以运用到线下产品的生产、交易、运输全过程的记录中，并以数字验证的形式保障产品质量，推动物流、信息流、资金流的三流合一电子化，实现供应链的灵活管理和产品溯源等功能。例如，IBM 已经将区块链技术嵌入其大型云基础架构之中，并在供应链将此应用于跟踪高价值的货物。[3]

总的来看，尽管目前真正落地并产生一定社会效益的区块链项目不多，并且区块链自身也仍处在技术的初步发展阶段，但我们仍要看到区块链能够通过运用加密链式区块结构、分布式节点和共识算法等技术，来实现多中心化架构与分布式交易的构建。这一技术在全球经济治理中的应用则能够最大程度地实现参与主体多元化，

[1] Nir Kshetri, *Can Blockchain Strengthen the Internet of Things?*, IT Professional, Vol. 19: 4, pp. 68—69 (2017).

[2]《区块链助招行完成全球首笔“最完美的跨境支付”》，招商银行 2018 年 12 月 21 日，http://www.cmbchina.com/cmbinfo/news/newsinfo.aspx?guid=8a3d1509-dc5d-45b3-a7c2-80f9b5c423d8。

[3] Reuben Jackson, *Why Blockchain B2B will be the Megatrend of 2019*, Big Think (Dec. 13, 2018), https://bigthink.com/technology-innovation/blockchain-b2b-is-the-future.

厘清和维护全球经济治理中各行为体之间的关系，并创造一种新型自由开放系统的协作机制。因此，区块链的应用能够提高全球经济治理的机制协同化和促进国际贸易、全球产业链的重构。在此基础之上，区块链将有助于构建一种更加公平和更具包容性的全球经济治理模式，并推动全球经济秩序的结构性改革。

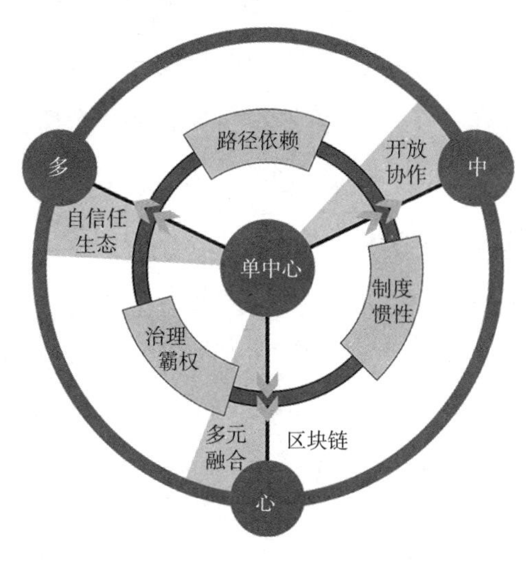

图 4-9　基于区块链的全球经济治理改革

超主权货币的构想：SDR 的局限与 E-SDR 的可能

作为全球经济治理的核心，国际货币体系的改革与转型始终是各国参与的重要议题。对此，不论是从国际货币体系的演变历史来看，还是从现实发展的需求出发，创建一种超脱于某一国家的经济利益和状况以及能够有效协调各方利益的超主权国际货币是解决这一问题较为理想的方案。目前来看，尽管以特别提款权（Special Drawing Rights，简称 SDR）方案为代表的尝试符合国际货币体系的发展方向，但是由于其自身存在缺乏信用基础、使用范围狭窄和共识机制不足等缺陷，以及受到诸多外部因素的干扰，导致SDR无法充分实现超主权货币的责任担当。而以区块链技术为核心的E-SDR可以为超主权货币体系的构建提供全新的视角。

实际上，创立一种摆脱大国操纵的超主权货币体系一直是国际经济学界的期望。美国前财政部长助理怀特（Henry White）便率先提出了“国际稳定基金计划”，即所谓的“怀特方案”。该方案主张设立国际货币稳定基金，并根据成员国缴纳的份额决定其在基金组织中的投票权重。该组织将发行一种名为“尤尼它”（Unita）的国际货币，该货币可以兑换为黄金，也可以在会员国之间相互转移。[1]英国经济学家凯恩斯（John Keynes）则提出了所谓的“凯恩斯方案”。该方案主张建立全球中央银行“国际清算同盟”，并主张发行“班克”（Bancor）以作为国际货币单位，各国货币则与“班克”保持一个固定的，但是可以调整的汇率。[2]“班克”和“尤尼它”已经是一种与主权国家脱钩的、具有一定独立性的超主权储备货币的构想。

[1]“尤尼它”（Unita）仅是记账单位而非货币，实际使用流通的仍是美元等主权货币。同时，“尤尼它”是基于基金制基础发行的，主权国家一旦完成认购，其份额就相对固定。因此，这一机制仍缺乏实质上的提款渠道和货币派生机制，难以自动适应全球经贸增长。参见吴晓灵、伍戈：《“新怀特计划”还是“新凯恩斯计划”——如何构建稳定与有效的国际货币体系》，载《探索与争鸣》2014年第8期，第59—62页。

[2]“班克”（Bancor）是脱离金本位制以回归货币使用价值的一种假设。一方面，“班克”以30种有代表性的商品所组成的货币篮子为价值依托。另一方面，凯恩斯提出所有国际贸易均以“班克”为计价单位，并且顺差国强制将盈余存入同盟账户和向逆差国提供透支，更加强调汇率弹性。因此，相较于“尤尼它”，“班克”更具有超主权货币的意味。参见Richard Gardner, *Sterling-Dollar Diplomacy: Anglo-American Collaboration in the Reconstruction of Multilateral Trade*, Clarendon Press, 1956, pp. 71—80。

在这两者的设想及相关实践的基础上，又有诸多学者进一步提出了更具创造性的构想。特里芬在凯恩斯的基础上提出了“储备集中计划”，即通过增设进出口基金来实现各国外汇储备国际化，并以调整存款（储备金）的供应来满足世界经济对流动资金的需要。该计划还设想创设一种国际货币来减少以美元作为主要储备货币所受的压力。[1] 英国经济学家弗里德里希·哈耶克（Friedrich Hayek）提出了货币的“非国家化”（Denationalisation）和货币竞争理论，即由私营机构发行竞争性的货币来取代国家发行垄断性的货币，并通过优胜劣汰筛选出币值稳定和信誉良好的货币。[2] 美国经济学家罗伯特·蒙代尔（Robert Mundell）提出了“最优货币区”（Optimal Currency Areas）设想，即通过固定汇率或者统一货币的形式在经济交往密切的国家和地区建立最优货币区，并以此抵消汇率的不确定性对经济的影响。[3] 美国哈佛大学教授理查德·库珀

[1] 特里芬所提出的方案实际上是对国际货币基金组织进行改组，对于超主权货币构建的设想也仅限于对全球流动资金、货币储备的增长不足等问题的解决。参见 Robert Triffin, *Gold and the Dollar Crisis*, Challenge, Vol. 9: 2, pp. 40—43（1960）。

[2] 哈耶克认为，国家垄断发行货币存在的弊大于利，这是由于：（1）政府是出于私利来垄断货币发行权，即政府在发行货币时从中抽取铸币税，且以劣币代替良币在市面上流通；（2）当政府获得了照顾某些社会阶层或群体部分的权力，政府就会迫使这些阶层或群体去行使这种权力以获得对其足够的支持，而当纸币代替金属货币被置于政治控制之下后，货币发行权就成了这种权力的典型代表；（3）货币的垄断支撑着政府权力的扩张，政府由此会不断超发货币，进而加剧货币贬值和通货膨胀。参见 Friedrich Hayek, *Denationalisation of Money: The Argument Refined*, The Institute of Economic Affairs, pp. 23—56（1990）。

[3] 蒙代尔认为，如果一个区域内的国家要实现货币完全一体化，可在一定的区域内建立一个共同的货币，或者该区域内实行各国货币刚性的固定汇率制，对外则统一实行汇率浮动制。为此，蒙代尔提出了“金融稳定性三岛”的设想，即欧洲、美洲和亚洲先各自形成货币联盟，之后三方再形成一个全球性货币联盟。基于蒙代尔的理论，多位经济学家又从不同方面对超主权货币进行了讨论，例如，（转下页）

（Richard Cooper）提出建立单一货币制度的构想，即通过建立全球中央银行，并由其掌握世界货币的发行权，进而逐步在世界范围内建立起统一的货币体系和实行统一的货币政策。[1] 意大利经济学家彼得·阿勒桑德里尼（Pietro Alessandrini）等人则提出在清算联盟的制度环境中建立一个超国家银行货币（SBM）。[2]

为此，国际货币基金组织于1969年制定并实施了SDR方案。从本质上说，SDR是一种储备资产和记账单位，其创设的主要目的在于满足国际流动性需求以及对国际储备货币进行补充。SDR主要有价值尺度、记账单位和支付手段三种基本功能：（1）作为价值尺度，SDR可以成为主权货币汇率的参考标准，即SDR作为一个相对比较稳定的货币篮子，进而为国际间汇率提供参考依据。

（接上页）麦金农认为，要以经济开放度作为最佳货币区的评判标准，并提出在部分贸易关系密切的经济开放地区组成一个相对封闭的共同货币区，并在此区域内实行固定汇率，对外则实行弹性汇率制度；美国普林斯顿大学的经济学教授彼得·凯南（Peter Kenen）认为，产品多样化程度较高的国家及地区是最优货币区构建的理想对象；美国北科罗拉多州大学经济学教授詹姆斯·英格拉姆（James Ingram）则将金融一体化引入最优货币区的研究之中。参见Robert Mundell, *A Theory of Optimum Currency Areas*, *American Economic Review*, Vol. 51: 4, pp. 657—665（1961）; Ronald Mckinnon, *Optimum Currency Areas*, American Economic Review, Vol. 53: 4, pp. 717—725（1963）; Peter Kenen, *The Theory of Optimum Currency Areas: An Eclectic View*, in Robert Mundell & Alexander Swoboda, *Monetary Problems of the International*, The University of Chicago Press, 1969, pp. 40—41; James Ingram, *State and Regional Payments Mechanisms*, Quarterly Journal of Economics, Vol. 73: 4, pp. 619—632（1959）。

[1] Richard Cooper, *A Monetary System for the Future*, Foreign Affairs, Vol. 63: 1, pp. 166—167（1984）.

[2] Pietro Alessandrini & Michele Fratianni, *Dominant Currencies, Special Drawing Rights and Supernational Bank Money*, *World Economics*, Vol. 10: 4, pp. 62—63（2010）.

（2）作为价值储备手段，SDR与其他外汇储备等效，能够与可自由使用的货币交换，成为IMF成员国的储备资产。（3）作为交易媒介，SDR可用于IMF与成员国以及成员国之间的结算。尤其是当持有SDR的国家出现国际收支逆差时，可以动用其配额向其他成员国换取外汇，并以此偿付国际收支逆差或偿还IMF的贷款及利息。[1] SDR的价值由篮子货币汇率统一决定，而这就能一定程度上抵消汇率波动对单一货币产生的影响。同时，IMF主要按成员国缴纳金额数量的比例来分配SDR份额，并且IMF会根据经济发展的变化来适时调整货币篮子币种的比重。[2] 为此，诸多学者提议通过充分发挥SDR的作用，使其向世界货币的方向迈进。斯蒂格利茨指出改革以美元为中心的国际货币体系的一条重要路径就在于加大SDR的作用，因此需要推动SDR更加广泛的分配，并扩大其适用范围。美国哥伦比亚大学经济学教授何塞·奥坎普（José Ocampo）则主张将SDR改造为最主要的国际储备资产，以期保持国际货币体系的总体稳定。[3] 前中国人民银行行长周小川更是认为，SDR作为超主权货币的一种实践，不仅具有价值稳定、使用方便及获得成本低等优势，而且SDR能够克服主权信用货币的内

[1] IMF, *International Monetary Fund: Special Drawing Rights*,（Apr. 19, 2018）, https://www.imf.org/en/About/Factsheets/Sheets/2016/08/01/14/51/Special-Drawing-Right-SDR.

[2] 自2016年10月1日起，SDR货币篮子相应扩大至美元、欧元、人民币、日元、英镑5种货币，其权重分别为41.73%、30.93%、10.92%、8.33%和8.09%。详见IMF, *International Monetary Fund: Special Drawing Rights*,（Apr. 19, 2018）, https://www.imf.org/en/About/Factsheets/Sheets/2016/08/01/14/51/Special-Drawing-Right-SDR。

[3] José Ocampo, *Building an SDR-Based Global Reserve System*, Journal of Globalization and Development, Vol. 1: 2, pp. 20—21（2010）.

在风险和更为有效地调控全球流动性。[1]

然而，SDR 同样也存在着诸多缺陷，因此也有诸多观点认为，SDR 并不具备成为国际货币的能力。首先，SDR 仍是建立在各成员国信用货币的基础上的，并且仅包含五种主权信用货币（美元在其中仍占据着主导的优势地位）。这也就意味着 SDR 无法保证自身最终的价值，也未能改变国际货币体系依赖大国主权货币作为储备资产的局面。[2] 同时，SDR 缺乏保持币值稳定的信用基础。针对这一点，印度经济学家斯瓦米纳森・艾亚尔（Swaminathan Aiyar）指出，当前国际互信仍旧不够充分，因此也不具备让渡“货币主权”的全球社会基础，各国对于授权 IMF 发行 SDR 仍持较为谨慎的态度。[3] 此外，由于 SDR 的发行数量本身仍较为有限（SDR 目前在全球储备资产中仅占约 5% 的份额），并且 SDR 无法用于官方与私人以及私人之间的结算，因而无法在国际金融活动中直接使用。因此，以其现有的规模及作用范围来看，SDR 难以有效满足国际贸易结算和国际储备的需求。[4] 艾肯格林就认为，SDR 使用范围的局限性导致其无法被用于外汇市场的调控，也无法为一般市

[1] 周小川：《关于改革国际货币体系的思考》，载《中国金融》2009 年第 7 期，第 8—9 页。

[2] Swaminathan Aiyar, *An International Monetary Fund Currency to Rival the Dollar? Why Special Drawing Rights Can't Play That Role*, Cato Development Briefing Paper, No.4, pp. 6—8（2009）.

[3] 艾亚尔认为，由于 SDR 是基于成员国货币的基础而发行的“衍生品”，并不符合货币产生的条件，而且 IMF 本身也只是作为国际金融机构，也不满足发行货币的基本要求。参见 Swaminathan Aiyar, *Crisis Prevention through Global Surveillance: A Task beyond the IMF*, Cato Journal, Vol. 30: 3, pp. 494—495（2010）。

[4] Swaminathan Aiyar, *Can IMF Currency Replace the Dollar?*, Times of India（Apr.5, 2009）, https://timesofindia.indiatimes.com/sa-aiyar/swaminomics/Can-IMF-currency-replace-the-dollar/articleshow/4360430.cms.

场参与者所使用。[1]

从上述经济学家对于超主权货币的构想以及 SDR 的实践中可以看出，超主权货币在一定程度上能够克服主权信用货币的内在风险，并为调节全球流动性提供了可能。然而，鉴于当前的国际政治经济的现状以及 SDR 所存在的缺陷，仍需要继续探索超主权货币体系的构建路径。[2] 为此，笔者认为，可以基于区块链的数据加密、分布式共识和时间戳等技术基础，构建一套以"数字货币体系—数字金融账户体系—数字身份验证体系"为基本结构的 E-SDR 超主权数字货币体系，并以此推动全球经济治理体系的变革。

E-SDR 的具体构成如下所示：（1）数字货币体系作为 E-SDR 的底层架构，是各个参与节点进行资金转移的基础记账单位。数字货币的使用具有数据时序性、不可篡改和伪造等特点，可在自信任系统生态下实现点对点交易。数字货币可采取央行直接面向公众发行的机制或者央行与商业银行合作共同发行的机制。[3] 姚前就曾建

[1] Barry Eichengreen, *Commercialize the SDR, Project Syndicate*, (Apr. 27, 2009), https://www.project-syndicate.org/commentary/commercialize-the-sdr.

[2] Benn Stei, *The End of National Currency*, Foreign Affairs, Vol. 86: 3, p. 95 (2007).

[3] 目前，数字货币的发行方式主要有法定数字货币、锚定法币或资产的数字货币、基于众筹项目资金的数字货币和基于算法的数字货币。其中，法定数字货币的发行模式主要分为三类：（1）央行直接面向公众发行数字货币，个人、企业和金融机构同时在介入央行的系统。这种发行模式最为直接和彻底，能够保证央行获得最大的主动权，但缺少过渡阶段和过渡介质，容易造成现行金融体系的混乱。（2）在保留现有货币发行的基础上，央行与商业银行合作共同发行数字货币。这种模式可以实现平稳过渡，但会削弱央行的管控权。（3）延续当下的数字货币的分散发行模式，但最后由央行统一记账模式和转换机制。这种模式有利于数字货币的竞争，但极易造成数字货币市场的混乱。关于数字货币发行机制的相关研究可以参见 George Giaglis & Kalliopi Kypriotaki, *Towards an* （转下页）

议，可以采用“中央银行—商业银行”的二元发行方式来发行数字货币，即中央银行负责数字货币的发行和验证监测，商业银行负责提供流通服务。[1]（2）数字金融账户体系作为E-SDR的中层架构，覆盖了“高度紧密互联的各国央行支付体系、各国央行支付体系之下的金融账户体系、金融机构为法人开设的账户体系和金融机构为自然人开设的账户体系”四大账户体系。该层架构可以采取“聚类法则”，即将每个主体的账户归为统一的节点后，直接与各类主体相挂钩，进而实现各节点在复杂网络系统中的相互连接。[2]（3）数字身份验证体系是E-SDR的顶层架构，也是授权中层架构的映射集（数字金融账户是该层架构的子账户）。每个子账户被授予独有的法人特征码（机构代码）或自然人特征码（生物特征码）。在交易的过程中必须由该层架构对其交易主体的特征码进行授权验证

（接上页）*Agenda for Information Systems Research on Digital Currencies and Bitcoin*, Business Information Systems Workshops, 2014, pp. 3—13; Robleh Ali, John Barrdear, Roger Clews & James Southgate, *Innovations in Payment Technologies and the Emergence of Digital Currencies*, Bank of England Quarterly Bulletin, Vol. 54: 3, pp. 262—275（2014）; Morten Bech & Rodney Garratt, *Central Bank Cryptocurrencies*, BIS Quarterly Review, Vol. 1: 6, pp. 55—70（2017）; Ben Fung & Hanna Halaburda, *Central Bank Digital Currencies: A Framework for Assessing Why and How*, Discussion Papers from Bank of Canada, 2017; Donato Masciandaro, *Central Bank Digital Cash and Cryptocurrencies: Insights from a New Baumol-Friedman Demand for Money*, Australian Economic Review, Vol. 51: 4, pp. 540—550（2018）。

[1] 姚前、汤莹玮：《关于央行法定数字货币的若干思考》，载《金融研究》2017年第7期，第78页。

[2]“聚类原则”是指采用分布式的多节点协同处理，将法人和自然人拥有的不同财产类型进行归类，并统一与相应的法人或自然人账户挂钩，保证数字金融账户体系和主体间的映射关系趋于完全的一一映射，从而更加高效地实现信息和价值共享。参见 Kurt Fanning & David Centers, *Blockchain and Its Coming Impact on Financial Services*, Journal of Corporate Accounting & Finance, Vol. 27: 5, pp. 55—56（2016）。

后，才能够完成资金的转移。

实际上，E-SDR 的这套机制的构成是从原有信用货币体系的现金、金融账户、账户加密三层结构进化而来，但 E-SDR 与传统主权信用货币体系以及货币数字化有着极大的区别。这是由于 E-SDR 的构建除了涵盖原有货币体系中的现金层外，还必须建立与数字货币相配套的数字金融账户和数字验证方式。只有当这三层架构被系统地搭建，并形成完整的数字货币生态后，E-SDR 才能算真正被实现。实际上，E-SDR 将金融系统视为一个复杂网络系统，其中金融机构是复杂网络系统的节点，货币则是不同节点之间数据和信息流通的媒介。此外，当 E-SDR 被实现后，金融系统、财政系统、税收系统和社保系统等都可以被嵌入其中，形成新的社会治理框架。正如欧盟大学罗伯特·舒曼研究中心研究员韦塞尔·瑞吉斯（Wessel Reijers）所言，区块链在经济上的应用仅是其最为直观和浅层的作用形式，这一技术背后所具有的信任转换机制将重构社会关系，形成一种基于数字信任的技术性社会规范。[1] 因此，嵌入区块链技术的 E-SDR 也具有成为社会治理的底层框架的潜力。

具体来看，E-SDR 具有以下几方面的特性与作用：第一，作为一种超主权货币的探索途径，E-SDR 是一套统一、完整和独立的货币体系。因此，E-SDR 可以作为相对中立的清算、结算和交易方式。从本质上来说，货币是一种公众共同接受的未来价值索取权的物化，即货币是一种基于一致同意规则下所形成的社会

[1] Wessel Reijers & Mark Coeckelbergh, *The Blockchain as a Narrative Technology: Investigating the Social Ontology and Normative Configurations of Cryptocurrencies*, Philosophy & Technology, Vol. 31: 1, pp. 127—128 (2018).

共识。[1] 在商品货币和信用货币阶段，货币的锚定分别建立在商品的稀缺性和主权国家信用背书的基础之上。而 E-SDR 则通过技术和制度化的安排来实现货币信用体系的重塑。一方面，基于区块链的分布式记账技术，E-SDR 能够为货币的使用和流通提供更为有效、便利的渠道。[2] 这是由于大数据、云计算等技术的应用已经为各类社会交易构建了一种记账清算机制，而区块链能够在这种机制之上通过构建分布式的账本来推动点对点的直接交易，进而以此提高整个经济体系的流动性，并减少货币使用的信用成本与交易成本。美国经济学家鲁本·格林伯格（Reuben Grinberg）表示，分布式记账不仅能够在一定程度上实现货币价值层面的自信任性与使用层面的共识，而且还能够提高商品与货币之间的衔接性。[3] 另一方面，区块链以及大数据、云计算等技术的应用能够对各类大宗商品以及货币之间联系进行结构化分析。在这一较为实时化的数据分析基础上，我们可以构建一种能够较为全面反映社会总体商品价值的“篮子价格指数”。E-SDR 则以这一指数为价值依托，并根据指数的波动进行动态的调整。[4] 这也就意味着 E-SDR 具备同社会整体生

[1] Matthew Yeomans, *The Quest for a Global E-Currency*, CNN（Sept. 28, 1999）, http://edition.cnn.com/TECH/computing/9909/28/global.e.currency.idg/index.html.

[2] 货币的信用成本主要指央行需要为货币的发行提供一定的信用凭证，其交易成本则是指市场各主体需要为依赖的金融中介支付交易的手续费用。参见 Joshua Doguet, *The Nature of the Form: Legal and Regulatory Issues Surrounding the Bitcoin Digital Currency System*, Louisiana Law Review, Vol. 73: 4, pp. 1128—1131（2013）。

[3] Reuben Grinberg, *Bitcoin: An Innovative Alternative Digital Currency*, Hastings Science & Technology Law Journal, Vol. 4: 1, pp. 206—207（2012）.

[4] 中国人民大学经济学院教授陈享光提出可将“一揽子能源、一揽子主权国家黄金储备以及特别提款权中各类货币发行量的综合体”作为未来法定数字货币的锚定物。参见陈享光、黄泽清：《货币锚定物的形成机制及其对货币品质的维护——兼论数字货币的锚》，载《中国人民大学学报》2018 年第 32 期，第 92 页。

产能力及商品价值相锚定的可能。当然，E-SDR 同这一“篮子指数”的锚定需要建立在社会信用充分完备基础之上，即 E-SDR 以较为完整的数字信用为背书来实现自身的社会性。[1] 可见，E-SDR 的数字信任、分布式记账以及锚定的广泛性不仅有助于降低原有价值交换带来的摩擦成本，并且还能够有效的保障自身发行的健康和流动的平稳。

第二，数字账户层的嵌入使得 E-SDR 能够对所有节点和终端之间交易信息进行收集与分析，进而能够将全球经济增长和通货膨胀水平等市场因素更为充分地纳入货币供给之中。伯麦等学者则认为，随着变量及经济信息载入的完善，区块链在数字货币层的应用能够为完全基于名义数据的“自动货币政策”（automatic monetary policy）奠定充分的实现基础。[2] 实际上，E-SDR 能够在中央银行和公众之间建立直接的接触渠道，并以数字化的方式实现现钞清算到记账清算的转变。因此，E-SDR 能够与商品、服务等一系列经济活动形成更为紧密的结合，帮助决策者更为灵活、准确地把握整体市场活动，并为宏观经济调控提供更为有效的货币工具和价格工具，进而将货币数量保持在满足市场供需平衡的合理范围内。与此同时，E-SDR 可以借助人工智能和大数据等技术构建政策预期调整的训练模型，以此预测出未来某一时点数字货币的合理投放量和归

[1] 由于这一“篮子指数”的货币乘数影响因子具有较大的波动性和极高的复杂性，因此 E-SDR 的信用创造能力的准确性及其调控能力也会受到一定的影响。参见庄雷、赵成国：《区块链技术创新下数字货币的演化研究：理论与框架》，载《经济学家》2017 年第 5 期，第 81 页。

[2] Benjamin Müller，Martin Elsman，Fritz Henglein & Omri Ross，*Automated Execution of Financial Contracts on Blockchains*，Journal of Economic Perspectives，Vol. 29：2，pp. 233—234（2015）.

还利率调整的前瞻条件。[1] 拉赫曼认为，区块链在数字货币中的介入能够较为及时、充分地反映市场对于货币的需求，并且在政府的适当性调控下，这一特性便有助于提高货币政策的效用，实现一种较为均衡的"最优货币政策"（optimal monetary policy）。[2] 因此，E-SDR 的这一数字化关联处理的特性能为货币、财政政策提供更为有效的决策工具，进而在一定程度上促进国际货币体系与全球经济发展水平更加匹配。[3]

第三，E-SDR 将从交易流程、交易安全性、系统的可追责性等方面对支付结算体系加以完善，并构建一个连接系统内所有节点的公共平台。在传统金融体系之下，多数支付行为仅仅是货币数据在不同账户中的流转，诸如支付缘由、资金来源、资金流通路径等重要信息则被储存在不同的支付环境和系统中。正如日本九州大学教授森多·寺本（Shinto Teramoto）所言，传统金融体系安排中最为核心的问题就是由于有限的认知能力和信息成本所导致的信息不对称。[4] 而在 E-SDR 所提供的支付体系之下，所有交易节点将在自由公证和自我监管的体系基础上，获得全面真实的市场数据与信息。这是由于 E-SDR 不仅仅是一种结算媒介，更是一种可以多方

[1] 姚前：《共识规则下的货币演化逻辑与法定数字货币的人工智能发行》，载《金融研究》2018 年第 9 期，第 48 页。

[2] Adib Rahman, *Deflationary Policy under Digital and Fiat Currency Competition*, Research in Economics, Vol. 72: 2, pp. 176—179 (2018).

[3] Paul Vigna & Michael Casey, *The Age of Cryptocurrency: How Bitcoin and Digital Money Are Challenging the Global Economic Order*, St. Martin's Press, 2015, pp. 3—4.

[4] Shinto Teramoto & Paulius Jurcys, *Intermediaries, Trust and Efficiency of Communication: A Social Network Perspective*, in Mark Fenwick, Steven Van & Uytsel Stefan Wrbka, *Networked Governance, Transnational Business and the Law*, Springer Berlin Heidelberg Press, 2014, pp. 99—101.

参与的、公开透明的交易系统。意大利博科尼大学教授多纳托·马新达多（Donato Masciandaro）认为，数字货币除了拥有传统货币的交换媒介和价值储存功能外，还将具备信息存储的功能。而信息储备就将使货币发挥更多的数据交换作用，进而有助于在金融脱媒的状态下实现润滑资源配置和提高市场效率。[1] 在 E-SDR 之下，所有的交易记录、资产信息等数据都以分布式的形式被记录，节点之间的交易则以分布式核算的方法进行账簿更新和验证，并且所有节点的用户在获得授权后能够随时访问和查看这些信息。这也就意味着 E-SDR 不仅能够在事前为交易双方搭建完整的信息联接渠道，而且在事后也能够及时完成对交易的追踪和记录。因此，E-SDR 能够在一定程度上减少各主体在经济活动中对中介机构的依赖，减少因第三方中介存在而导致的交易摩擦、各方的协调沟通成本和大量资金沉淀。[2] 这不仅将有助于打破中心化数据管理引致的利益保护，而且能够实现高效的信息互换和资金的交易，从而在更大范

[1] Donato Masciandaro, *Central Bank Digital Cash and Cryptocurrencies: Insights from a New Baumol-Friedman Demand for Money*, Australian Economic Review, Vol. 51: 4, pp. 547—549.

[2] 目前，全球范围内广泛使用的支付清算系统主要为 SWIFT 和 CLS（Continuous Linked Settlement，持续连接结算系统）。其中，CLS 采用了“点对点付款”（Payment to Payment）方式进行连续同步结算。这两套系统仍主要适用于主权国家货币（虚拟数字资产被排除在外），对于接入用户均有严格的限定条件（以中大型银行、金融机构和跨国企业为主）。同时，这两套系统在跨境结算时需要经过代理建立关系，在时效和支付速度上存在一定的延迟（SWIFT 为 2—3 天左右，CLS 为 1—2 天），也需要收取一定的手续费和服务费（SWIFT 约收取交易金额 7%，CLS 则以固定月费的形式收取）。此外，这两套系统均采取了中心化的支付方式，因此也存在泄漏交易人和交易信息的风险。参见 Jürg Mägerle, David Maurer, *The Continuous Linked Settlement Foreign Exchange Settlement System (CLS)*, Swiss National Bank（Nov. 2009），https://www.snb.ch/en/mmr/reference/continuous_linked_settlement/source/continuous_linked_settlement.en.pdf。

围地实现“一账户多场景、一平台多账户、平台逐渐超级账户化”，推动经济范式朝向数字化、网络化和技术化发展。

第四，E-SDR 能够为金融体系搭建新的信用证明手段与系统。美国罗切斯特大学教授纳拉亚纳·科赫拉科塔（Narayana Kocherlakota）认为，传统金融体系下的信用信息更新往往是滞后的与静态的。这就导致信用体系无法充分发挥价值支撑的作用，极大程度地制约了资源的最优分配。[1] 而 E-SDR 能够通过程序算法自动、完整地记录信用生态中的所有交易，将所有账本及副本以分布式和加密的方式储存在多个终端平台上，使得所有参与者都能较为便捷地查询征信信息和评估交易对象的信用状况。因此，在建立一套完整、可用的信息转移机制的基础上，E-SDR 能够以区块链存证实现对资产流转的追溯，从技术上为各类交易提供更为可信的环境。此外，E-SDR 能够将法律法规和商业合同等交易规则嵌入自身的结算系统之中，并通过自带的共识协议和智能合约进行商业细则的智能执行，进而减小交易的边际成本，助力跨境支付与结算业务交易。针对这一点，阿联酋哈利法科技大学教授哈立德·萨拉赫（Khaled Salah）等人认为，智能合约在数字货币中的介入不仅将为商业规则的落实提供有效的执行手段，而且也将为物联网数据的货币化提供可行的解决方案。[2]

第五，E-SDR 的数字形式和系统独立性也将拓宽货币的支付网络，为国内零售和小额参与者提供小额清算方式，并以相对碎片

[1] Narayana Kocherlakota & Neil Wallace, *Incomplete Record-Keeping and Optimal Payment Arrangements*, Journal of Economic Theory, Vol. 81: 2, pp. 287—288 (2004).

[2] Khaled Salah, Ahmed Suliman, Zainab Husain, Menatallah Abououf & Mansoor Alblooshi, *Monetization of IoT Data Using Smart Contracts*, IET Networks, Vol. 8: 1, p. 37 (2019).

化的支付和交易方式满足这部分用户群体日益灵活的付费需求。因此，E-SDR 对于小微支付、销售终端支付、网络购物以及国内外转账等碎片化较高的交易也具有极高的应用价值。美国克莱姆森大学教授杰拉德·戴尔（Gerald Dwyer）表示，数字货币能够为点对点交易提供更为便捷的支付与结算工具，从而充分提高市场参与者的资金流动性。[1] 同时，SWIFT 全球支付创新项目负责人维姆·雷迈克斯（Wim Raymaekers）更是认为，交易对于数据传输和处理效率的要求将推动数字货币采用统一或者相类似的技术架构和价值主张。因此，作为一种数字化体系，E-SDR 如果能够获得广泛的使用，还将进一步提高金融基础设施的统一性，进而提升金融基础设施的效能，并减少各层次平台在系统和业务方面的投入和维护工作的成本。[2] 此外，由于 E-SDR 具有广泛的适用性，各类主体可以按照一定的类别归属来接入该系统，并且 E-SDR 还使得全体市场参与者共同参与到系统的稳定性和持续性的维护之中，从而提高了资金权益和交易信息的完整性和可靠性。德国图宾根大学教授克劳斯·迪克斯迈尔（Claus Dierksmeier）就指出，数字货币体系多中心化以及多方参与能够打破传统寡头控制的中心化系统，而且还能够为普惠金融的可持续发展构建包容性的生态环境。[3]

[1] Gerald Dwyer, *The Economics of Bitcoin and Similar Private Digital Currencies*, Journal of Financial Stability, Vol. 17: 11, pp. 89—90 (2015).

[2] 区块链及数字货币与金融基础设施的相关研究可以参见 Myung San Jun, *Blockchain Government — A Next Form of Infrastructure for the Twenty-First Century*, Journal of Open Innovation: Technology, Market, and Complexity, Vol. 4: 1, p. 7 (2018); Angela Walch, *Open-Source Operational Risk: Should Public Blockchains Serve as Financial Market Infrastructures?*, in David Lee Kuo Chuen & Robert Deng, *Handbook of Blockchain, Digital Finance, and Inclusion, Volume 2, ChinaTech, Mobile Security, and Distributed Ledger*, Academic Press, 2018, pp. 243—269。

[3] Claus Dierksmeier & Peter Seele, *Cryptocurrencies and Business Ethics*, Journal of Business Ethics, Vol. 152: 1, pp. 12—13 (2018).

第六，E-SDR 所搭建的垂直化、扁平化的数字金融体系也将极大地提高市场的可监管性，进而更为有效地打击洗钱、偷税漏税和腐败等违法行为。实际上，基于区块链技术的数字货币体系作为一种安全加密、自信任化、可回溯的货币形态，天然适用于实名机制。[1] E-SDR 的数字金融账户体系能够在“聚类”的基础上，通过相关算法和机制的设计来实现各个节点高度完整的实名化。同时，E-SDR 所搭建的数字金融体系使得所有经济活动的数据能够被记录和追踪，监管者在获得授权后，便可对资金的来源、去向、支付事由、支付金额、支付频率等数据的分析，进而更为充分地掌握市场运行的基本状况和更为及时地发现异常交易活动。美国克莱姆森大学教授杰拉德·德怀尔（Gerald Dwyer）便充分地肯定了区块链介入货币层对于提高管理者对市场监管能力的作用。[2] 因此，基于 E-SDR，央行及其他监管机构将具备更为完善的监管能力。

以基于多中心化理念的、用于支付和清算的 Ripple 系统为例，该系统基于自身的共识算法（Ripple Consensus Protocol），能够从所有接入系统的节点中自动接收总账本交易记录和验证系统中的各类交易，进而构建了高效的结算系统和分布式记账系统。[3] 从组成

[1] 钟伟、魏伟等：《数字货币：金融科技与货币重构》，中信出版社 2018 年版，第 79—80 页。

[2] Gerald Dwyer, *The Economics of Bitcoin and Similar Private Digital Currencies*, Journal of Financial Stability, Vol. 17: 10, p. 86 (2015).

[3] Ripple 共识算法中包含了“共识机制”和“验证机制”两套机制。当系统生成新的分账实例和产生新的交易记录时，这两套机制会迅速对该交易进行验证，系统内的分账按照时间顺序排列并链接起来就构成了 Ripple 系统的总账本。值得注意的是，Ripple 的共识生成无需所有节点的同意，而是由系统信任列表里的节点完成的，即只要这个信任列表中的节点多大多数表示同意，便可认定账本有效。参见王朝阳、郑步高：《互联网金融中的 Ripple：原理、模式与挑战》，载《上海金融》2015 年第 3 期，第 46—52 页。

结构来看，Ripple 是由瑞波币（XRP）、网关（Gateway）和 Ripple 支付协议（RTXP）构成的。在使用时，用户需先开设一个 Ripple 账户（账户中需要存有 20 个 XRP）。用户在获得账户的私钥后，即可设置网关信任，在该网关中进行支付和交易（图 4-10）。[1]

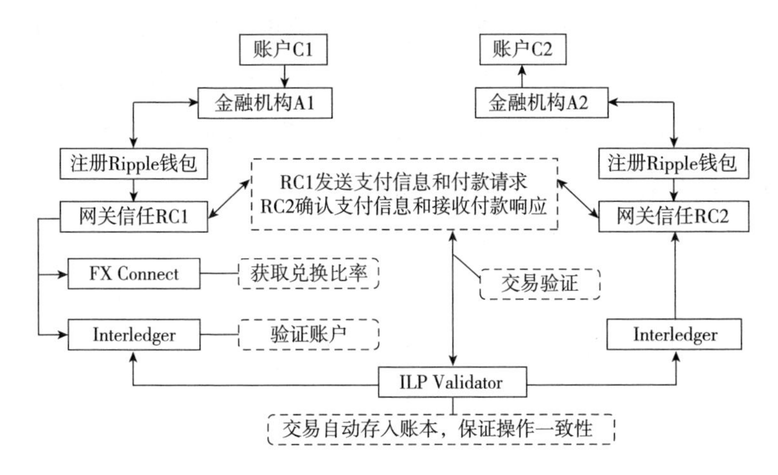

图 4-10　Ripple 系统交流流程示意图

Ripple 的接入门槛相对于 SWIFT、CLS 等结算系统都较低（几

[1] 瑞波币（XRP）是基于 Ripple 协议和 OpenCoin 原创算法而发行的非法定数字货币，其总量为 1000 亿个。XRP 一方面发挥着系统内部桥梁货币的作用，即用户可将任意类别的货币或虚拟货币兑换为瑞波币 XRP，再发送给其他任何地区的用户乙；另一方面 XRP 则担负保障安全的作用，即每个账户中至少需要存有 20 个 XRP，以此来遏制虚假交易和海量交易的恶意攻击。网关则是资金进出 Ripple 系统的关口（类似于货币存取和兑换机构），交易双方可基于可信赖的网管直接进行点对点的转账；RTXP 则是 Ripple 支付协议，用于解决不同节点之间支付问题（类似于超文本传输与网络信息、简单文件传输协议 SMTP 与邮件之间的关系）。参见 Alexandre Mouradian, Isabelle Augeblum & Fabrice Valois, *RTXP: A Localized Real-Time Mac-Routing Protocol for Wireless Sensor Networks*, Computer Networks, Vol. 67: 10, pp. 43—59（2014）；Frederik Armknecht, Ghassan Karame, Avikarsha Mandal, Franck Youssef & Erik Zenner, *Ripple: Overview and Outlook*, Trust and Trustworthy Computing, pp. 163—180（2015）。

乎所有金融机构都可接入），因而其参与主体相对更为广泛。同时，Ripple 将结算功能进行了分布式处理，能够完成瞬时、点对点的支付和转账，无需清算中心、银行等中间金融机构的介入。[1] 此外，尽管 Ripple 不收取任何转账服务费用，但为了保障系统的安全运转，要求每个 Ripple 账户至少有 20 个瑞波币以作为正常交易的验证方式。[2] 目前，Ripple 能够支持全球范围内任意货币的原子级交易，即 Ripple 不仅支持美元、欧元、人民币、日元等主流的主权信用货币间的结算，也支持包括比特币等数字货币和商户积分等在内的有价物的交易。对于主权信用货币，Ripple 支持开展外汇交易、跨境划拨款项等各类业务，并能够自动实现汇率换算。用户可以用任何一种类型的货币，向他人支付另外任何一种类型的货币，从而实现所有货币的全网流通。尽管 Ripple 系统自身仍存在诸如分布式存疑、平台透明度低、资金匿名化、交易的可追溯性较差等缺陷，但其运行机制仍为 E-SDR 提供了新的构建思路和实践经验。[3]

[1] 单科举：《Ripple 与 SWIFT 比较分析研究》，载《金融理论与实践》2016 年第 10 期，第 105—107 页。

[2] 用户每次交易都需消耗十万分之一的 XRP（截至 2019 年 3 月 16 日，瑞波币兑美元价格为 0.31960），但对于制造海量的虚假账户和交易信息的恶意攻击者来说，其所需要销毁的 XRP 会因交易的增长而呈现几何级数增长。资料来源：Investing, XRP/USD, https://cn.investing.com/crypto/ripple，登录时间：2019 年 3 月 16 日。

[3] 市场对于 Ripple 的怀疑主要是针对瑞波币（XRP）及其母公司 Ripple Labs。实际上，XRP 所采取的"基于信任的替代方案"（Trust-based alternative）主要是通过选出少数节点组成"特殊节点列表"（Unique Node List）。然而，特殊节点的选取是由 Ripple Labs 自行决定的。同时，瑞波币本是独立于该公司而存在的，但是该公司自身就掌握着大量瑞波币，并且该公司也未公布其瑞波币的具体存量分布及销售情况。此外，XRP 并未得到其金融合作伙伴的使用。参见 Dan Caplinger, *Find out about this up-and-coming Cryptocurrency: 5 Facts You Didn't Know about Ripple*, Motley Fool (Mar. 11, 2018), https://www.fool.com/investing/2018/03/11/5-facts-you-didnt-know-about-ripple.aspx。

当然，本书所构想的以区块链技术为核心的 E-SDR 体系所具有部分特点和功能超出了现有货币理论的指导，并且 E-SDR 也还缺少可供衡量的金融结构和指标数据。因此，还需要对 E-SDR 的规则设计及其可行性进行充分的理论演绎与实证模拟。但更需认清的是，互联网时代下形成的全球化连接平台，已经为建立高效率、低成本的全球支付清算体系奠定了充分的基础。这也就意味着 E-SDR 具备一定实现的可能。可以预见的是，随着技术和制度的完善，E-SDR 超主权数字货币体系的建设将更加可行。而这一体系的实现则将有力地促进全球经济治理的转型与升级。

E-SDR 下的全球经济治理新框架

当前全球经济发展的一个显著特征，即以中国为代表的发展中国家经济保持快速增长，而且这些国家还将进一步为全球化的发展提供多数的支撑。与此同时，全球经济治理的体系却未能及时对这一发展的新形势作出相应的调整，原有的制度、规则和程序面临无效或者低效的问题。[1] 然而，在新的技术条件和各国共同努力之下，全球经济治理以及全球秩序仍有实现转型的可能。

实际上，"中心—边缘"秩序形成的根本原因在于资本主义全球化生产体系所导致的不平等的国际经济、分工与交换体系。现行国际货币体系所保持的"中心—外围"构架便是这一体系最为直接的表现。在这一秩序的主导下，便导致了"支配—依附"全球格局的形成。处于中心地位的发达国家通过主导全球经济治理的制度规则，来维护自身的既得利益以及制衡新兴经济力量的崛起。而

[1] Daniel Deudney & John Ikenberry, *Liberal World: The Resilient Order*, Foreign Affairs, Vol. 97: 4, p. 16 (2018).

这就在一定程度上导致国家间的发展出现巨大失衡，并进一步加剧了国际间的竞争与冲突。对此，美国耶鲁大学教授托马斯·博格（Thomas Pogge）表示，现存的全球秩序更多地代表了发达国家的利益。[1] 同时，全球化的发展一方面要求构建更具活力与普惠性的全球经济治理体系，另一方面则要求充分调动创新要素资源在全球范围内的流动。[2] 显然，“中心—边缘”的秩序也无法满足高度相互依存的全球经济格局的需求。此外，由于全球经济治理与各国内部治理存在普遍性与特殊性、同质性与异质性、弱政治性与政治性的矛盾，因此目前发达国家与发展中国家之间仍保持着一种利益型的关系结构，“中心”与“边缘”间的依赖与排斥的逻辑在短期内仍不会减弱。[3] 为此，基于共同的利益来构建一种具有合作性与包容性的全球正义经济秩序是打破现行全球经济治理困境的重要出路。

基于区块链技术而构建的 E-SDR 就具备打破“中心—边缘”秩序的能力，同时也能够为全球经济治理的转型提供全新的视角。实际上，由于货币的本质是一种基于共识的信用，因此货币竞争本身就是一种对于共识信用的竞争。当前国际货币体系的确立正是国家主权信用竞争的结果，即现行国际货币体系中的美元中心化就是美国的信用部分或全部代替了他国的信用。[4] 而以美元为中心的

[1]［美］托马斯·博格：《康德、罗尔斯与全球正义》，刘莘等译，上海译文出版社 2010 年版，第 198 页。

[2] 张宇燕：《全球治理的中国视角》，载《世界经济与政治》2016 年第 9 期，第 7 页。

[3] 吴志成：《全球治理对国家治理的影响》，载《中国社会科学》2016 年第 6 期，第 28 页。

[4] Ronald McKinnon，*Currency Substitution and Instability in the World Dollar Standard*，American Economic Review，Vol. 74：5，pp. 1129—1131（1984）.

国际货币体系不仅加剧了全球经济治理中结构性失衡的问题，并且还导致全球经济发展出现经常性的不稳定。[1]作为一种超主权货币体系的理论探索与金融实践，E-SDR 的构建以区块链等技术及其配套机制上所实现的数字信用为基础。同时，E-SDR 的发行是基于经济增长及社会商品生产的数据，经由一系列智能化算法所计算决定的，即 E-SDR 能够根据社会生产条件或经济生产效率的波动而作出及时有效的调整。这一数字信用与价格调节机制就能够在一定程度上打破传统金属商品和特定主权货币在货币锚定上的限制。这也就意味着，E-SDR 的形成机制与发行量取决于真实经济体系的资源总量与配置状况，与全球经济的发展有着更为紧密的结合。

此外，在锚定国家信用的货币体系之下，货币供给量处于长期扩张的状态，并且主权信用货币的全球流通并未完全受到全球发行纪律约束。这一持续性的扩张不仅打破了货币价值以政府信用为锚的内部驻锚体系，也加剧了货币总量与政府信用总量的不匹配，进而导致汇率和通胀预期出现显著性的失衡。[2]因此，正如美国纽约城市大学教授大卫·哈维（David Harvey）所言，无约束政府信用的扩张加剧了国际货币体系的混乱。[3]而 E-SDR 体系是基于多方参与、相互监督和共同维护的基础上而构建。这是由于 E-SDR 通过分布式网络所构建的是一种多向的信任关系，即全球信用网络

[1] 在现行的国际货币体系下，国际储备货币供给多数来自美国国内信用扩张，而美国通过贸易赤字的方式向非储备货币国输出“游戏规则”。参见王道平、范小云：《现行的国际货币体系是否是全球经济失衡和金融危机的原因》，载《世界经济》2011 年第 34 期，第 69 页。

[2] 管涛、赵玉超、高铮：《未竟的改革：后布雷顿森林时代的国际货币体系》，载《国际金融研究》2014 年第 10 期，第 6 页。

[3] [英] 大卫·哈维：《资本的限度》，张寅译，中信出版社 2017 年版，第 396 页。

的形成是基于各国共同参与的基础上而形成的。[1] 在这一信任网络实现的前提下，E-SDR 能够将多边主体的同质性基础与异质性需求更好的嵌入货币调整中去。[2] 从这个角度来看，E-SDR 能够通过降低个别国家中心的私有性来赋予货币更为广泛的社会性，从而避免因金融霸权或行政性干预所导致的通货膨胀和利益再分配倾向。[3]

当然，E-SDR 发展的最终结果并非简单的去中心，更可能的是以多中心或者弱中心的方式打破单一的中心化。实际上，货币对社会关系内在维度改变的重要表现就在于将个人单点联系转变为普遍交往的多点联系。[4] 当万物互联的社会状态被实现后，所有社会信息将形成全方位的互动关系，人力、物力、财力等资源的开发及利用效率将得到极大提升。[5] 在这一社会状态之下，全要素生产率和社会资源使用率就有可能得到最大程度的优化。与此同时，这种社会状态也能够提高各国在权利、责任与利益上的关联性，进而

[1] 乔依德、徐明棋：《加强 SDR 在国际货币体系中的地位和作用》，载《国际经济评论》2011 年第 3 期，第 55 页。

[2] 庄雷：《金融科技创新下数字信用共治模式研究》，载《社会科学》2019 年第 2 期，第 55 页。

[3] 刘津含、陈建：《数字货币对国际货币体系的影响研究》，载《经济学家》2018 年第 5 期，第 19 页。

[4] 张雄：《货币幻象：马克思的历史哲学解读》，载《中国社会科学》2004 年第 4 期，第 54—55 页。

[5] 马克思在《1857—1858 年经济学手稿》指出："个人的社会联系表现在交换价值上，因为对于每个个人来说，只有通过交换价值，他自己的活动或产品才成为他的活动或产品……每个个人行使支配别人的活动或支配社会财富的权力，就在于他是交换价值的或货币的所有者。他在衣袋里装着自己的社会权力和自己同社会的联系。"实际上，马克思认为货币的产生既是经济关系和生产关系发展的显现，更是社会主动性交往的重要驱动因素。参见《马克思恩格斯全集》(第四卷)，人民出版社 2007 年版，第 106—107 页。

助推国家关系治理模式向协商治理结构转型，促进人类命运共同体意识的产生。[1] 但是这种整体性和全局性的参与并非要完全颠覆原有的中心化经济治理格局，而是要推动这一格局向开放型、差异型和服务导向型的多中心经济治理格局转变。[2] 这一格局的转变不仅能够有效保障国家间的平等权利，同时也能够实现一种较为合理的公正秩序。[3] 因此，实现全球经济治理格局的多中心转变也是构建全球正义经济秩序的关键所在。

显然，E-SDR 能够通过构建一种社会价值的连接系统来推动这一转变的实现。正如法国国家科学研究中心研究员普里马韦拉·菲莉比（Primavera Filippi）所说，“区块链作为一种制度性的技术，要实现的是一种全球合作性的语言。”[4] 在加快国际货币体系转型的基础上，E-SDR 还将拓展各国参与全球经济治理的空间。基于数字化的运作方式，E-SDR 能够形成较为顺畅的货币传导机制，提高社会整体经济体系运行的流动性，进而减少原有主权信用货币体系

[1] 苏长和：《互联互通世界的治理和秩序》，载《世界经济与政治》2017 年第 2 期，第 27 页。

[2] 对于这一点，习近平有重要论述：“在经济全球化时代，各国发展环环相扣，一荣俱荣，一损俱损。没有哪一个国家可以独善其身，协调合作是必然选择。我们要在世界经济共振中实现联动发展。”参见《构建创新、活力、联动、包容的世界经济——在二十国集团领导人杭州峰会上的开幕辞》，载《人民日报》2016 年 9 月 5 日。

[3] 平等权利：所有的国家不论大小强弱，都应被平等公正地对待；公正秩序：经济领域的互利、资源的公正分配，对文化平等的确认，政治上乃至军事上的某种必要的平衡等。参见［美］查尔斯·贝茨：《政治理论与国际关系》，丛占修译，上海译文出版社 2012 年版，第 116 页。

[4] Primavera Filippi, Sinclair Davidson & Jason Potts, *Blockchains and the Economic Institutions of Capitalism*, Journal of Institutional Economics, Vol. 14: 4, pp. 640—641 (2018).

对于各国参与全球贸易和区域价值链分工的限制。[1] 为此，美国经济学家理查德·莱文（Richard Levin）及其研究团队指出，得益于区块链的多中心机制，数字货币能够实现货币使用者最大程度的多元化。[2] 同时，E-SDR 能够改善经济运行机制和市场自律环境，并实现更为公平、高效的社会利益分配，进而使全球经济发展及相关资源的分配更加充分、均衡。爱沙尼亚学者亚历克斯·拜塞提斯（Alex Pazaitis）认为，基于区块链及数字货币，能够通过创建一套价值协调机制和面向公众的生态系统来推动全球范围内信息流的传输与共享，进而加强全球范围的社会合作，实现整体资源的高效利用。[3] 这种多元化的参与和公平化的分配将助推全球经济治理形成更为平等和包容的普遍规则，进而为各类社会主体参与经济全球化提供有益的环境。此外，E-SDR 还将加快创新要素资源在全球范围内的流动，并在低交易成本激励下促进贸易、商品和信息流的扩张，进而实现规模经济与数字经济驱动的新型全球化机制。澳大利亚昆士兰大学教授马克·道奇森（Mark Dodgson）和英国伦敦帝国理工学院教授戴维·甘恩（David Gann）等人提出，数字货币本身不仅能够以数字化的形式衡量和储存价值，并且还能够使交易更迅

[1] Don Tapscott & Alex Tapscott, *Blockchain Revolution：How the Technology Behind Bitcoin Is Changing Money, Business, and the World*, Penguin Canada Press, 2018.

[2] Richard Levin, Peter Waltz & Holly LaCount, *Betting Blockchain Will Change Everything：SEC and CFTC Regulation of Blockchain Technology*, in David Lee Kuo Chuen & Robert Deng, *Handbook of Blockchain, Digital Finance, and Inclusion, Volume 2, ChinaTech, Mobile Security, and Distributed Ledger*, Academic Press, 2018, pp. 209—210.

[3] Alex Pazaitis, Primavera Filippi & Vasilis Kostakis, *Blockchain and Value Systems in the Sharing Economy：The Illustrative Case of Backfeed*, Technological Forecasting and Social Change, Vol. 125：10, pp. 105—106 (2017).

速、更便捷和更广泛，从而打破资金使用的时空限制和减少金融体系中的摩擦，更高效地实现全球互联。[1]

尽管本书所提出的E-SDR超主权货币体系不尽完全，但是从以下三个视角出发，这一构想对于我国而言仍具有极为重要的意义：

第一，从人民币国际化的角度来看，尽管货币权力转移与分散是全球政治经济体系转型的基本特征，并且人民币目前已经在现行的国际货币体系中获得了一定的国际地位。但作为一股新的体系外力量，这一转型过程以及人民币国际化不可能是毫无阻碍的坦途。[2] 实际上，作为一种塑造经济权力和利益分配的模式与路径，国际货币体系本身就具有高度的政治性和战略性。这种性质就决定了各国间的货币关系存在一定的对抗性，进而导致各国（尤其是大国）间的货币围绕自身国家的利益而出现较为激烈的博弈。[3]

同时，欧洲、东亚地区和欧佩克的部分国家与美国之间仍保持着紧密的联盟关系。这一国家安全单向依赖的事实也导致中国难以通过某种形式的合作和协调来联合这些国家推动现行的国际货币体系的改革。[4] 为此，美国印第安纳大学教授米歇尔·弗拉蒂亚尼

[1] Mark Dodgson, David Gann, Irving Berger & Naveed Sultan, *Managing Digital Money*, Academy of Management Journal, Vol. 58: 2, pp. 330—332 (2015).

[2] 林宏宇、李小三：《国际货币权力与地缘政治冲突》，载《国际关系学院学报》2012年第1期，第11页。

[3] 对抗性是国际货币关系的内在属性，只要国际体系仍然由主权国家组成，围绕国家利益发生的国家间货币对抗就将长期存在。参见陈平、管清友：《大国博弈的货币层面——20世纪60年代法美货币对抗及其历史启示》，载《世界经济与政治》2011年第4期，第45页。

[4] 李巍：《伙伴、制度与国际货币——人民币崛起的国际政治基础》，载《中国社会科学》2016年第5期，第91页。

（Michele Fratianni）指出，地缘政治是国际社会难以对国际货币体系的失衡进行有效调整的重要影响因素，而现实利益的趋同使得西方发达国家的货币始终在国际货币竞争中保持绝对的优势。[1] 因此，在当前及相当长时期内，西方资本体系内的美元、欧元仍将处于主导地位，中国仍难以采取有效的外部制衡手段来弱化或抑制其霸权地位。[2]

此外，各国对于国际关系的再平衡与权力交替仍存在着较大的分歧，越来越多的国家以排他性和对抗性的方式进行互动。这表明原有中心化的全球经济治理体系之下所存在的基于权力政治的逻辑仍在治理过程中发挥着深远的影响。正如美国对外关系委员会主席理查德·哈斯（Richard Haass）所说的，尽管美国在全球的霸权主导地位日渐式微，然而也尚未形成一种能够应对全球性挑战的合作性语言。[3] 各国发展水平失衡、国家利益差异以及地缘政治危机等因素更是对货币合作造成了极大的限制。[4] 因此，尽管人民币与其他国际货币存在互相依赖、共同促进的积极局面，但是人民币的国际化必然会涉及货币竞争和货币替代，并对现有国际货币体系的既有格局产生影响。如果继续按照传统的货币国际化的路径推进

[1] Michele Fratianni, *The Future International Monetary System: Dominant Currencies or Supranational Money? An Introduction*, Open Economies Review, Vol. 23: 1, p. 10 (2012).

[2] Eric Helleiner & Jonathan Kirshner, "*The Future of the Dollar: Whither the Key Currency?*", in Eric Helleiner and Jonathan Kirshner, eds., *The Future of the Dollar*, Cornell University Press, 2009, p. 8.

[3] Richard Haass, *How a World Order Ends and What Comes in Its Wake*, Foreign Affairs, Vol. 98: 1, pp. 28—30 (2018).

[4] 李晓：《东亚货币合作为何遭遇挫折？——兼论人民币国际化及其对未来东亚货币合作的影响》，载《国际经济评论》2011 年第 1 期，第 118 页。

人民币的全球化，并以此来推动国际货币体系的改革，极有可能会加重其他国家对中国的抵触情绪，进而阻碍中国在全球范围内开展合作和推动全球经济治理的改革。

第二，从当前中美关系来看，美国原先是全球发展的领跑者，而中国则是全球发展的跟跑者，两者处于不对等的发展阶段。但是，随着全球化的深入和全球治理体系的结构性变化，中国的经济总量和综合实力已形成较为稳固的基础。美国则进入了其霸权收缩期，这导致美国采取了更具自利性和排他性的政策取向。[1] 正如美国耶鲁大学教授布鲁斯·拉塞特（Bruce Russet）所言，尽管美国霸权的权力基础已开始衰落，但作为控制结果的霸权并未因此衰落。[2] 因此，尽管中美在各个区域内的权力转移和平衡的趋向也成为现实。但是作为现行体系的领导者，美国势必难以在短期内接受中国综合国力跃升的现实，也必然将对不断变化的全球秩序产生更多的关切和不安。[3] 同时，美国对外发动战争或贸易战，多与美元霸权地位受到动摇有关，并且美国对日元、欧元等其他货币的崛起也实行了高压的防范与遏制的策略。[4] 实际上，为了维持自身的霸权地位，美国在对外关系上往往会采取更为激进的政策，并且这

[1] 宋国友：《中美金融关系研究》，时事出版社 2013 年版，第 66—67 页。

[2] Bruce Russet, *The Mysterious Case of Vanishing Hegemony; or, Is Mark Twain Really Dead?*, International Organization, Vol. 39: 2, p. 218 (1985).

[3] 长期、常规、波动的冲突与博弈极有可能成为未来中美关系的常态。但是中美之间的竞争应该是良性的、积极的和超越自我式的竞争，而非互相取代式的、零和博弈式的竞争。中美双方应该以竞争助推合作、以合作创造双赢。参见宋国友：《中国、美国与全球经济治理》，载《社会科学》2018 年第 8 期，第 27—28 页。

[4] 李晓、冯永琦：《国际货币体系改革的集体行动与二十国集团的作用》，载《世界经济与政治》2012 年第 2 期，第 123—124 页。

在对外经贸关系中尤为明显。[1]因此，随着美国的自利和排他政策取向的转变，美元霸权也逐渐向胁迫性霸权开始转变。[2]此外，美国国内政治、利益集团的博弈失衡导致中美间经贸问题扩大，并且进一步上升到了国家战略竞争层面，以贸易摩擦为开端的中美战略竞争格局已经初步形成。在此背景之下，如果继续按照原有路径推行人民币国际化，将极有可能扩大人民币与美元之间的竞争，甚至导致双方陷入完全的零和博弈状态。然而，经济治理的核心在于货币，一旦人民币与美元之间出现了零和竞争，则极有可能加剧中美在经贸上的冲突。[3]

第三，从当代中国国际定位的维度来看，中国作为国际共同体中理性而负责任的成员，不仅应成为现有国际体系与秩序的参与者、合作者，更应成为更加公正、合理的国际秩序的塑造者。[4]正如习近平总书记所言："推动建设一个开放、包容、普惠、平衡、共赢的经济全球化，既要做大蛋糕，更要分好蛋糕。"[5]与西方反对技术分享与机制共建不同，中国更强调共享以及与其他国家的共同进步，在技术开发与合作方面也是以共享为主，并力求伸张和维

[1][美]查尔斯·金德尔伯格：《世界经济霸权（1500—1990）》，高祖贵译，商务印书馆2003年版，第306—307页。

[2] Duncan Snidal, *The Limits of Hegemonic Stability Theory*, International Organization, Vol. 39: 4, pp. 579—614 (1985).

[3] 刘明礼：《美元霸权与欧洲金融安全》，载《国际安全研究》2017年第35期，第105页。

[4] 关于中国国际定位的思考，参见蔡拓：《当代中国国际定位的若干思考》，载《中国社会科学》2010年第5期，第132页。

[5] 习近平：《共同构建人类命运共同体——在联合国日内瓦总部的演讲》，载《人民日报》2017年1月20日，第2版。

护发展中国家的利益和诉求。[1] 在全球经济治理及其改革上，中国也始终秉承共商共建共享原则，推动全球经济治理体制朝着更加公正合理的方向发展，进而为构建以合作共赢为核心的新型国际关系、促进共同发展与打造人类命运共同体创造更加有利的条件。

为此，笔者认为中国在推行人民币国际化以及货币区域合作的过程中，同时也需要开拓一种符合全球多数国家共同利益的货币合作路线，并尽可能在经济秩序可控的情况下推动全球经济治理的改革，避免因经济层面的冲突而导致政治层面上的对抗。而 E-SDR 就是一种中间的货币合作路线。一方面，E-SDR 本身就是由国际社会的各利益攸关方通过共同努力来构建的，因此 E-SDR 具备将多数主权国家利益纳入新型货币框架的能力，进而有助于避免因货币竞争导致的国际竞争的加剧。另一方面，E-SDR 能够为全球经济治理构建资源、信息交互的国际平台和信任机制，从而有力地推动全球经济互联互通、共享共治，有效地协调各方的价值、利益和需求。[2] 因此，对于中国而言，E-SDR 不仅能为中国参与国际货币体系重塑和推动全球经济治理变革创造弹性的空间与缓冲的余地，满足我国加强同其他国家间合作的需要，并且也有助于我国在全球经济发展中构建参与性的主导权，满足我国加快实现全球经济治理转型与升级的需求。

当下，移动支付、电子商务和平台经济等数字经济形态在某种程度上为超主权数字货币的发展奠定了一定的基础，部分国家

[1] 高奇琦：《人工智能时代的人类命运共同体与世界政治》，载《当代世界与社会主义》2018 年第 3 期，第 47 页。

[2] 范如国：《“全球风险社会”治理：复杂性范式与中国参与》，载《中国社会科学》2017 年第 2 期，第 82 页。

也已经开始尝试数字货币的构建以作为对货币体系发展的回应。[1] 然而，E-SDR 相关资源禀赋的获得需要建立在高度健全的数字化生态基础之上，并要以完善的资本和技术密集型产业为支撑。因此，E-SDR 对于金融基础设施及其配套宏观政策具有更高的要求。从硬件环境上看，E-SDR 需要配置和升级相应的设施设备，搭建和扩展各种应用场景，从而确保使用的稳定性和安全性。从软件环境上看，E-SDR 还需实现技术、实践和监管等多方面的协调，完成制度建设、政策支持和推广宣传等工作，从而保证使用的协调性和广泛性。更为重要的是，由于区块链技术本身就具有一定的系统集成效应和规模经济效应，因此先期优势在 E-SDR 构建过程中将更为明显。这种能力优势很可能导致发达国家继续占据区块链技术的高地，发展中国家则丧失比较优势，进而形成更加难以破除的霸权格局。

由于发达国家拥有世界级的金融产业和信息产业，因而发达国家在数字货币及区块链其他领域的创新和应用上具有绝对的优势。这在区块链 1.0 层级应用中已有所体现，即发达国家和地区的数字货币活跃度明显要优于其他地区。[2] 对于已建立起一定工业体系

[1] 例如，新加坡金融管理局开展了 Ubin 项目，以期通过区块链技术同全球各国央行实时处理跨境交易；欧洲中央银行和日本中央银行联合开展了 Stella 项目，以期在分布式分类账环境中构建一套完整的交付与支付（DvP）系统；加拿大中央银行则主导开展了 Jasper 项目，以期通过区块链的分布式账本技术建设“综合证券和支付平台”。

[2] 根据英国剑桥替代金融中心（CCAF）发布的《全球数字加密货币基准研究》显示，在其所调查的 27 个国家的 51 家数字加密货币交易所中，大部分交易所都分布在欧洲以及亚太地区。同时，85% 的亚太地区数字货币交易所没有许可证，而 78% 的北美交易所则都拥有正式的政府许可或授权。此外，全球约 81% 的数字加密货币的钱包服务来自北美洲和欧洲，但这两个区域的用户数仅占到全球总用户数的 61%。参见 Garrick Hileman & Michel Rauchs, *Global Cryptocurrency Benchmarking Study*, Cambridge Centre for Alternative Finance（Mar. 27, 2017）, https://www.jbs.cam.ac.uk/fileadmin/user_upload/research/centres/alternative-finance/downloads/2017-global-cryptocurrency-benchmarking-study.pdf。

的新兴大国来说，由于其产业结构相对完整、数字化信息基础较为良好，因而能够较为及时地把握区块链技术发展趋势，并逐步参与到 E-SDR 的构建中去。对于依赖资源出口和廉价劳动力的中小发展中国家而言，由于其自身产业构成比例失衡，并缺乏支撑发展数字经济的实体产业，因而这部分国家极有可能在 E-SDR 构建的资金面、技术面和制度面临“参与赤字”的问题。[1] 如果发展中国家（尤其是处于发展初期阶段的中小发展中国家）不能够及时、有效地把握全球区块链技术的发展，则极有可能丧失获得参与 E-SDR 构建的能力和权力，继而将继续受到“中心—外围”国际格局的桎梏。[2]

以近期国际市场涌现出的数字稳定代币（Stable Coin）为例，美国纽约州金融服务局（简称 NYDFS）已于 2018 年 9 月 10 号批准了两种基于以太坊 ERC20 发行的稳定代币——美国双子星信托公司发行的 Gemini Dollar 与 Paxos 信托发行的 Paxos Standard。[3] 尽管 NYDFS 主要是提供信贷担保，并不直接参与具体美元稳定币

[1]“参与赤字”是指由于国家治理能力较弱的国家本身无力参与全球治理，并且现有全球治理秩序并未在规则制定中给予新兴国家相对应的话语权，因此发展中国家往往难以有效参与全球治理。参见刘雪莲、姚璐：《国家治理的全球治理意义》，载《中国社会科学》2016 年第 6 期，第 33 页。

[2] 高奇琦：《人工智能时代发展中国家的“边缘化风险”与中国使命》，载《国际观察》2018 年第 4 期，第 44 页。

[3] 稳定代币是指通过“锚定”法定货币体系或数字资产，从而维持与法币的汇率平价为基本目标的数字货币。当前使用范围最广泛的稳定代币是由美国 Tether 公司发行的 USDT，该代币以 1:1 比率锚定美元。然而，这类锚定法币抵押的稳定代币的核心要求是以 100% 法币存款作为发行准备金，并保证稳定代币与锚定法币可随时平价兑付。因此，其实质更多的是一种非金融机构的存托凭证，与本书所提出的 E-SDR 有较大的差别。参见王华庆、李良松：《简析数字稳定代币》，载《中国金融》2018 年第 19 期，第 45—46 页。

的发行及运作。但作为美国官方政府，NYDFS 的认可将为这类锚定美元的稳定代币带来极强的增信效果，进而使其能够获得更大的市场占有量。[1] 更为重要的是，这也意味着 NYDFS 及美国政府实际上开始尝试建立稳定代币的监管规则，以期获得对全球稳定代币平台的掌控。当然，稳定代币是否能够渗透到全球，并最终成为支付货币，还有待进一步讨论。但是美元本身已是全球大多数的数字货币的计价单位，并且也是为数不多的可以与数字货币进行通兑的法币。[2] 不难看出，美国基于自身金融机制、科技与人才等关键领域具有的先发优势，已经开始在数字货币领域进行了先期布局。

目前来看，我国已经建立起了较为完整的产业体系，并且人民币在国际货币体系中的影响力也在逐步提高。例如，为进一步整合人民币跨境清算渠道和提高人民币跨境支付结算效率，中国人民银行已经搭建了人民币跨境支付系统（Cross-border Interbank Payment System，简称 CIPS），并且这一系统也已基本实现了对全球市场的全覆盖。[3] 因此，中国有机会也有能力积极参与和推进未来数字货币的构建。当然，尽管我国已经构建了区块链的初期发展战略，区

[1] Amy Castor, *Gemini and Paxos Both Launch Stablecoins on Ethereum Blockchain*, Bitcoin Magazine（Sept. 10，2018），https://bitcoinmagazine.com/articles/gemini-and-paxos-both-launch-stablecoins-ethereum-blockchain/.

[2] Alexander Galicki, *U.S. Sanctions Venezuela's "Petro" Cryptocurrency Amid Broader Trend of Sanctioned and Rogue Regimes Experimenting with Digital Assets*, CLEARY GOTTLIEB（Apr. 13，2018），https://www.clearyfintechupdate.com/2018/04/u-s-sanctions-venezuelas-petro-cryptocurrency-amid-broader-trend-sanctioned-rogue-regimes-experimenting-digital-assets/.

[3] CIPS（一期）于 2015 年 10 月 8 日顺利投产，CIPS（二期）则于 2018 年 5 月 2 日正式上线。作为人民币国际化过程中的里程碑事件，CIPS 不仅降低了我国对于 SWIFT 系统的依赖，并且也提高了中国金融系统的国际化和安全性。参见谢众：《CIPS 建设取得新进展》，载《中国金融》2018 年第 11 期，第 41—42 页。

块链技术的正向价值也在逐步显现，但是我国仍缺乏具体区块链发展的底层战略，产业发展的政策体系和行业监管也有待完善。具体来看，我国区块链技术的发展主要存在以下几方面的问题：（1）区块链技术缺乏与现有金融基础设施的接口，无法同非区块链世界的数据进行有效通信和交互，并且也与相关技术之间的交叉、融合不够充分，未能通过协同计算对外输出强大的计算能力。因此，区块链技术的全网计算力尚未形成系统性价值，仍停留在内部的竞争式计算以维持自身的运营的阶段，"信息孤岛"所导致的"价值孤岛"现象仍较为严重。[1]（2）区块链技术本身仍处于发展初期，突破应用场景和实现产品落地仍旧存在一定难度，并且以比特币为代表的数字加密货币前期消耗了过多的社会资源，其他区块链相关的基础设施未得到有效重视，从而阻碍了区块链技术在应用层面的落地和完整生态系统的形成。（3）区块链技术尚未在大规模交易环境下进行试验，其抗压能力和可监管性仍存疑，并且区块链技术的核心基础仍掌握在欧美发达国家手中，我国尚未在基础技术层面形成系统性的理论和应用。

为此，中国应抓住技术发展的机遇及把握经济趋势的规律，做好充分的理念先导和技术支持的准备，在深入了解区块链技术的主要特性和外部约束条件的基础上，建立起符合国家治理能力现代化要求的数字货币框架和产业布局。我们要加强区块链相关基础理论的研究，加大对区块链技术基础设施的投入，解决好其发展的资本和技术门槛的问题，并为产业区块链项目服务实体经济提供有力保

[1] David Lee Kuo Chuen, *Handbook of Digital Currency: Bitcoin, Innovation, Financial Instruments, and Big Data*, Journal of Wealth Management, Vol. 18: 2, pp. 96—97 (2015).

障，从而为E-SDR的构建提供充分的技术能力和产业实力。同时，我们也必须加强对区块链产业的监管，加快区块链的关键技术标准的制定和完善区块链的行业标准，防范区块链存在潜在风险和技术创新所导致金融乱象，避免投机人员利用区块链的概念进行金融诈骗等活动，进而促进区块链产业规范健康发展，维护好国家金融的稳定与安全。此外，由于众多发展中国家缺乏构建自主国际货币网络的能力，并且传统主导全球经济治理的西方发达国家不愿提供更多公共产品，这可能导致各国在E-SDR中的参与积极性不高。因此，中国还需要推动数字化标准的统一和合作机制的整合，积极推动区块链底层技术的开源与共享，并在区块链技术发展和E-SDR构建上形成新的开放性语言，为发展中国家的在数字货币领域争取发展的时间和空间，也为中国保持在数字资产领域领先优势及获取参与性主导权贡献力量。

当前，全球化的加速推动以大国格局为基础的国际体系向以发达经济和发展中经济依存、互动为基础的全球体系转变。[1]全球经济治理的中心也由此从主权国家体系转换成一个新的拥有共同的脆弱性以及共同责任性的全球社会。[2]在这一转变过程中，全球经济治理主要面临来自制度性与结构性两个方面失衡的挑战。制度性失衡是指由于全球经济治理制度及其执行后所形成经济秩序是一种少数人特意计划追求后的结果，因此这一制度必然带有某种明确意图的倾向。在人为的干预和操控下，这些制度设计就不可避免地

[1] 孙伊然：《从国际体系到世界体系的全球经济治理特征》，载《国际关系研究》2013年第1期，第88页。

[2] [加] 约翰·柯顿：《全球治理与世界秩序的百年演变》，载《国际观察》2019年第1期，第69页。

出现失衡的状态。当前全球经济治理中所存在的霸权主导便是制度性失衡的典型代表。结构性失衡则是指在制度性失衡的基础上，由于经济结构不能就市场的变化及时进行调整，从而导致社会生产结构的失衡。全球经济治理中所存在的制度惯性于路径依赖则是这一失衡的体现。而解决这两大失衡的关键就在于实现市场信息的充分流动、共识决策的多方参与以及有限度的精准调控。

作为一种具有框架性的底层技术，区块链技术将在其中发挥出极为重要的作用。区块链能够实现多中心化架构与分布式交易的构建，最大化地实现已有数据信息的流动与共享，进而扩展合作的边界和提高风险管理的效率。同时，区块链能够为自信任生态的构建创造良好的技术条件，并创造一种新型自由开放的系统协作机制。更为重要的是，区块链能够与人工智能形成技术共振，即区块链能够在实现数据共享和保证数据安全的基础上，为人工智能的应用提供更多价值创造的机会。因此，区块链技术的嵌入有助于构建多中心的公共信息平台与无边界的价值流通方式，并通过推动形成新的社会合作语言来释放新的经济价值。而这将有助于解决全球经济治理中的制度性与结构性的失衡问题，进而为全球经济治理的转型和升级提供新的视角与实现路径。

第五章

区块链、全球治理与城市治理

智能技术和区块链技术恰恰是智能革命技术的AB面。目前全球治理体系的困境主要体现在政治体系无力导致全球无政府状态、发达国家在经济体系中的霸权地位、新兴国家的崛起使发达国家产生相对的剥夺感、新兴国家与发达国家的迎头相撞会产生结构性冲突等问题。区块链对于全球治理体系改革的革命性意义主要在于：第一，通过发行全球数字货币来构建联合国的财政资金体系。第二，在各国资产上链的基础上实现联合国体系的高层次民主。同时，自信息化时代以来，科学技术迅猛发展，城市规模高速扩张，城市治理理念在此影响下不断进步。与此同时，随着人工智能的普及，智慧城市的理念向着城市智能化的方向转变，进而催生出“智能城市”的新型城市理念。然而，智能城市局限于对各城市主体的智能化，无法有效协调城市治理过程中各主体的权责，造成了城市治理的困境。此时，在城市治理中引入区块链技术就显得尤为必要。城市治理与区块链技术融合的“智链城市”实现了各城市主体关系的智能化，这一方面明确了城市中人、物的权利与责任，降低了城市治理的成本，另一方面也促进了城市治理效率的提升。同时，由于区块链技术仍在不断发展与完善，其在城市治理中的应用并不是一蹴而就的。因此，正视“智链城市”建设所面临的难点与困境，为新技术的应用提供缓冲期也有一定的必要性。

区块链与智能革命的未来

从本质上讲，区块链是一种分布式账本，是多中心的记账方式。记账就是记录与经济活动相关信息的一种行为。在人类社会活动中，记账是一种关键权力。此前的记账行为大都呈现中心化的特征。例如，作为一种新型的支付工具，支付宝本身就是移动支付业务的中心。参与交易各方的资金流转等活动，都会在支付宝的服务器上被记录下来。与传统中心化的记账功能不同，区块链的这一功能建立在密码学的基础之上。通过双向的加密活动，区块链可以将记账的功能保留在不同的主体上，而且对于交易的各方还可以保证一定的匿名性和安全性。

区块链技术的出现为治理活动提供了重要的技术基础。近三十年来，治理概念成为社会科学的核心概念。治理强调多中心、透明、信任、公正等内涵，而区块链恰恰从技术上非常接近实现这些内涵的条件。第一，区块链具有多中心的特征，改变了此前单一的、中心化的记账方式。这种新的记账方式允许每一个主体参与记账活动，同时每一个主体手中都会有一本独立的账本。需要指出的是，尽管在区块链传播的过程中，很多学者强调区块链的去中心特征，但它实际上不是去中心，而是多中心。区块链依旧存在中心，只不过这样的中心不再是单一中心，而是多中心。强调去中心的学者往往是希望通过夸张的观点来推动区块链观念的传播。第二，区块链具有可溯源的特点。由于每个参与主体都有账本，所有的交易活动都会在多个账本上记录下来，那么所有的交易活动都可以通过账本和账本之间的比对来确认。可溯源的特征可以增加交易活动的透明性。第三，区块链可以增加信任。由于记账活动的可信性和准确性增强，人们的交易行为将更加准确被记录，这将使人们之间的信任进一步增加。并且这种信任并不是简单地基于人与人之间的社会信任，而是一种基于算法的数字信任。有一些文献在讨论区块链特征时，强调区块链的去信任化。实际上，区块链不是去掉信任，而是增加人们之间的信任，只不过这种信任通过数字和算法来保障和传递。

智能革命首要的技术基础是人工智能。人工智能所实现的是物的智能化。简言之，之前我们看到的物往往是静态存在或机械存在。而通过人工智能的技术，静态的物可以运动起来，也可以通过信息传递和处理，实现物与物之间的自动交互。人工智能是互联网和物联网技术的进一步发展。互联网首先实现的是计算机等终端的连接，而移动互联网实现了手机之间的连接。物联网则进一步扩大的连接的主体和范围，可以实现万物之间的互联和自动沟通，从而产生新的生产力。人工智能是物的类生命化或类人化，其本质就是模仿动物或人的行为以及思考等内容。

人工智能在下一步的发展阶段中会面临两个难题。第一是安全的问题。伴随着智能体的大量出现，人类社会所担心的问题是：如果黑客通过攻击人工智能系统进行恐怖主义活动，那么这产生的危害将极其巨大。例如，在未来的智能交通系统上，黑客通过操纵或干扰无人驾驶系统在道路上制造车祸，这样的损失将非常巨大。同样，针对关键基础设施或医疗智能设备的黑客攻击同样令人心悸。区块链的可溯源可以帮助解决这类问题。将来的发展趋势是，通过区块链技术，实现对所有网络活动的全记录。之前的互联网可溯源仍然是中心化的，而未来区块链技术支持的可溯源可以通过多中心的方式，证明互联网活动的真实性。同时，这种双向的记录方式其实是一种公开的监督机制。通过记录所有的网络活动，可以更加准确地确定黑客的身份，进而对黑客的攻击行为进行严厉的法律惩罚和威慑。

第二，隐私保护也是目前人工智能发展面临着的重大难题。由于大量智能体的出现，所以个人隐私很容易流入公共空间，而且一些不法分子会把个人隐私作为某种财产来加以买卖。通过加密技术以及密码学原理，区块链可以实现原始数据的保留以及可控的数据共享。通过加密技术可以给予数据使用者一定的权限。根据不同的业务需要以及不同的场景和内容，使用者会获得不同的访问密钥，而且使用者在使用过程中也会留下时间戳。那么这样的数据使用将更容易进行追溯，基本的数据保护也更容易实现。

未来人工智能的进一步发展会产生更加复杂的多重社会关系，其中包括智能体与人类之间、智能体之间的交互问题。传统人类社会中的社会关系，主要是人和人之间的关系，在一定情况下才会涉及人与动物、人与自然之间的关系。但是伴随着人工智能和物联网等技术的发展，社会关系会产生新的变化。例如，在一个家庭中可能会出现几个甚至几十个智能体，那么，如果这些智能体与人之间的交互仍然需要人来处理的话，那么最终人类将不堪其负。智能体出现的初衷是为了帮助人类解决问题，但是如果智能体产生的新的大量复杂关系，都需要消耗人力来予以解决的话，那智能体将成为人的负担。从这一意义上看，智能合约就变得至关重要。智能合约是智能体之间通过某种算法，按照人类社会的一些原则和准则自动达成的交易。这其中有两个关键：一是智能体之间要自动达成交易，二是智能体需要模仿人类社会的一些共同文化原则。如果智能合约的制定违背人类基本价值观，那这一定是危险的。因此，智能合约的设计一定要符合人类基本价值观和共同的行为准则。从这个意义上讲，智能技术和区块链技术恰恰是智能革命技术的 AB 面。

第一，中国需要对底层技术进行更加深入的研究。目前区块链的核心应用大都由西方推动。比方说，比特币、以太坊的以太币，以及 IBM 的超级账本项目（Hyperledger Project）等。这些项目在区块链中非常重要，然而其底层架构基本上都是由西方的公司或者协会来推动的。国内的区块链公司大多是在西方的底层架构上做一些应用的文章。换言之，这些关键基础设施的核心系统仍然掌握在西方手中。在中美贸易摩擦的背景下，关键技术显得至关重要。如果区块链对未来中国智能经济发展至关重要的话，那么这样的底层技术的国产化替代就至关重要。因此，中国需要在底层技术上作进一步的布局。

第二，中国可以推动一些具体应用的落地。例如，可以鼓励一些地方政府进行国家数字货币的试点工作，同时也可以鼓励企业（特别是大型民营企业，如腾讯和阿里等）做一些数字货币的试点。这样的试点工作在美国已有雏形。例如，纽约州官方建立了专门的工作组，研究如何正确监管、定义和使用加密货币。近期 Facebook 也在筹划新的数字货币 Libra。可以看出，美国在应对区块链的过程中采取的也是试点的思路。在改革开放过程中，试点方式对我国推动改革具有重要意义。许多地方的重要变化都是通过试点来推动的。由于区块链对于未来智能革命至关重要，因此建立区块链的区域试点机制就显得非常重要。

第三，在试点的过程当中，中国可以逐步形成自己的技术标准和社会标准。在未来新的智能革命当中，与西方领先国家展开技术应用竞争的情形将频繁出现。在目前智能革命的进程中，我们已经表现出一定的优势，那么在未来的竞争中，对标准的竞争将会成为一个重要内容。因为标准意味着制度性话语权，也意味着未来的竞争路径和方向。

区块链对全球治理体系变革的革命性意义

我们需要从未来的角度去思考全球治理体系变革，而不能仅仅从目前的角度去思考全球治理体系变革，即作类似于康德的思考。康德在提出“永久和平论”时不能被当时的时代所接受，当时欧洲正处在纷争和战乱之中。但是，康德在超越当时的背景和情形提出“永久和平论”，并奠定了百年之后的国际联盟和联合国实践的基础。因此，康德方案是超时空的方案。我们当前思考全体治理体系变革就需要这种超时空的理念。

全体治理体系存在两个逻辑：显性逻辑和隐性逻辑。从显性逻辑来看，全球治理体系的最早形态是一战后的国际联盟，但这是一种不成熟的形态。二战后的联合国体系是较为成熟的全球治理体系，它主要包括政治体系、经济体系和社会体系。政治体系即联合国核心体系，主要由安理会和联合国大会构成。经济体系即布雷顿森林体系，由 GATT/WTO、国际货币基金组织、世界银行等组成。社会体系即联合国的附属体系，主要由世界卫生组织、联合国教科文组织、国际原子能机构、国际电信联盟等构成。

在联合国运行的早期，政治体系更多表现为美国的霸权掌控，其典型案例为美国主导“联合国军”参加朝鲜战争。在此之后，这一体系在缓慢地多元化，最重要的表现是苏联多次使用否决权来抑制美方独霸。另一代表性事件是 1971 年中国重返联合国。在加利时期，联合国的政治体系变得更加多元。在经济体系中，美国在

WTO、国际货币基金组织、世界银行中都占据优势地位，特别是在国际货币基金组织。即便是在2015年份额调整之后，美国仍然占国际货币基金组织表决权的17.407%，日本占6.464%，中国占6.394%。

在显性的全球治理体系之外，还存在隐性的全球治理体系。在全球宏观层面，这一体系是在1973年赎罪日战争之后出现的。为应对石油危机和通货膨胀，西方发达国家形成了新的俱乐部——七国集团。随着时间推移，七国集团逐渐演变为西方在全球治理领域最重要的机制。同时，在金融、信息科技等诸多领域都存在一个美国隐性霸权下的全球治理体系。在这一过程中，一些商业性组织发挥了至关重要的作用。尽管这些商业性组织声称自己是民间机构，但在某种意义上都为美国的霸权服务。它们或受到美国政府的直接影响，或是自愿地接受美国政府的指导。其中包括环球同业银行金融电讯协会（SWIFT）、纽约清算所银行同业支付系统（CHIPS）、互联网名称与数字地址分配机构（ICANN）、电气和电子工程师协会（IEEE）、国际Wi-Fi联盟（WFA）等。

整体来看，目前全球治理体系的困境主要体现在如下几个方面：

第一，政治体系无力导致全球无政府状态。这是全球治理体系所面临的长期问题，也是一个结构性问题。全球治理体系的核心是联合国，而联合国核心体系的根本弱点在于其缺乏足够的力量。联合国协调机制是一种虚弱的机制，其根本原因是联合国没有税收体系，没有直接的资金来源。一直以来，联合国的资金来源主要是各国向联合国缴纳的会费，这也就造成联合国不得不依赖各个主权国的尴尬局面。因为没有收入来源，所以联合国难以维持自己直接招募或组成的军队，而需要依靠由各主权国组成联合国维和部队。从某种意义上讲，联合国也没有对自己有强烈认同的“人民”。

第二，发达国家在经济体系中的霸权地位使得发展中国家长期感到不公平。在全球治理体系中，长期发挥重要作用的是七国集团框架。这一框架实际上是发达国家的俱乐部，因此发展中国家感到自己长期被排除在外。

第三，新兴国家的崛起使发达国家产生相对的剥夺感。美国经常批评说，中国是 WTO 最大的受益国。但这一批评实际上是一种相对认知，因为中国在加入 WTO 之后的二十年中经济有了很大发展，而美国从这一狭隘的视角出发得出了这一结论。西方发达国家的部分领导人采取了一系列单边主义政策，例如“退群”行为，实际上就是在宣泄这种相对剥夺感。与此同时，新兴国家也在要求新的权力结构，以二十国集团峰会为代表的新型国际经济合作模式正是这一现实问题下的妥协方案。

第四，新兴国家与发达国家的迎头相撞会产生结构性冲突。目前这种结构性冲突已经在中美贸易争端等领域表现出来。短期来看，全球层面可能会出现发达国家“去全球治理”的趋势。西方某些发达国家会更多采取退出国际或地区机制等行为。

智能技术包括人工智能和生物智能（脑科学、神经科学、基因技术等）技术。智能技术的目标是超级智能，其本质是集聚技术。可以预期的是，在智能技术的基础上，人类的生产力会得到极大的提高。在某种意义上，如果人类将智能技术充分利用，可以解决人类长期面临的资源稀缺、劳动力短缺等问题，可以给人类社会带来更多的产品，让丰裕社会在全球层面变成现实。

区块链技术由分布式账本、点对点传输、共识机制和密码学四大技术构成。从技术应用程度上看：区块链 1.0 是数字货币，区块链 2.0 是智能合约，区块链 3.0 是智能社会。换言之，区块链技术越往前推进，就越与智能技术融合在一起，共同服务于智能社会建设。区块链技术的本质是分布，将有望克服中心化的问题。区块链技术有助于合理解决人工智能发展后加剧的隐私、安全和公平问题。区块链技术有三种形态：一是公有链，其核心是去中心化，代表是比特币；二是私有链，其核心是中心化，代表是支付宝或 Q 币；三是联盟链，其核心是多中心化。应用场景和具有实际推广价值的是联盟链。公有链的去中心化更多的是一种被标榜的理念。即便是在比特币运营当中，实际上也存在一个相对中心化的运营团队，因为比特币的发展会遇到很多问题，例如近年来就涉及扩容问题等。因此，去中心化只是比特币所希望产生的一个标识性概念而已。在实际操作过程中，更具可行性的是强调多中心化的联盟链。

整体来看，区块链对于全球治理体系改革的革命性意义主要在于：

第一，通过发行全球数字货币来构建联合国的财政资金体系。目前，想要在联合国层面建立一个类似于主权国家的完整税收体系非常困难，或几乎不可行。也有学者建议，通过征收航空税来为联合国改革提供资金支持等，但这些对于联合国的运营来说都只是杯水车薪，因此，将来的重要突破口是货币，即在各国主权协调的基础上发行全球数字货币。实际上从其产生开始，比特币就希望充当这样的角色，但比特币自身存在极大的局限性。比特币完全超脱于国家主权来产生，这本身就不能为主权国家所接受。并且，比特币被大量用于黑市交易、洗钱、人口买卖、贩毒等犯罪性活动。各国对比特币都逐渐采取了收紧的政策。随着各国逐渐发行数字货币，比特币的空间将会越来越小。

鉴于此，可以在各国协调的基础上发行全球数字货币。这其中有两种思路：第一是“旧炉改造”，即对国际货币基金组织的特别提款权进行改造，将其变成可以作为交易媒介的数字货币，各国在这一货币中的权益可以沿用之前的特别提款权中的各份额。第二种思路是“另起炉灶”，即在区块链技术的基础上发行全新的世界币。同样在各国协调的基础上，但是份额要重新商定，这其中可以基于人口，也可以基于经济总量，也会涉及其他规则的协调。总之，在各国协调的基础上，形成这样的全球数字货币。在全球数字货币形成之后，各国可以通过货币来追踪各种行为，特别是犯罪行为，如电信诈骗、洗钱等，因此犯罪性活动将会大大减少，同时比特币的空间也会逐渐消失。联合国可以建立某一新型的货币组织或在国际货币基金组织上改造，通过对世界币在全世界范围的流通和使用征收铸币税。由于美元在国际货币储备、结算和支付中的主导地位，美国目前平均每年可以获得约 250 亿美元的铸币税。而目前联合国每年的财政支出为 25 亿美元左右。因此，这一铸币税可以大大提高联合国的经济能力。

第二，在各国资产上链的基础上实现联合国体系的高层次民主。在全球数字货币的基础上，各国的重要资产都要实现“上链”。这样能有效解决联合国会费拖欠的问题，因为将来是在智能合约的基础上完成，一旦条件达成自动执行，那么拖欠会费的问题就会完全解决。另外，一些主权国家违规地进行一些活动，例如侵略他国或者进行违法性行为，在经过联合国大会和安理会讨论及公开程序决策之后，都可以自动地执行惩罚机制。

“上链”对于全球治理改革的关键性意义在于，其可以大大增强联合国机制的有效性和执行力。在全球数字货币的基础上，让各国的部分资产以智能合约的形式锁定在区块链上，而一旦触发智能合约，那么相关约定就会自动生效。联合国在资金充沛后就能进行更强有力的协调以及资源分配，同时，更加硬核的全球治理智能合约对冲突解决非常有效，有助于在全球治理中形成公平性方案。国际机制的根本是规则，而区块链的相关技术能保障规则的执行，可以大大地节省交易成本。区块链技术中的分布式账本可以实现各国多主体共同监督的特点，能有效提高各国对某一问题关注的透明度和相互信任度。在区块链技术硬支撑的基础上，联合国的资源可得到保证，就能实现更高层次的民主。联合国民主可以将代表理论在国内的实践运用到联合国的实践中，例如形成联合国议会，这一点可以参照欧洲议会发展进程来推进。在区块链技术的加持之下，这在操作上完全可行。

全球数字货币竞争与中国大战略

未来全球秩序的一个重要特征是中美之间较为长期的战略冲突。这一冲突会在贸易、金融、科技、文化四个领域上展开。要看到中美战略竞争的长期性。美国不会容忍一个经济体量与它几乎对等的对手存在，因此美国必定会在这四个领域采取各种方法对中国进行围追堵截，这都是在未来必须要面对的。贸易冲突已经演变成最直接的表面矛盾。金融的竞争还没有完全展开，而未来针对数字货币的竞争会成为金融领域的重点。中国看到了这一点，因此在国家数字货币上的发行等方面非常谨慎，正在等待时机。在科技领域，美国必定会针对中国的一系列关键核心技术领域进行限制和围堵，那么中国就需要通过自身的科技努力去冲破这些障碍。文化竞争更多体现在意识形态领域，2019年的香港问题在某种程度上也反映了这种文化竞争。从另一角度来讲，在中美长期战略冲突之后，一般会走向缓和，而关键节点的谈判以及新技术条件下所达成的新共识，都将更加有利于建立新的全球治理体系。而在那时，区块链和人工智能技术会更加成熟，因此很有可能形成更加有效的全球治理体系。

下面重点讨论下未来全球数字货币竞争的问题。在未来，中国推动的数字货币项目（Digital Currency Electronic Payment，以下简称DCEP）和美国推动的Libra将形成激烈竞争。中国对DCEP的推动源自在2014年成立的央行法定数字货币专门研究小组。该小组在2016年改名为数字货币研究所，而在2018年服务于DCEP布局的深圳金融科技有限公司成立。在2019年8月18日《中共中央、国务院关于支持深圳建设中国特色社会主义先行示范区的意见》中，专门提及“支持在深圳开展数字货币研究与移动支付等创新应用”。中国之所以在推动DCEP上如此有信心，是因为微信和支付宝在中国已经有了长足的实践和相关的成果。例如，支付宝在2018年时已有200多个国家和地区使用，支持至少20种以上货币的直接交易，在全球38个主要国家和地区进行跨境支付，等等。支付宝在2004年上线，而美国的移动支付工具ApplePay在2014年才上线，韩国的SamsungPay在2015年才上线。

DCEP发行的目的是为了保护我国的货币主权和法律地位，同时也希望可以进一步推动人民币的国际化。DCEP采用了部分区块链技术，但没有采用点对点技术。DCEP与支付宝和微信有很大区别。支付宝和微信属于企业行为，而DCEP则是国家行为。同时，DCEP还可以双离线支付。DCEP的发行可以大大加强金融领域的监管，一系列的犯罪行为如洗钱、赌博、电信诈骗、腐败、扶贫款挪用、领社保买豪车等行为都将得到有效的限制，因为在 DCEP 的基础上能对每一笔钱的来源及去向进行有效监督。

Libra 是 Facebook 将要发行的新型数字货币，由美国多家大企业共同管理。但是在 Libra 信用背书的一揽子储备货币中不包含人民币，且 50% 以上是美元，因此 Libra 得到了美国政府的全力支持。未来将不可避免地出现 DCEP 和 Libra 的竞争。未来 DCEP 的前景主要取决于如下因素：其一，中国发行 DCEP 的态度是否坚决；其二，我国的经济总量是否可以对 DCEP 形成强支撑；其三，信息技术基础是重要保障；其四，各种资产都需要上链，这样才能使区块链不仅是停留在概念上。

未来，在区块链技术的辅助之下，中国的全球治理改革方案可以有两种路向：

第一，实力之路。在中美关系出现结构性缓和之前，“一带一路”对中国的发展具有战略意义。“一带一路”是一种开放性倡议，而 DCEP 在其中可以发挥重要作用。在实践中，支付宝和微信已经在发挥类似于商业银行的功能。在数字丝绸之路的建设过程中，是否可以构建“带路币”（Belt Road Currency，BRC）机制？当然，这样的新型数字货币也要在各国协调的基础上，并以中国 DCEP 的实践为基础。总之，在区块链和人工智能等技术的基础上，可以逐步将“一带一路”进一步机制化。

第二，道义之路。在中美真正走向长期缓和并进行对话后，全球机制会重启。这时，人工智能和区块链将在其中发挥重要的作用，并可以真正推动联合国核心体系的改革。人工智能和区块链技术之中的机制化思维可以充分运用在全球治理体系改革的创新当中，而联合国核心体系改革会是未来的重点。从当下视角来看，目前中国仍然强调以国家为中心的全球治理理念。目前中国的重心首先是国家治理，其次才是全球治理。我们要处理的主要矛盾仍然是以自己为中心的，例如国内的安全和稳定问题、台湾问题等。这一点在较长时间内都是主导性的，而且不应该受到挑战和质疑。但是随着中国综合实力的不断上升和海外利益的重要性凸显，特别在未来的二三十年，中国就需要更加强调联合国的作用。

日益强大的中国在参与国际事务的时候不会以美国的方式去充当世界警察。中国的文化习俗和外交习惯使得中国并不认同世界警察这种行径。美国之所以采取世界警察的方式背后有着深刻的宗教因素。美国带着一种基督徒的使命精神去参与国际互动，其用世界警察的方式去践行“光明战胜黑暗”的基督徒思维，因此美国的霸权内核是世界统一归宗于基督的宗教思维。这种霸权逻辑实际上是一种基督徒的改造思维，即让所有非基督徒归宗于基督教。

然而，中国人的世界情怀是社群世界主义的思维，这是一种由内向外、层层传递的观念。换言之，中国人对世界的需要源自内部。中国人的世界理想是由内向外的，所以中国的世界主义实际上是希望将中国的治理实践向外推广，但是不会选择硬性推广的形式，而是建立在其他国家自愿的前提下。在中国看来，将自己的意志强加于世界的方式是一种无意义的霸权逻辑。邓小平早在 1974 年联合国大会上就表明了中国对霸权逻辑的反感与反对。因此，随着中国海外利益的增加，中国势必要主张加强联合国的作用。不过，加强联合国的作用并不意味着赋予联合国类似主权国家的地位，而是推动联合国的实权化。

中国在实现这一目标过程中可以作出诸多贡献。首先，基于区块链技术进一步改进和完善相关制度。其次，中国可以率先实现法定数字货币的发行，并通过数字货币在中国的实践，最终将中国的技术基础以及实践经验推向世界。这个过程可以在联合国层面以及各国的国家层面同时推进，如此就会在全球层面出现以区块链为中心的系统性制度变革。

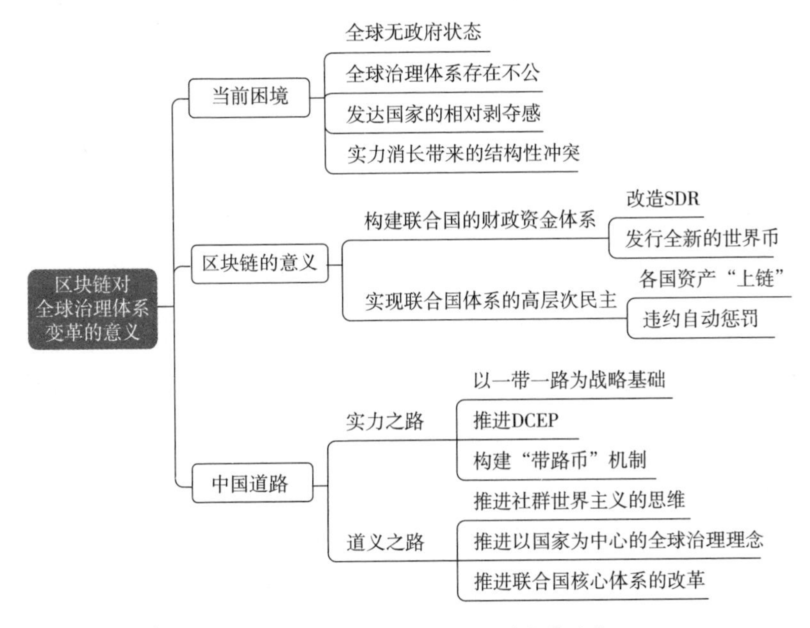

图 5-1　区块链对于全球治理体系变革的意义

智能城市理念下的现实困境

随着全球化的深入发展，城市愈发处于全球竞争网络的枢纽位置。作为联络国家宏观治理和社会微观治理的关键环节，城市可以被看作为参与全球区域竞争的重要单位。其中，城市的治理状况直接影响着一个地区乃至国家的发展。然而，作为特定区域的空间治理概念，城市治理并未形成固定模式。从其动态发展过程来看，城市治理理念的演进受到经济发展、文化环境、技术变革的直接影响。其中，技术变革更是城市治理现代化的重要推动力量。进入二十一世纪以来，互联网、人工智能、大数据、区块链等技术的蓬勃发展，在推动城市跨越式发展的同时，也促进了城市治理理念的革新。

本章首先从近年来人工智能技术的蓬勃发展出发，论证了这一技术应用于城市治理中的实际前景。笔者认为，以人工智能和大数据技术为基础的“智能城市”，是自“智慧城市”概念提出以来，城市治理智能化的又一次重大飞跃。其次，本章进一步探讨了“智能城市”理念中存在的成本过高、权责界定模糊和隐私保护薄弱等问题。这些问题的解决，亟须治理技术的再度完善和优化。接下来，本章通过对区块链技术的介绍，论证了将区块链技术引入城市治理中的可能性，并在此基础上提出了“智链城市”这一全新概念。将区块链技术模式应用于城市政务、社区、交通、安防、医疗、金融、教育、生态等方面，各城市主体的关系将更加智能化，且城市治理的效率也将大幅提升。最后，针对“智链城市”建设中的困境和难点，本章提出了循序渐进建设的原则，进而为“智链城市”理念的落地留出技术缓冲期。

有关治理的概念众说纷纭，其中，认同较为广泛的是1995年全球治理委员会（Commission on Global Governance）在研究报告《我们的全球伙伴关系》中的定义：治理是个人和制度、公共和私营部门管理其共同事务的各种方法的综合，并且是一个持续的过程。通过治理，冲突或多元利益能够相互协调适应，并能采取合作行动。总的来说，治理除了包括正式的制度安排，还包括非正式的制度安排。[1]英国思克莱德大学政治学教授格里·斯托克（Gerry Stoker）认为，治理的观点为公共行政管理提供了一套组织框架，不仅明确了发展的关键趋势，并为政府解决实际问题提供了指南。[2]城市治理（Urban Governance）的理念便是伴随着现实问题的显现而逐步萌生与发展的。

20世纪80年代以来，在全球经济高速发展的同时，贫富差距、权利不平等、城市病等社会问题也逐步显现，这也推动了城市新型社群的兴起。环保运动组织、反种族歧视组织、性别平等组织等新社会运动社群，不断争取新的政治权利，对城市生活产生了重要的影响，这也促使城市的治理问题日趋重要。在此影响下，城市治理成为各国城市研究的中心主题。[3]不列颠哥伦比亚大学教授约翰·弗里德曼（John Friedmann）对城市治理的概念作出了自己的界定，他认为，"城市治理是指制定和实施城市及城市区域约束决定的社会过程"。此外，他还指出了衡量城市治理的六项标准，即城市资源是否丰饶、生态是否可持续、环境是否适合居住、空间是否安全，以及是否具有包容的氛围和关爱的精神。[4]

在信息与通讯技术的推动下，城市学家对于智能和信息城市的

[1] 陈崇山：《治理理论给受众参与的启示》，载《马克思主义与现实》2003年第4期，第105页。

[2] Gerry Stoker, *Governance as Theory: Five Propositions*, International Social Science Journal, Vol. 50: 155, pp. 19—26 (2002).

[3] 1995年，全球城市研究机构（The Global Urban Research Initiative, GURI）在墨西哥的GURI网络会议上通过投票将城市治理（Urban Governance）列为各国城市研究的中心主题。参见顾朝林：《发展中国家城市管治研究及其对我国的启发》，载《城市规划》2001年第9期，第14页。

[4] John Friedmann, *The Good City: In Defense of Utopian Thinking*, International Journal of Urban and Regional Research, Vol. 24: 2, p. 470 (2000).

探讨不断深入。其中，美国城市规划学者曼纽尔·卡斯特在《网络社会的崛起》一书中探讨了信息化城市的特征，即对流动空间的结构性支配。这一观点对城市治理领域中的城市体系规划产生了深远影响，进而也促成了智慧城市（Smart City）这一概念的萌发。[1]都灵理工大学教授保罗·内罗蒂（Paolo Neirotti）带领的研究团队，通过实证研究表明，自然资源和能源、交通、建筑、生活、经济、人口是影响智慧城市治理最为关键的六个变量。[2]意大利那不勒斯费德里克二世大学教授罗科·帕帕（Rocco Papa）将智慧城市的核心构成归纳为技术中心、以人为本及两者融合三个导向。其中，技术中心论和以人为本分别强调了信息技术和相关硬件设备、人和社会资本在智慧城市建设中的双核心作用。[3]

英国皇家科学院院士迈克尔·巴蒂（Michael Batty）认为，智慧城市的与众不同，体现在信息通信技术和传统基础设施的相互融合。智慧城市是使用新的数字技术进行协调、集成的城市。智慧城市的概念颠覆了传统的城市规划和城市管理，这主要体现在两个方面。一是在互联网和大数据的基础上，城市规划将从原先长达数年、数十年的跨度缩短到几天、几小时甚至实时规划与调度；二是城市的静态规划将转变为动态规划，大量有效数据的应用将帮助城市管理者提高规划精度，从而保证城市体系的动态平衡。[4]目前，

[1] [英]曼纽尔·卡斯特：《网络社会的崛起》，夏铸九、王志弘等译，社会科学文献出版社2001年版，第491—524页。

[2] Paolo Neirotti, Alberto Marco, Anna Cagliano, et al. *Current Trends in Smart City Initiatives: Some Stylised Facts*, Cities, Vol. 38, pp. 25—28 (2014).

[3] Rocco Papa, Carmela Gargiulo & Adriana Galderisi, *Towards an Urban Planners' Perspective on Smart City*, Journal of Land Use, Vol. 6: 1, pp. 7—11 (2013).

[4] Michael Batty, Kay Axhausen, Fosca Giannotti, et al. *Smart Cities of the Future*, The European Physical Journal Special Topics, Vol. 214: 1, pp. 481—483 (2012).

智慧城市建设的确以信息系统为基础，而其具体技术已经超越了传统的移动互联网，更是融合了物联网的概念。[1]

由此可见，智慧城市理念的形成，与通信技术的革命和新技术的应用密切相关。近年来，以人工智能和大数据技术为基础，智慧城市的理念又逐渐向着智能化的方向发展。区别于以信息系统为基础的智慧城市，智能城市（Intelligent City）更倾向于打造城市内部各主体单元的互联互通。相比于智慧城市，智能城市在“城市大脑”的概念中更进一步，这一进步正是基于人工智能的基础设施建设。[2]

以智能交通为例，人工智能技术对城市交通治理的改善主要体现在两个方面。一是城市交通体系的高效化。日本名城大学教授中山昭弘（Akihiro Nakayama）带领的研究团队在实验中发现，由于司机之间无法实现信息同步，在不同车辆之间微小的速度差别下，即使均匀的大量车流也会在无形中造成道路道堵，即“幽灵堵车（Phantom Traffic Jams）”现象。[3] 同时，交通事故的出现也会

[1] 物联网是指通过各种信息传感设备，实时采集任何需要监控、连接、互动的物体或过程等各种需要的信息，与互联网结合形成的一个巨大网络。其目的是实现物与物、物与人，以及所有的物品与网络的连接，以方便识别、管理和控制。物联网的架构由三个主要部分组成，包括装置与感知层（Device and Sensor Domain）、网络层（Network Domain）以及应用层（Application Domain）。物联网技术为智慧城市的实现提供了技术支撑。参见 Jayavardhana Gubbi, Rajkumar Buyya, et al. *Internet of Things (IoT): A Vision, Architectural Elements, and Future Directions*, Future Generation Computer Systems, Vol. 29: 7, pp. 1645—1660（2013）。

[2] Andrea Caragliu, Chiara Del Bo & Peter Nijkamp, *Smart Cities in Europe*, Urban Insight, Vol. 18: 2, pp. 47—49（2011）.

[3] Akihiro Nakayama, Minoru Fukui, Macoto Kikuchi, et al. *Metastability in the Formation of an Experimental Traffic Jam*, New Journal of Physics, Vol. 11: 8, pp. 3—13（2009）.

进一步加剧拥堵状况。借助人工智能技术中的神经网络及机器学习，传感器能够即时了解道路上各交通工具的运行状况。若发生意外事故，智能交通系统会通过同步广播向司机发布预警提示，并根据路况作出实时疏导方案。例如，北京、上海、青岛等国内城市目前正在实验运行的智能交通系统（ITS）就是上述智能交通体系的雏形。[1]

二是城市交通治理的智能化。以大数据技术为基础，智慧城市中的智能交通管理系统主要包括交通信息系统（ATIS）、交通管理系统（ATMS）、公共交通系统（APTS）、车辆控制系统（AVCS）等。它们都能够实现对城市交通体系中某一个领域的资源调控。随着这些独立系统的成熟与普及，它们之间信息的互通也将成为必然。[2] 例如，阿姆斯特丹和巴塞罗那通过在停车场安装传感器，为市民提供实时停车信息，从而引导居民合理出行。[3] 在这种情况下，城市的交通管理部门将面对大量的数据处理需求，并且需要快速、准确地输出处理结果，这就需要数据挖掘和深度学习技术的辅助。上述人工智能技术的应用，将实现海量的信息数据去伪存真，并给城市管理者提供行之有效的治理建议。甚至当处理的数据量足够庞大时，智能管理系统能够自行判断人工决策的有效性和可行性，进而给出更为完善的交通治理措施。

此外，智能城市还包括智能政务、智能医疗、智能安全和智能

[1] 夏劲、郭红卫：《国内外城市智能交通系统的发展概况与趋势及其启示》，载《科技进步与对策》2003 年第 1 期，第 179 页。

[2] 温慧敏、全宇翔、孙建平：《大数据时代城市智能交通系统发展方向》，载《城市交通》2017 年第 5 期，第 20—25 页。

[3] 刘伦、刘合林、王谦等：《大数据时代的智慧城市规划：国际经验》，载《国际城市规划》2014 年第 6 期，第 40—41 页。

教育等部分。智能政务系统通过对民众反馈数据的智能分析，实现民主意愿的聚合，从而进行复杂决策；智能医疗系统通过利用智能医疗辅助设备，将缓解城市医疗资源紧张的问题；智能安全系统通过城市中的数据采集，能够运用视觉分析、人脸识别、生物特征分析等技术进行安全动态预测和预警；智能教育系统以终身教育和创新教育为核心，通过机器代替标准化和程式化的教育内容，鼓励受教育者探索新的知识领域。

在这些智能应用的组合与联动之中，智能城市体现出面向未来、面向人本和面向可持续的三个时代特征。据此，笔者将智能城市的特点概括为三个方面。一是以人工智能技术为核心要素，将人们从繁琐的重复性劳动中解放出来，并辅助人工进行城市治理决策；二是城市整体为统一的智能行动系统，即城市能通过算法的调整进行自学习，进而可以在繁杂的城市信息流中作出最好的治理对策；三是构建节点化的城市单元，这些城市单元由各城市终端联网而成。终端中的人工智能芯片使用城市终端信息进行个性化的学习，最终使得每一个城市单元都能成为决策和行动的主体。[1]

总而言之，智能城市理念的形成，既脱胎于城市治理解决现实问题的需要，亦离不开人工智能所带来的技术革命。与智慧城市相比，智能城市是一个更加新颖并更具行动力的概念。智能城市的发展首先建立在人工智能技术的基础之上，但同时其发展又不仅局限于这些技术。技术的发展往往是线性逻辑，其目标是解决相应的问题。然而，问题可能会出现外溢，并会伴生一些副产品。因此，城

[1] 高奇琦、刘洋：《人工智能时代的城市治理》，载《上海行政学院学报》2019年第2期，第34—38页。

市治理理念的发展必然不是一成不变的，且需要建立在一些有益的治理价值基础上。

从本质上来说，智能城市相当于给智慧城市中的各主体赋能，通过个体的自我学习，促使各城市单元从个体联结为整体，从量变转化为质变。然而，由于智能城市的构成要素包含智能政务、智能安全、智能交通、智能医疗、智能教育等诸多方面，在实现上述转变的过程中，“短板效应”会使得智能城市的整体发展受到制约，而这些“短板”也是智能城市理念所遇到的现实困境。武汉大学教授辜胜阻等学者曾撰文指出，当前我国城市建设中主要面临着“重项目，轻规划”“重建设、轻应用”“重模仿、轻研发”等问题，而变革治理和智慧整合是解决上述问题的关键。[1]笔者认为，上述问题的解决主要依靠政府治理理念的革新，而从技术发展的角度来看，智能城市建设中还存在着三个方面的问题亟待解决。

首先，成本问题。作为以人工智能技术为依托的智能城市，其最可能面临的“短板”便是技术实现的成本问题。目前，部分人工智能技术确实能够智能化地解决问题，但是技术和产业化之间依然存在鸿沟。由于智能城市是围绕着居民的日常生活展开的，因此，人工智能不应只是实验室中的技术，而是需要产业化的实际应用。例如，未来的智能城市需要在基础设施层面布局大量的智能设备。这些智能设备硬件布局和运营的成本，以及这些智能设备产生的采集、分析以及处理数据的成本都是非常高昂的。目前，存储成本下

[1]“重项目，轻规划”“重建设、轻应用”“重模仿、轻研发”分别对应智慧城市建设中，不同城市盲目攀比、缺乏市场导向和技术自主研发能力不足三方面问题。参见辜胜阻、杨建武、刘江日：《当前我国智慧城市建设中的问题与对策》，载《中国软科学》2013年第1期，第8—12页。

降的速度远远小于数据增长的速度。武汉大学李德仁教授的团队曾做过测算，仅以天津市安防系统为例，4.6EB 的存储能力将耗费超 500 亿元的成本。[1] 因此，未来城市建设中面临的重要问题，就是如何将人工智能的技术运用到这些场景中去，并保证这些技术的实现成本也是政府所能够负担的。

其次，权责界定问题。在城市治理从管理转向服务的过程中，最为显著的转变便是城市治理运行模式的市场化。其中，通过 PPP（Public-Private Partnership）模式赋予部分治理职能智能化的路径，正被越来越多的地方政府所接纳。PPP 即政府和社会资本的合作，它是公共基础设施建设中常见的项目运作模式。该模式鼓励私营企业、民营资本参与公共基础设施的建设。[2] 通过“政府主导、市场运作、社会参与”的模式，城市治理监管的方式更加多元，政策释放的社会效能也更加充分，并提高了城市居民的治理参与意识。然而，PPP 模式作为政府和社会资本的一种合作关系，在项目合作期间内，必然会涉及两者权力边界、责任范围和义务担当的配置问题。此时，由于智能城市信息牵涉到多个主体，在信息采集、传输和处理中，风险与收益、权利与义务的分配一旦失衡，可能导致多个主体之间的矛盾，并最终使得项目合作失败。

同时，智能城市并不能完全杜绝传统城市治理中，各城市治理主体自说自话、自建自用的现象，而各主体之间的权责不清也将导

[1] 李德仁、姚远、邵振峰：《智慧城市中的大数据》，载《武汉大学学报（信息科学版）》2014 年第 6 期，第 633—634 页。

[2] PPP（Public-Private Partnership）模式具有三个重要特征：伙伴关系、利益共享、风险分担，其中的关键在于权责的明确。参见刘薇：《PPP 模式理论阐释及其现实例证》，载《改革》2015 年第 1 期，第 78—89 页。

致互相推诿的问题。以智能政务为例，我国政务类手机应用共有近2400个，其中地级和县级占比合计超80%。[1]这些繁多的政务应用，使得原本便民的电子政务系统，变成了冗余的“手机垃圾”，不仅耗费了大量的人力、物力、财力，更在无形之中提高了使用难度，造成了“政务信息孤岛”。因此，城市治理系统内部的协调统筹，绝不是一味地响应政策号召，更要做好顶层设计，达到优化资源配置、打破信息壁垒的目的。

最后，隐私问题。这一问题主要指向智能城市中人工智能相关终端设备的应用问题。人工智能的发展将对个人隐私形成重大挑战。[2]智能的实现是建立在传感器、摄像头等设备的大范围铺设和布置的基础上的，而这些设备中的数据会包含众多隐私。并且，这种隐私泄露的风险不仅出现在公共场所之中，同样还会出现在家庭之中。家庭一直被认为是个人隐私保护最重要的场所，但是伴随着智能设备在家庭中的普及，家庭作为私人空间的属性也在降低。[3]例如，在不远的将来，智能音箱、智能冰箱、智能家居以及扫地机器人等会大量进入每个人的日常生活中。这些设备工作的主要原理就是不断地采集个人数据，并对有效数据进行分析，然后才能为人类提供智能化的服务。一旦黑客进入了数据服务中心的后台，那么这些家庭隐私数据无疑会暴露在黑客面前。

[1] 费军、贾慧真：《智慧政府视角下政务APP提供公共服务平台路径选择》，载《电子政务》2015年第9期，第34—35页。

[2] “人、机、物”三元世界在网络空间中交互融合，它们在产生巨大机遇的同时，其复杂性和动态性也使得大数据时代的隐私保护难上加难。参见王元卓、靳小龙、程学旗：《网络大数据：现状与展望》，载《计算机学报》2013年第6期，第11页。

[3] Giovanni Iachello & Jason Hong, *End-user Privacy In Human-computer Interaction*, Foundations and Trends in Human-computer Interaction, Vol. 1: 1, pp. 16—17 (2007).

这一问题不仅是针对个人的，而且是针对整个城市治理的。由于城市治理涉及众多关键性设备，例如桥梁、地铁、道路、安防等，这些设备与人民的生命安全有着紧密的关联。如果这些重大设施的数据被黑客窃取或者篡改，其产生的安全危害将难以衡量。此外，智能城市中的数据一旦被上传、存储、应用，将其从网络中彻底地清理也绝非易事。网络空间的虚拟化与复杂化，导致了传播更加广泛与迅速，这在无形之中增大了安全漏洞留存的风险，无疑也对城市基础服务功能的正常运转构成了巨大威胁。[1] 上述隐私问题的存在，除了直接的隐患，也将间接地动摇公众对于智能城市建设的信心，乃至使得公众对合理的数据收集行为产生质疑，阻碍信息的传播与利用。

总的来看，智能城市的理念会随着人工智能技术的发展逐步落实。然而，其在三个方面面临的关键挑战，即实现成本、权责界定和隐私保护问题，并不能通过现有技术有效解决。解决上述问题的关键便是在治理过程中，平衡城市中各方利益关系，尤其是技术与发展、技术与个人、技术掌控者和城市治理者的关系。借鉴城市治理理念的发展历程，新问题的出现亟待新型治理理念的形成。因此，通过引入新的技术，平衡城市各主体利益，进而突破治理“短板”，是解决智能城市问题的必然要求。

智链城市：城市治理与区块链的结合

随着比特币、莱特币等数字货币的日益普及，人们逐渐意识

[1] Trevor Braun, Benjamin Fung, Farkhund Iqbal, et al. *Security and Privacy Challenges in Smart Cities*, Sustainable Cities and Society, Vol. 39, pp. 17—18 (2018).

到，区块链技术（Blockchain Technology）能够提供一种去中心化的信任建立机制。[1] 以比特币的应用为例，其底层就采用了区块链的技术框架。比特币本身就是一串链接的数据区块，每个数据区块均记录了一组采用哈希算法组成的树状交易信息，这就保证了每个区块内的交易数据无法篡改。同理，区块链内链接的各区块也是不可篡改的。[2]

如果说智能城市中对于人工智能技术的应用，实现了城市中“物”的智能化，那么，区块链技术则可以帮助各城市主体之间实现“关系”的智能化。一方面，当城市内的物体达到智能化后，由于物与物、物与人的关系愈加密切，其数据传输、信息交换也更加频繁。然而，这一过程一旦失控或为不法分子所利用，将产生难以预估的负面影响。这就需要城市加强对“关系”的治理。另一方

[1] 数字货币可用于真实的商品和服务交易，简称为DIGICCY，是英文“Digital Currency”的缩写，是电子货币形式的替代货币。数字金币和密码货币都属于数字货币。由于数字货币能被用于真实的商品和服务交易，且不局限在网络游戏中，因此，数字货币不同于虚拟世界中的虚拟货币。早期的数码货币（数字黄金货币）是一种以黄金重量命名的电子货币形式。现在的数码货币，比如比特币、莱特币等是依靠校验和密码技术来创建、发行和流通的电子货币。其特点是运用P2P对等网络技术来发行、管理和流通货币，理论上避免了官僚机构的审批，让每个人都有权发行货币。参见Chowdhury Abdur & Barry Mendelson, *Digital Currency and Financial System: The Case of Bitcoin*, Investments and Wealth Monitor, Vol. 6: 3, pp. 42—43（2014）。

[2] 哈希（Hash）是一种加密算法，其规则为哈希函数（Hash Function），也称为散列函数或杂凑函数。哈希函数是一个公开函数，可以将任意长度的消息M映射成为一个长度较短且长度固定的值H（M），H（M）为哈希值、散列值（Hash Value）、杂凑值或者消息摘要（Message Digest）。它是一种单向密码体制，即一个从明文到密文的不可逆映射，只有加密过程，没有解密过程。参见黄征、李祥学、来学嘉等：《区块链技术及其应用》，载《信息安全研究》2017年第3期，第239—240页。

面，高效的信息传输同样需要高效的治理技术，除了借助人工智能实现城市物体的高效运转，区块链技术同样能够通过将“关系”智能化，提高城市治理效率。[1]具体看来，在城市治理中，区块链的优势发挥主要体现在三个方面。

第一，区块链技术可以降低城市治理的成本。这一点主要体现在数据存储成本的降低，以及数据处理灵活程度的提高。通过分布式达到去中心化的目的，区块链技术将原本需要数百台服务器的中央数据库，分散在多个城市参与者的信息节点上，大幅降低了运行和维护的成本。同时，区块链中的对等节点，在保障各城市主体提供统一的基础服务节点的同时，还能专注于自身业务。通过统一的软件部署智能合约，各信息节点能够在系统中快速更新业务模型、数据模型，且不需要重构后台数据库的存储结构和访问接口的数据结构，进而增强了“专用数据、专业处理”的灵活性和可扩展性。

第二，区块链技术可以明确责任和义务主体。通过区块链技术简化城市治理流程，能够促进城市治理的迅速反应。智能城市中各参与主体之间能够运用共识共享的方式建立公共账本，从而形成对信息网络中传输数据的统一共识，进而可以优化繁琐的验证流程，通畅治理信息通道，促成治理信息上传一步到位、治理决策下达一步到位。以前文提到的 PPP 模式为例，在信息采集、传输和处理的过程中，因为各主体的信息交流以公共账本中的智能合约为基础，所以 PPP 项目中每一个细微步骤的执行、协调和履约，都可以在瞬时完成多方记入。这样，不仅交易的可信度得到提升，而且

[1] Susanne Dirks & Mary Keeling, *A Vision of Smarter Cities: How Cities Can Lead the Way Into a Prosperous and Sustainable Future*, IBM Global Service, Vol. 17: 9, p. 12 (2009).

政府或其他主体均可以对项目的执行情况进行实时监督。一旦需要对信息流进行回溯，区块链也能够实现全网全时的跟踪与审计，进而明确各方责任。

第三，区块链技术能够加强数据隐私的保护力度。以区块链为基础的智能城市大数据平台内，各数据参与方既是数据提供者，也是数据使用者，且所有参与方都受到区块链监管模型的监控。区块链监管模型能够实时监控信息流，同时具备不可撤销、不可抵赖的特征，从而提高了城市治理数据的透明程度。这里需要强调的是，虽然区块链技术中的网络节点层次是去中心化的，但区块链监管模型采取中心化准入和权限分级模式，这为监管者做好准入筛查、隐私保护和违规信息屏蔽等工作提供了保障。[1] 以此为基础，在城市涉密信息得到保障的同时，城市居民也能够获取治理信息，进而保障了公民监督权的落实。以医疗信息为例，尽管各大城市都将个人电子健康系统作为智能城市的基础设施进行建设，然而，患者的私人信息经常受到数据泄露的影响。来自美国博伊西州立大学、丹佛大学和温思洛普大学的研究团队就提出利用区块链框架的智能合约，通过增强访问控制和数据混淆，进而使患者、医院及第三方能

[1] 智能城市大数据平台中，区块链节点网络采用联盟链（Consortium Blockchain）。联盟链是区块链网络的特殊形式，它以节点准入和权限分级为特征，并采用DPOS（Delegated Proof of Stake，股份授权证明）或PBFT（Practical Byzantine Fault Tolerance，实用拜占庭容错共识算法）等共识算法。联盟链的参与节点由监管服务器严格控制，只有特许准入的节点才能获取区块链数据。这样做的好处是一方面可以在准入时对参与方身份进行确认，更好地维护系统隐私；另一方面可以采用高效的数据同步算法，使得系统的吞吐量和存储效率明显提升。因此，监管准入服务是智能城市大数据平台的核心。参见 Yan Zhu, Khaled Riad, Ruiqi Guo et al. *New Instant Confirmation Mechanism Based on Interactive Incontestable Signature in Consortium Blockchain*, Frontiers of Computer Science, No.6, pp. 1—3（2016）。

够安全、可互和高效地访问医疗记录，同时保护患者敏感信息。[1]

智能城市的总体治理方案，大致可分为感知层、网络层、平台层和应用层。感知层主要由硬件构成，包含各类传感设备、RFID电子标签、网络硬件网关设备和互联网设备。[2]简单来说，它们类似智能城市的感觉器官，负责收集实时数据和信息。网络层是用来支持通信和数据的载体网络，它是由感知层上的各种硬件设备构成的。一般来说，网络层包含通讯网、互联网、物联网三种类型。平台层主要是指通过载体网络构建的各种信息平台。这些信息平台为城市的再建设和治理优化提供了基础的信息服务，一般包括信息中心平台、信用中心平台、IT中心平台等。应用层主要涉及智能政务、智能交通、智能社区、智能金融、智能安防、智能医疗、智能物联网等智能城市建设过程中的各个方面。感知层、网络层、平台层和应用层这四个层面环环相扣，构成了智能城市治理的核心。

总之，将区块链技术应用于城市治理，在解决智能城市中实现成本、权责界定和隐私保护问题的同时，将推动城市治理的总体特征由智能城市向智链城市发展。从二者的关系来看，智链城市并不是简单地将区块链技术杂糅于智能城市的具体应用之中，其核心思想是实现城市要素之间关系的“智能化”（见表5-1）。智能城市实

[1] Gaby Dagher, Jordan Mohler, Matea Milojkovic et al. *Ancile: Privacy-preserving Framework for Access Control and Interoperability of Electronic Health Records Using Blockchain Technology*, Sustainable Cities and Society, Vol. 39, pp. 283—284, 292—296（2018）.

[2] 射频识别RFID（Radio Frequency Identification）技术，又称无线射频识别，是一种通信技术，可通过无线电讯号识别特定目标并读写相关数据，而无需识别系统与特定目标之间建立机械或光学接触。RFID读写器分为移动式和固定式，其应用广泛，如图书馆、门禁系统、食品安全溯源等。参见Jeremy Landt, *The History of RFID*, IEEE Potentials, Vol. 24: 4, pp. 8—11（2005）。

现的核心是数据信息的获取，然而，传统的互联网中心化信任机制难以保证数据的可靠性和安全性，进而导致了城市中的各要素往往无法达成数据上传的统一意愿。因此，通过区块链技术强化数据安全，完善城市要素的信任关系显得尤为重要，而智链城市就是对于智能城市理念的进一步完善与提升。

表 5-1　智慧城市、智能城市与智链城市比较

	智慧城市	智能城市	智链城市
技术基础	信息技术	人工智能	区块链
核心理念	技术中心与以人为本	城市要素功能的智能化	城市要素关系的智能化
解决问题	信息交流不通畅 治理体系不协调 城市规划不精细	辅助治理决策 赋能城市主体 提升行动效率	降低数据成本 明确各方权责 保护数据隐私
技术层	互联网、物联网、大数据等	深度学习、机器学习、神经网络等	共识算法、密码学、P2P 通信等
应用层	城市基础设施的信息交互	智能政务、智能交通、智能社区、智能安防、智能医疗等功能	城市各功能相联系的统一信息数据链

从智能城市治理的应用层面来看，引入区块链技术，构建完备的信息链和决策链，无疑对城市治理的现代化有巨大的推动作用。北京大学教授王浦劬指出，现代城市是以科学技术为核心的先进生产力的聚集地，科学技术是城市治理现代化的基础和动力。[1] 因此，区块链技术在城市治理中的应用，在推动智慧城市向智链城市升级的同时，也将促使城市治理主要机制和方式的创新。

[1] 王浦劬、雷雨若：《我国城市治理现代化的范式选择与路径构想》，载《深圳大学学报（人文社会科学版）》2018 年第 2 期，第 98 页。

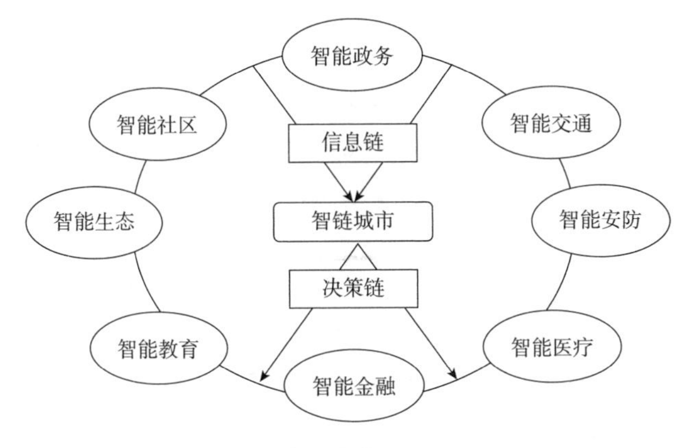

图 5-2　智链城市的应用层面

如前文所述，所谓智链城市，其核心思想是实现城市要素之间关系的“智能化”。这一城市治理理念以区块链为技术基础，着力解决此前智能城市中数据成本高昂、治理主体权责不一、个人隐私保护不足等问题。其中，信息链和决策链是构成智链城市的关键因素。通过信息链的建设，可信赖、高透明的城市信息能够有效进入智链城市的治理系统，城市居民得以对治理效果进行即时反馈。通过决策链的建设，城市公共物品、资源能够得以高效运用，同时连通不同领域进行业务协同，进而打破城市数据孤岛，城市平台得以依据大数据进行治理成效预测（见图 5-2）。[1] 如图所示，区块链技术在智链城市中的应用场景，主要包括智能政务、智能社区、智能交通、智能安防、智能医疗、智能金融、智能教育、智能生态等方面。[2]

[1] 王博、张一锋：《以区块链为基础打造智慧城市大数据基础平台》，载《智慧城市评论》2017 年第 1 期，第 29—35 页。

[2] 智链城市中的“智能政务、智能社区、智能交通……”等名词，不同于智能城市中的同名概念。如前文所述，智链城市中的各智能应用，是基于城市统一信息数据链下的城市智能化应用，其技术重点已由人工智能转向区块链。

第一，区块链技术在智能政务中的应用，将推动城市电子政务的升级。曾经的电子政务主要依托互联网和移动电子设备，其硬件基础需要耗费大量的数据存储资源，且各政务部门独立的数据库难以实现系统的有效兼容和统一权限管理。更为严重的是，传统服务器架构无法防止人为因素导致的对已有数据的恶意篡改。智能政务系统，以建设区块链政务服务（Blockchain As Government Affairs）为最终目标，这一过程体现在通过嵌入特定软件模块，建立统一规范的智能合约系统。由于系统能够规范管理部门读取和写入的权限，因此政府工作人员只能依据数据表里的已有记录，在其权限范围内进行管理决策。其中，每位政府工作人员的自主决策范围被记录在注册登记管理的登记册上，并以此为身份秘钥。在系统运作过程中，为了防止假冒和伪造的情形发生，所有政府工作人员创建、修改、删除的记录，均与其个人签名与秘钥相对应。[1]

在公民层面，区块链系统中保存的是信用真实与否的最终结果，而不是传统征信中的各类个人数据。因此，平台用户与现实中的自然人或法人一一对应，没有个人授权，其他方是无法查询相关数据和信用信息的，个人数据隐私将得到保护。此外，平台上的信用身份是被政府或其他权威机构证实的，这也保证了数据来源的可靠性。可见，在区块链技术的加持下，作为政务服务中的核心问题，征信数据如何确权将得以解决。

第二，区块链技术在智能社区中的应用，将推动城市民主选举的升级。在民主选举中，选民身份认证、安全的保存记录对于追踪

[1] MyungSan Jun，*Blockchain Government—A Next Form of Infrastructure for the Twenty-First Century*，Journal Open Innovation：Technology，Market，and Complexity，Vol. 4：7，pp. 9—10（2018）.

选票至关重要，这直接关系到选民能否信赖选举过程、信任社区居民基层自治组织。区块链技术可以为投票过程、选票跟踪和统计选票而服务，用以杜绝选民欺诈、记录丢失或者不公平的行为。区块链技术保证公平和自由选举的三个基本要素包括：匿名、不可篡改性和可追踪性。[1] 首先，区块链选举系统能够自动完成选举流程，而不需要其他第三方的介入，进而消除了对选举有效性的顾虑。其次，通过区块链加密技术，选民能够匿名记录并传输选票，这也确保了全流程是无法篡改的。最后，选民能够监控整个流程的进行状况。因此，区块链技术在智能社区基层选举中的应用，将保障城市居民权利，推进城市基层自治组织的建设。

第三，区块链技术在智能交通中的应用，将推动城市交通治理的升级。在城市交通中，实时的道路拥堵、车辆分布、天气预警、道路管控等信息至关重要。在传统的交通管理系统中，这些信息的搜集和反馈分散在不同的城市系统中，数据格式也难以统一规范。例如，实时道路拥堵状况可能由交通部门的摄像传感器上传，也可能是由地图导航软件的使用者反馈，道路管控信息由政府相关单位上传等。然而，采用多类型区块链协同的城市交通信息治理模式，能够有效地获取实时信息，同时兼顾信息的合理管控。

具体来说，交通职能部门建立私有链（Private Blockchain）以进行信息管理，其读取权限对公众有一定程度的限制。在这样的模式下，节点信任度高、链接速度快，数据不会轻易地被拥有网络连

[1] Ayed Ahmed Ben, *A Conceptual Secure Blockchain Based Electronic Voting System*, International Journal of Network Security & Its Applications, Vol. 9: 3, pp. 1—9 (2017).

接的任何人获得，因而可以更好地保障数据隐私。[1] 此外，城市交通的参与主体将各类信息通过公有链节点提交到城市数据平台，经过综合处理后再供平台参与方使用。可见，通过多等级、多链协同的治理方式，在高效调用多元力量参与交通治理的同时，政府的负担也将大大减轻，其责任重点在于建立统一的区块链节点和监管准入部门。[2] 城市交通参与方自主提供数据、使用数据，能够最大化地提高交通治理效率，节约治理成本。

第四，区块链技术在智能安防中的应用，将推动城市智能家居信息保护的升级。家庭摄像头、智能开关、智能插座、智能照明等智能家居设备构成的网络，传输着大量的个人信息。此前，智能家居将数据集中在物联网云平台中统一处理，并对智能设备互相传输的数据进行加密。中心化的数据保护方式，必然引起人们对于平台数据安全的担忧。然而，区块链技术去中心化的特性，使得分布式的数据全部保存在用户手中，这就兼顾了安全与隐私的双重诉求。

第五，区块链技术在智能医疗中的应用，将推动三个方面的升级。一是医疗数据的安全存储和共享。通过区块链技术，医疗数据将通过点对点文件共享的方式进行传播，即使发生网络故障，也能

[1] 私有链（Private Blockchain）是指其写入权限由某个组织和机构控制的区块链，参与节点的资格会被严格限制。由于参与节点是有限和可控的，因此私有链往往可以拥有极快的交易速度、更好的隐私保护、更低的交易成本、不容易被恶意攻击，并且能做到身份认证等金融行业必需的要求。相比中心化数据库，私有链能够防止机构内单节点故意隐瞒或者篡改数据，即使发生错误，也能够迅速发现来源。参见 Pilkington Marc, *Blockchain Technology: Principles and Applications*, Social Science Electronic Publishing, No.1, 2016。

[2] Ao Lei, Haitham Cruickshank, Yue Cao et al, *Blockchain-Based Dynamic Key Management for Heterogeneous Intelligent Transportation Systems*, IEEE Internet of Things Journal, Vol. 4: 6, pp. 2—3, 11（2017）.

够从本地节点恢复数据。[1]二是医疗流程的改革，主要是利用区块链技术进行患者的身份确认，识别患者与保险服务商，在自动识别交易参与方的基础上，利用智能合约实现医疗保险的快速赔付。三是药品供应链和药品识别的监管。以药品运输冷链为例，由于参与方众多，通过物联网设备所采集的数据，链接药品生产者、经销商、承运商、医院、监管机构五个部分，并将数据上链后，杜绝了人为篡改的可能，并且确保了数据的可回溯性。与此同时，利用智能合约的自动执行特性，当采集数据中出现异常情况，便会立即触发警报，从而避免大范围医药事故的出现。[2]

第六，区块链技术在智能金融中的应用，将推动城市经济运行模式的升级。作为城市发展的源动力，智能金融中区块链的应用将促进城市经济运行效率的大幅提升。通过区块链技术，城市居民的金融资产将统一数据化为智能资产。[3]智能资产是一种存在于互联网上且拥有实体资产的一种数字化证明。相对于传统实体资产，智能资产的优势在于数字资产的联网化。智能资产的流动性

[1] 薛腾飞、傅群超、王枞等：《基于区块链的医疗数据共享模型研究》，载《自动化学报》2017年第9期，第1555—1562页。

[2] 目前，病人、医生在访问和共享医疗数据的时候会受到严格的限制，需要花费大量的资源和时间进行权限审查和数据校验，这使得用户获得医疗数据十分困难，每次使用时需要向类似于健康信息交易所（Health Information Exchange）和全员人口数据库（APCD）这样的组织机构提交申请。参见Hongyu Li, Liehuang Zhu, Meng Shen et al, *Blockchain-Based Data Preservation System for Medical Data*, Journal of Medical Systems, Vol. 42: 8, pp. 3—13 (2018)。

[3] 区块链在金融领域的应用将改变传统的交易流程和数据存储方式，可显著简化服务流程、提高系统运行效率、降低交易成本。区块链技术有望在数字货币、银行跨境支付与清算、证券交易、智能合约等方面开展广泛应用并取得广阔市场前景。参见江晓珍：《区块链技术在金融领域的应用研究》，载《四川文理学院学报》2018年第4期，第32—37页。

将超过传统的实体证明，而流动性的增强可以降低交易成本、缩短投资周期、快速募集资金，这无疑将促进城市产业经济的发展的活力。

第七，区块链技术在智能教育中的应用，将推动城市教育体系的升级。目前，区块链和教育的融合，已经逐步从计划走向实践。2016 年 10 月，我国工信部颁布《中国区块链技术和应用发展白皮书》。白皮书指出，区块链系统的透明化、数据不可篡改等特征，完全适用于学生征信管理、升学就业、学术、资质证明、产学合作等方面，对教育就业的健康发展具有重要的价值。[1] 一方面，区块链去中心化的特征，将扩充并完备学校和教育机构传统的学生档案系统，进而减轻中心服务器数据存储的设备负担。同时，通过区块链技术，学生从不同教育机构获得的学分或学习成果，从而申请认可此学习模式的教育认证也具有可行性。另一方面，区块链技术的可追溯性，使得查询学生学习历程成为可能。尤其是对于教师而言，教育工作者通过更全面地分析学生的学习模式，对学生进行更精准的评估，才能够真正做到因材施教。

第八，区块链技术在智能生态中的应用，将推动城市生态治理的升级。智能生态需要区块链技术的介入以实现治理效能的提升。以空气检测为例，城市气象部门负责采集温度、湿度、风速、风向、降水量等信息，环保部门负责采集 PM2.5、PM10、重金属等污染信息。此外，城市的企业工厂内部的自我监测设备能够提供更加精确的区域内空气、水质等信息。通过城市区块链智能合约的建

[1] 金义富：《区块链 + 教育的需求分析与技术框架》，载《中国电化教育》2017 年第 9 期，第 62—68 页。

立，各城市主体约定上传监测数据的获益方式，这样各数据采集方就有动力将采集到的数据上链。[1]如此一来，气象部门、环保部门可以利用工厂和周围社区的污染数据对化工泄漏等恶性突发事件进行及时预警，避免更大的损失。可见，各城市参与主体的数据联通，避免了重复投资和监测资源浪费。

需要强调的是，上述八个应用场景在智链城市中并不是孤立存在的，各应用场景中产生的信息链和决策链同样也是互联互通的。在城市治理现代化的过程中，政府部门需要对相应的公共服务提供资金支持、宣传引导和政策扶持。在区块链构建和数据积累初期，城市参与主体投入大、收益小，各方动力不足。因此，政府除了积极共享自身的数据资源外，还应大力推广有示范效应的智链城市应用，通过现代城市的规模效应，推进可控、可持续的良性发展。

智链城市面临的新难点与困境

智链城市的理念，为城市治理现代化提供了一种基于技术维度的治理模式革新。以区块链技术为核心要素的智链城市治理体系，将会给城市各主体之间的关系带来颠覆性的影响。从其积极意义上来看，区块链技术的优势是十分显著的。首先，区块链技术难以篡改的特性保证了城市数据信息的安全，在一定程度上避免了黑客攻击的隐患。其次，区块链技术拥有分布式结构，即使某个城市信息节点遭遇故障，也能够保证整体系统的运行安全。最后，区块

[1] 准确来说，数据上链并没有真正应用到区块链技术，因此仅仅是区块链的初级阶段。当技术成熟之时，所有的应用都是在区块链上运行的，其产生的数据天然就在链上，而无需“上链”这一动作。参见杨茂江：《基于密码和区块链技术的数据交易平台设计》，载《信息通信技术》2016年第4期，第24—31页。

链以对等的方式把各城市主体连接起来，赋予了城市内智能合约透明性、可信性以及自动执行、强制履约的优点。通过各方共同维护一个系统，不仅使得系统更加透明，也更容易取得各方的信任。这种高信任机制促使城市治理走向低成本、高效率的新协作模式。当然，由于区块链技术发展尚未成熟，其与城市治理的融合也将遭遇一定的困难。其一，区块链技术本身的问题将成为智链城市推进过程中的阻碍，这主要体现在三个方面。

第一，区块链的性能和扩展性能否满足智链城市的发展要求。在智链城市中，任一城市信息节点都有机会参与到记账环节的区块链网络中，参与记账的节点需要同步全部区块信息方才可以进行交易的处理与记账。在交易大小相同的情况下，区块容量和区块间隔时间是影响区块链吞吐量的两个核心参数。在实际应用中，区块容量无法无限扩大，而如果区块间隔时间过小，可能会由于不同节点来不及完全同步到最新的区块而产生新区块，新区块与旧区块的分叉将严重影响区块链的持续运行。目前主流的公有链仍然使用工作量证明共识机制，对于记账的节点来说，其需要消化大量的计算资源以运行哈希运算，这将限制节点效率的实现。此外，由于区块链数据只是追加而并没有被删除，随着区块数量的加大，系统对节点的存储空间和吞吐量性能也提出了越来越高的要求。以以太坊为例，目前的总区块文件的大小已经突破了 500GB，如果要实现每秒上百万笔交易速度，需要提供每秒数百 MB 的吞吐能力的节点，这是一个非常高的要求。因此，整个网络同步的效率受限于网络中延迟最长的节点。从目前的技术情况看，区块链的吞吐量、储存带宽难以满足整个智链城市体系的需求。

第二，区块链中数据隐私和访问控制仍有待改进。在智链城市信息“上链”的过程中，各参与方都能够获得完整数据备份，所有数据对于参与方来说都是透明的，无法使参与方仅获取特定信息。在比特币的运行机制中，隔断交易地址和地址持有人真实身份的关联，使得其拥有了匿名的效果。因此，虽然交易过程中能够看到每一笔转账记录的发送方、接受方地址，但人们无法对应到现实世界中的具体个人。然而，相较于比特币，完善的智链城市需要承载更多的业务。以城市中区块链租赁为例，对于如何将房源信息、租赁权益数字化，转换为适合流转的链上资产，实现实体世界的链上映射，并且保证这些租赁合同信息保存在区块链上等问题，目前尚未有成熟的方案。然而，这些问题在传统的城市租赁系统中并不存在。如果智链城市中的区块链将承载整个城市的信息业务，比如实名资产、合同信息等，这些合同如何保存在区块链上，如何在实体世界中执行，仍需虚拟技术与现实实际的深度融合。

第三，区块链技术接入城市治理的机制有待完善。目前，公有链社区摸索出了“硬分叉”和“软分叉”等升级机制，但其遗留问题有待观察。[1] 由于公有链不能直接地“关停”修复，因此安全漏洞是区块链的致命威胁。目前，主要的解决方案是在联盟链这样的多中心系统中，通过关闭系统来升级区块链底层，例如对于常规

[1] 如果区块链软件的共识规则被改变，并且这种规则改变无法向前兼容，旧节点无法认可新节点产生的区块，即为硬分叉。这时旧节点会拒绝新规则的区块，于是新节点和旧节点会开始在不同的区块链上运行，由于新旧节点可能长期存在，这种分叉也可能会长期持续下去。如果区块链的共识规则改变后，这种改变是向前兼容的，旧节点可以兼容新节点产生的区块，即为软分叉。软分叉通常刚开始并不会产生两条区块链，因为新规则下产生的区块会被旧节点接受，旧节点只是无法识别新规则的真实意义。所以新旧节点仍然处于同一条区块链上，对整个系统的影响也就较小。参见王健、陈恭亮：《比特币区块链分叉研究》，载《通信技术》2018 年第 1 期，第 149—155 页。

代码升级，通过分离代码和数据，进而实现可控的智能合约更替。这些手段有助于控制风险、纠正错误。然而，由于智链城市初级阶段，直接关闭系统对于整个城市运转的影响仍然需要顾虑。

其二，由于技术的服务对象最终是人，在追求技术进步的同时，城市治理不能忘记城市中的每一位居民。根据中国互联网络信息中心于 2019 年 2 月 28 日在北京发布的第 43 次《中国互联网络发展状况统计报告》，截至 2018 年 12 月，中国互联网用户达到 8.29 亿，其中移动互联网用户为 8.17 亿。[1] 以中国总人口 13.9 亿计算，中国仍然有约 5.61 亿人尚未容纳进“互联网时代”。随着城市的大规模扩张和技术的急速迭代，在区块链时代，这 5.61 亿人是被技术遗忘还是被技术发展所裹挟，如何对他们的信息进行有效的治理，如何使他们共享城市发展与技术进步的红利，这仍然是智链城市建设过程中无法逃避的问题。

智链城市建设中的这些困境，一方面需要技术的迭代更新，另一方面需要城市的长远规划和顶层设计，为城市发展预留技术缓冲期。以《上海市城市总体规划（2017—2035 年）》为例，其中重点提及了为城市未来发展建立空间留白机制。此外，雄安新区的规划在加强引进技术创新的同时，也注重系统集成和建设实施的整体谋划，这一做法不仅考虑了为未来发展预留空间，也避免了一蹴而就的“超前”规划。城市发展缓冲期的存在，大大降低了城市整体规划和新兴技术落地的试错成本，也将为智链城市各方面的协调、问题的解决开拓思路。

[1]《中国互联网络发展状况统计报告》，中国互联网信息中心 2019 年 2 月，http://cnnic.cn/gywm/xwzx/rdxw/20172017_7056/201902/W020190228474508417254.pdf。

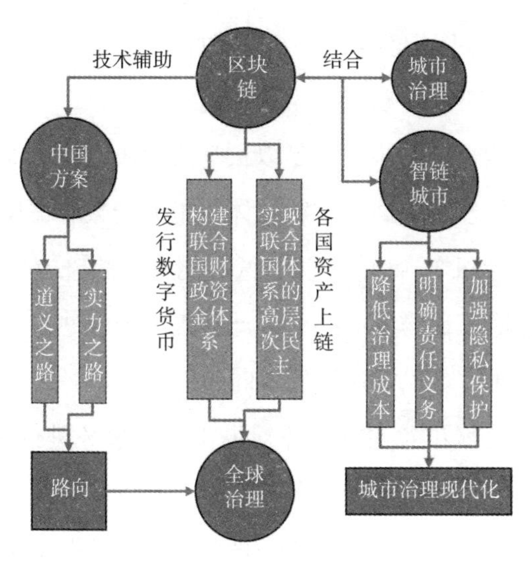

图 5-3 区块链对于全球治理与城市治理的意义

从智慧城市到智能城市，再到智链城市，城市治理理念以循序渐进、多元协调、公私联合、效能优先为核心，在技术的推动下不断迭代创新。智慧城市的核心是信息数字化，即通过互联网、物联网和大数据等技术推动城市数字化建设。然而，目前依靠互联网收集到的许多数据并没有实际用处，仅仅是“为了数据而收集”。由于城市每天产生海量数据，通过人工收集显然是不现实的，更不用说运用人力进行计算处理。智慧城市仅仅是帮助城市治理者更好地制定“想法”，但城市居民真正能感受到的改变十分有限。因此，智慧城市的技术赋能使得城市仍然“冰冷”。

人工智能技术能够赋能数字化的信息，挖掘并实现数字的价值。在城市中，通过统一的数据传输和处理中枢，智能化设备能够对收集来的数据进行自动反馈和处理，并形成最佳的治理方案。长远来看，智能城市的意义在于可以将城市的治理水平不断拓展和提高，越来越多的传感装置、算法和解决方案进入后，城市各主体能够自我学习，通过量变形成质变。然而，在城市快速发展的历程中，城市面临的难题也在野蛮生长。超大型城市、空气污染、生产资源枯竭，智能化的脚步并不足以抵消或解决城市面临的困境。与此同时，信息处理成本高昂、智能体数量的指数级增加，可能导致城市大脑的“宕机”。此外，智能城市同样面临着治理主体权责无法确定、数据隐私泄露等问题。因此，人工智能使得城市中的个体变得聪明的同时，难以实现社群协同的价值。

城市治理是城市各治理主体对城市公共事务进行管理的过程，其最终目的是有效地解决城市公共问题，并维护公共利益，而解决公共问题的关键就在于协同。这一理念类似于社群主义对共同善的追求。因此，智链城市的核心是运用区块链技术解决城市治理的协同问题。这里的协同一方面包括城市治理主体之间的协同，另一方面是数据信息交流之间的协同。作为具备普适性的底层技术，区块链能够通过构建去中心化分布式交易平台，创造城市治理的系统化协同机制。在这一机制中，城市主体以信任为基础，明确各方权责；以关系为纽带，促进信息流通；以共同善为追求，实现公共价值。

总而言之，智慧城市、智能城市和智链城市作为技术主导的城市治理理念，伴随着时代的发展而逐渐走向成熟，他们不仅补充并完善了城市治理现代化体系，更为今后运用新技术解决城市治理问题提供了范本。从技术发展的角度来看，区块链技术更接近于对现有人与人、物与物、人与物“关系”的智能化革新。基于互联网、大数据、云计算等核心技术，区块链将重塑各种“关系”的信任机制，使得信息的传递和治理过程突破效率的桎梏，乃至创造新的价值。通过区块链技术，人们能够赋予传统城市治理以新的活力，赋予物联网、人工智能以新的社会价值。城市是一个纷繁复杂的综合系统，尤其是人工智能赋予城市中的各主体以一定的自主处理信息、传递数据的能力后，城市的治理难度更是急剧增加。然而，随着区块链技术与整个城市系统的融合，智链城市的构想将为城市治理现代化提供切实可行的路径。

第六章

智能文明与智能社会科学

更高程度的民主以更先进的科技文明作为社会基础，这由民主自身的理论逻辑和人类社会的发展逻辑共同决定。从比较视野来看，工业文明条件下诞生的代议制民主在进入信息文明和智能文明的条件下，同样需要协商民主等更多的民主形式和程序来弥补其全面性的不足。全过程民主是中国特色社会主义民主政治的重要制度特征，同时也是人民民主发展的本质要求。从理论逻辑来看，全过程民主具有“全局性”“全程性”和“全民性”的基本特征，并且最终体现为中国式民主相对于西方民主的制度优势。智能文明的发展可以为全过程民主的发展提供广阔的发展前景和坚实的技术支撑。在智能技术的助力之下，全过程民主也能够更好地将中国式民主制度优势转化为治理效能，并且为世界民主政治的发展提供新的实践方案和路径选择。

智能科学将来需要成为一个单独的学科门类，其由智能科学理论、智能工程学和智能社会科学三个一级学科构成。智能社会科学有三个内核：伦理、法律和政策。我国推动智能社会科学的构建有两点重要意义：一是构建制度话语权的重要突破口，二是赢得智能革命竞争的重要保障。一个学术共同体的形成需要如下四要素：明确的研究本体、整齐且具有开放性的议题、成熟的研究方法、具有一定开放性的学科边界。智能社会科学的发展可以在新文科发展的大背景下展开。

工业文明与代议制民主的历史局限

习近平总书记在上海考察时对于中国民主政治作出了新的深刻论断："我们走的是一条中国特色社会主义政治发展道路，人民民主是一种全过程的民主，所有的重大立法决策都是依照程序、经过民主酝酿，通过科学决策、民主决策产生的。"[1] 这一重要论断所提出的"全过程的民主"是对人民民主的最新总结，同时也是在制度实践和程序运作上对于中国民主政治发展提出的总体要求。从理论上来看，在人类社会进入智能文明的背景下，全过程民主的发展也具有更加普遍的意义。这一部分试图从历史和理论逻辑出发，深入分析智能文明发展对于全过程民主的背景性意义，并由此探究全过程民主的智能技术基础和实践路径。

民主的内涵决定了民主的实践是一种长期历史过程。对于民主进行基本的溯源性考察，就可以发现民主概念本身就存在着内在的张力，这种张力决定了民主的实现需要社会进步和文明支撑，因此民主的真正实现需要一个长期的历史过程。从历史发展而言，民主从古代到现代的发展得益于科学技术的进步和支撑，并且在农业文明、工业文明、信息文明和智能文明等不同的发展阶段，日益呈现出民主政治对于"全过程性"的要求。查尔斯·泰勒（Charles Taylor）认为，根据希腊时期的词源考察，民主中的人民（demo）具有两种意涵："广义来说，人民包含了社会中的所有成员，至于狭义中的人民，指的是非精英阶层。……由广义的'人民'施行统

[1]《习近平：中国的民主是一种全过程的民主》，新华网2019年11月3日，http://www.xinhuanet.com/2019-11/03/c_1125186412.htm。

治，是民主的目的（telos）。”[1] 一种是广义的“全体人民”，而另一种则是狭义的“非精英的人民”。而这种歧义则形成了一种“目的式”（telic）的民主观念：即民主应当致力于克服存在精英和平民之间的不平等，由此，民主就成了一个达成目的的“过程”，即缩小精英与平民的差距、让民主扩及更多的平民。由此可见，民主本身从一开始就设定了让民主拓展至全体人民的基本发展目标，但是这种目标的实现程度则取决于人类自身的社会结构、物质条件和文明程度。质言之，民主发展取决于社会生产力发展水平和生产关系结构。

从某种意义上说，正是由于民主概念本身的这种歧义，引发了关于民主理论和民主实践上的巨大争论，同时也决定了民主的实现将是一个长期的历史过程。西方民主的起源地古希腊，虽然产生了以公民大会为主要形式的直接民主实践，但是民主本身并不被柏拉图、亚里士多德等思想家所青睐。相反，这些古希腊思想家都将民主作为一种变异的政体，认为民主会导致极端的“暴民统治”，同极端的“寡头制”同样都是“变态政体”[2]。这种主张实际上包含了对于民主实践主体——平民的政治判断，即一般的平民限于其理性程度等具体原因而无法有效参与政治生活，因此应当严格限制民主的范围。

这种关于民主的主张在很大程度上契合当时的文明条件，因此在相当长的历史时期内占据了历史的主流，使得民主在经历了早期希腊直接民主的实践之后，就陷入了长期的停滞。但是，随着人类

[1]［加］查尔斯·泰勒：《现代社会中的理性》，蒋馥朵译，联经出版公司 2018 年版，第 23—24 页。
[2]［古希腊］亚里士多德：《政治学》，吴寿彭译，商务印书馆 1965 年版，第 134 页。

文明的发展，特别是近代资本主义兴起之后，人类的社会生产力和生产关系发生了巨大的变迁，从而为民主实践提供了新的基础和条件。在这个过程中，民主自身所包含的精英与平民的权力差距逐渐缩小，社会财富的积累和分配也逐渐惠及更多的社会阶层，而民主政治也进入到新的发展阶段。从具体实践角度而言，民主的核心问题也逐渐转化为一种程序性问题，即如何让尽可能多的民众产生共同的民主意志。正如查尔斯·泰勒所指出的："人民要先让自己有个共同'意志'（will），唯有透过复杂的制度与程序，才有可能产生这样的意志。而这些制度与程序又要在社会想象（social imaginations）中才有意义。"[1] 在进入资本主义社会后，不同社会对于民主的社会想象也呈现出新的形态。正是在这种情况下，民主的实践形式在西方出现了巨大的转变，开始向以代议制为核心的间接民主方向发展。

同时，科技文明的迭代决定了民主实践过程的拓展性。从历史和社会的角度来看，民主政治的发展是同人类社会的生产力发展密切联系的，而其中最直观的联系就在于科学技术的进步对于民主政治的支撑作用。换言之，随着人类社会从农业文明、工业文明、信息文明到智能文明的发展，民主政治的实践方式和制度发展也呈现出越来越全面和完善的基本趋势。由科学技术发展所决定的社会生产进步，从根本上为民主政治的拓展提供了物质和技术基础，而民主政治本身也逐渐向各个社会阶层和各种政治制度层面进行拓展。

[1] [加] 查尔斯·泰勒：《现代社会中的理性》，蒋馥朵译，联经出版公司 2018 年版，第 19 页。

例如，古希腊城邦社会的主要生产方式依然是较为落后的农业和建立在农业基础上的工商业，而社会制度则是以奴隶制为基础的。在这种情况下，民主只能局限于城邦的范围或者城邦的少数公民，其辐射和影响范围也是极为有限的。究其根本，在农业文明时期，政治实践受制于技术条件的不足和社会生产的分散性，无法对大规模社会进行有效的统合，因此统治权力往往集中于少数的政治和社会精英手中，而无法进行大规模的社会动员。在这种农业文明条件下，不仅根本无法产生现代意义上的民主，而即便产生一定的民主实践，也仅仅局限于社会精英阶层之中。因此，在西方政治思想史上，古典思想家往往都排斥纯粹的民主制，而将理想的政体寄希望于贵族制或王道政治上；而中国的政治思想家则更强调民本政治，而“以民为本”的主体则是帝王和官僚阶层。[1]

相较于农业文明，工业文明促进了巨大的社会进步，彻底改变了人类社会的生产方式和社会面貌。工业文明是在西方资本主义发展的历史条件下所产生的，其根基就在于以蒸汽机为代表的第一次科技革命，以电气化为代表的第二次科技革命，这两次科技变革所引领的两次工业革命造就了工业文明。正是在人类社会产生重要的科技迭代和文明进步的条件下，西方现代民主政治才真正产生并迅速扩展，并且将古典的直接民主转变为现代的代议制民主。这种代议制的民主的核心理论基础就在于约瑟夫·熊彼特（Joseph Schumpeter）对于民主所提出的著名论断：“民主方法就是那种为作出政治决定而实行的制度安排，在这种安排中，某些人通过争取

[1] 在中国的传统中，“民主”的概念有其特定的内涵，即“民之主宰者”，所指的便是“帝王或官吏”这样的政治统治精英，参见《辞源（修订本）》，商务印书馆2009年版，第1860页。

人民选票取得作决定的权力。”[1] 这种“程序性定义”得到了西方学者的普遍接受，例如塞缪尔·亨廷顿（Samuel Huntington）在研究民主化问题时就依据了这种民主定义：“民主政治的核心程序是被统治的人民通过竞争性的选举来挑选领袖。”[2] 从理论上看，间接民主在形成民主意志的程序上，突出了选举和投票的作用，同时也在一定程度上平衡了精英和平民之间的权力关系，体现了民主的进步。但是因代议制民主自身的时代局限，也为民主的进一步拓展提出了内在需求。

最早开启工业现代化进程的英国成为了世界上第一个完备的工业国家，特别是第一次工业革命造就了英国在较长历史时期内的领先地位。同时，工业文明的发展也促使英国产生了以选举为基本程序的议会政治和政党政治，并由此成为现代西方代议制民主的“模板”。英国思想家约翰·S. 密尔（John S. Mill）的《代议制政府》出版于 1861 年，正是这一个阶段的重要的成果。在这部著作中，密尔比较系统地讨论了代议制政府的问题，也对在实践中逐渐形成的代议制民主首次作了非常完善和系统的理论阐发。密尔并不否认“能够充分满足社会所有要求的唯一政府是全体人民参加的政府”，但是现实条件往往无法让所有人亲自参加公共事务，因此“一个完善政府的理想类型一定是代议制政府了”。[3]

现代民主政治所面对的是整体性动员起来的社会大众，因此核

[1]［美］约瑟夫·熊彼特：《资本主义、社会主义与民主》，吴良健译，商务印书馆 1999 年版，第 395—396 页。

[2]［美］塞缪尔·亨廷顿：《第三波——20 世纪后期民主化浪潮》，刘军宁译，上海三联书店 1998 年版，第 4 页。

[3]［英］约翰·S. 密尔：《代议制政府》，汪瑄译，商务印书馆 1982 年版，第 55 页。

心问题是如何在社会大众广泛政治参与的基础上达成一定的政治妥协，同时又能保证政治秩序的问题，而代议制民主正是基于这种社会发展所作出一种政治安排。从历史角度来看，代议制民主是当时时代的产物，具有很强的历史进步性。关键就在于，此前的制度设计无法有效地把大众的意愿集合在一起，而代议制民主所秉持的“委托—代理”原则和制度，通过选举投票实现民众的阶段性的权力授权，在一定的期限内将其权力委托给代理人，进而由代理人进行政治决策。英国在第一次工业革命之后，较好地实现了议会制这一重要的代议制民主的形式，并且通过英国的殖民扩张使得这一制度成为全世界范围内最流行的现代政治制度模板。

几乎在《代议制政府》出版的同时，第二次工业革命也迅速兴起，这次工业革命最重要的特征是电气革命和内燃机革命，其主导国家则变成了德国和美国。经过这次工业革命的发展，资本主义进入到垄断资本主义阶段，而在政治上则形成了列强争霸和帝国主义战争的基本态势。在这种情况下，美国的经济实力迅速接近并在某些方面超过英国，并且逐渐取得了政治上的优势。从美国的建国制度设计来看，美国的开国元勋以总统制和共和制的制度设计限制了纯粹的民主政治，也就是以近代以来人民主权为基本主张的直接民主主张。第二次工业革命给美国带来的巨大成功，使得以总统制为代表的代议制民主也逐渐成为西方政治制度发展的模板。

在议会制和总统制发展的过程中，围绕选举和投票产生了现代政党政治，各个派别的政党围绕争取民众选票和支持而展开的政治竞争，也就成为西方民主的典型特征。英国的政党政治最早源自两个派别，即辉格党代表新兴资产阶级的利益，主张限制国王的权利，而托利党代表地主贵族的利益，主张维护君主的特殊权力。在第一次工业革命之前，这两个党派基本只是议会中的政治派别，与普通民众并无关系。而在19世纪三四十年代英国工业革命基本完成之后，英国的社会结构出现重大变化，特别是形成了工业资产阶级和工业无产阶级两大对立的阶级。在这种情况下，托利党转化为以土地贵族为核心的保守党，而辉格党则转变为由热衷于自由贸易的工厂主为主体的自由党，两党之间的政治竞争推动了选举政治的进一步发展。为了争夺选民，两党在议会之外建立了较为严密的组织，逐步形成了现代的群众型政党，用政党作为政治动员的方式来进行竞选。经过这段时期代议制和选举制的发展，到19世纪中叶，保守党和自由党都发展成为全国性的政党，具有严密的地方和中央组织，也具有相对稳定的意识形态。

在这一时期，作为第一次工业革命之后的重要政治结果，西方选举政治在政治竞争、群众动员和民众抗争的作用下实现了进一步的改革，其集中体现便是选举权利的逐渐扩展，并逐步实现了全民普选权。这种普选权的扩展，实际上也就是实现民主权利普惠至一般平民的过程。如果说代议制所选举出来的总统、议员等政治精英代表了农业文明所遗留下来的传统，那么拥有选举权和被选举权的一般民众则代表了工业文明条件下民主进一步拓展的新兴力量。这两种政治力量通过选举制度实现了一定程度的权力平衡，但远远没有实现民主所要求的实质性的权力平等。特别是由于西方民主在实践过程中逐渐固化为选举，因此也就导致在选举间歇期间，一般民众对于政治精英的决策和执政状况缺乏监督，同时也对一般的政治过程缺乏有效的参与。这也就构成了西方代议制民主的基本局限，但是这种局限是在工业文明的条件下所造成的。当人类社会进入到信息文明时代，民主理论和实践发展的主流趋势均是为了弥补代议制的这种缺陷，并促进民主在形式、过程和覆盖面方面实现进一步的发展。

从历史发展中不难看到，现代民主政治的发展和转型是随着科技革命和工业革命的发展而逐步进行的。根据亨廷顿的总结，民主在全世界范围内的传播，主要分为三个阶段：第一次民主化长波出现在 1828—1926 年，而第一次回潮则是 1922—1942 年；第二次民主化的短波出现于 1943—1962 年，而第二次回潮的时段为 1958—1975 年；继之而起的第三波民主化始于 1974 年之后。[1] 从工业革命的角度来看，第一波民主化出现在第一次工业革命之后到第二次工业革命的整个时期，这一阶段民主化的成果是西方主要国家完成了民主化的过程，并为世界范围内的民主发展树立了西方模板。无论是英国的议会制还是美国的总统制，都在全世界范围内都有了较大范围的传播，而这种传播无疑与两次工业革命具有密切的关系，工业革命所引发的社会交往条件和社会结构变化为民主政治的发展提供了基本的条件和动力。由于受到两次世界大战的影响，民主化的回潮和第二波民主化的发展并没有出现实质性的变化，而依然是西方代议制民主在全世界的传播。

信息文明与代议制民主的替代选择

在第二次世界大战之后出现“第二波”和“第三波”民主化的同时，科学技术也得到了长足进步，特别是信息技术取得了革命性发展，由此，人类社会在农业文明和工业文明之后，逐渐进入到信息文明时代。以信息和计算机技术为核心的第三次科技革命在 20

[1]［美］塞缪尔·亨廷顿：《第三波——20 世纪后期民主化浪潮》，刘军宁译，上海三联书店 1998 年版，第 15—26 页。

世纪 40 年代自美国兴起，随着战后和平时期的到来，这次科技革命促进了社会生产力的长足进步。这次科技革命的持续时间较长，早期主要以信息通信和计算机技术的发展为主要代表，而在 20 世纪 90 年代之后，信息技术革命进入到互联网的革命性发展时期，人类社会通过互联网技术而更加紧密地联系在一起，进一步推动人类文明进入到信息文明时代。

从历史时段来看，在第二次民主化的短波和第三波民主化出现的同时，信息社会正在逐步发展并日益凸显出其巨大的社会变革力。这一时期的民主化仍然以西方代议制民主的传播为基本特征，这在很大程度上是因为西方现代化国家仍然占据了世界政治话语权的主流，而民主出现的新兴现代化国家正处于工业革命和现代化的初期阶段，也容易接受以西方为模板的代议制民主。但是，对于这些刚刚完成民族解放和独立后的发展国家而言，社会生产力的发展水平并不均衡，有的国家甚至仍然处于以农业文明为主的发展阶段。因此，这一时期的民主化也不可避免地出现了反复和波折。从根本上看，这是由于各国的国情，包括科技水平、生产力条件、社会结构和历史文化传统等具体状况之间的巨大差异所造成的。

然而，反观西方世界，特别是在西方民主国家内部，自第二次世界大战结束之后，就开始出现各种批判代议制民主的理论声音。这些理论批判在很大程度上是在对工业文明进行反思的基础上进行的，特别是对发达工业社会中人的异化和社会统治的精英化和寡头化的批判。由此，选举或竞争民主也就越来越多地被认为是民主的"'最低限度的'定义"[1]，而西方学者也相继提出了一系列

[1][美]乔万尼·萨托利：《民主新论》，闫克文译，东方出版社 1993 年版，第 161 页。

新的、替代性的民主理论。例如卡罗尔·佩特曼（Carole Pateman）等人自1970年所提出和发展的“参与式民主（participatory democracy）”，在佩特曼看来：“直到参与式民主得到仔细的检视，参与民主实现的可能性得到批评，我们才能够知道民主理论中还有多少‘未竟的事业’，或类似的事业。”[1] 这种理论的基本着眼点，便集中于改变选举民主的精英化取向，为平民的政治参与和民主权利提供更广泛的程序和过程。这种民主理论的发展趋势自20世纪80年代开始，便逐渐集中表现为协商民主理论（deliberative democracy theories）的兴起。协商民主的思潮伴随着共和主义民主的重新复兴，其都是对代议制民主的批判和修正。换言之，这些理论家都希望可以唤醒传统的共和主义或者古希腊政治中直接民主的一些因子，从而弥补代议制民主的固有缺陷。

综上所述，当代政治理论流派对于代议民主制的批评主要集中在三个方面：首先，代议民主在很大程度上并不信赖大众，实行的是精英统治，也就是说，政府往往被少数政治精英所把持，普通民众则被排斥在外。其次，代议民主是一种初级的民主，仅仅适应当前社会发展的状况而采取的临时性的选择，而一旦社会条件成熟就应当向着直接民主的方向努力。再次，代议民主存在虚伪性，并不能够给广大民众带来真正的自由，只有直接民主才可能允许所有人参与政治并且给所有人以自由。这种对于民主发展的“原教旨主义”立场，实际上说明了民众对日常政治进行广泛参与的重要性，正如有学者所指出的：“民主发展的本意是超越政治排斥，建立公民参与公共治理的制度安排。如果公民只能以民主选举的方式向代

[1]［美］卡罗尔·佩特曼：《参与和民主理论》，陈尧译，上海人民出版社2006年版，第19页。

表赋权，而不能通过选举之外的主动方式影响政策过程，这将造成民主政治的异化。”[1]

更为重要的是，从另一个角度来看，这些对代议制民主的批评，恰恰与信息文明的发展紧密结合在一起。信息文明的早期代表是以电视广播和卫星通信为主的信息传播技术以及计算机技术，这一阶段的民主政治同普通民众的联系也变得更加密切。人们可以通过便利的通信技术和媒体传播迅速获得政治信息并对于政治过程进行监督。约翰·基恩（John Keane）曾经以传播技术来划分民主发展的历史阶段，他认为代议制民主建立在印刷文化的基础之上，而在信息革命和媒体技术的支撑下，新的民主形式应当是参与更为广泛的“监督式民主（monitory democracy）”[2]。实际上，早在信息革命初期，美国未来学家阿尔文·托夫勒（Alvin Toffler）就已经提出：“利用先进的计算机、人造卫星、电话、有线电视、投票技术以及其他工具，一个受过教育的公民，在历史上第一次能够开始作出自己的许多政治决定。”[3] 随着信息革命进入第二阶段，互联网技术的迅猛发展带来了人类生活形态的巨大变迁，这种革命性影响具有非常强烈的去中心化的色彩。换言之，在互联网技术条件下，以个人为中心的自媒体更加容易形成，这就使得个体越来越成为民主活动的中心，而无需事无巨细都通过委托代理人来实行。在这种背景下，民主政治发展和新的民主思潮都是围绕着被唤醒的个

[1] 高春芽：《正当性与有效性的张力——西方国家代议民主的运行机制及其困境》，载《当代世界与社会主义》2017 年第 6 期。

[2] John Kean, *Democracy and Media Decadence*, Cambrige University Press, 2013, pp. 77—108.

[3] [美] 阿尔文·托夫勒：《第三次浪潮》，朱志焱等译，新华出版社 1996 年版，第 476—477 页。

体而展开的，并逐渐推动西方协商民主等理论的形成，并且为直接而非间接的民主实践提供了基本的技术条件。

由此可见，这些针对代议制民主的替代性选择，具有共同的理论导向和实践特征：一方面要弥补选举期间民主政治参与的不足，将民主程序和民主实践扩展到政治过程的更多方面，而不仅仅局限于选举政治；另一方面则是要让民主权利成为民众的日常生活，并且让更多的民众参与到各种政治过程之中，提高民主的普遍性和覆盖面。同时也不难看到，这种民主的发展和对直接性民主参与的强调，是与信息文明的发展紧密相关的。换言之，在工业文明时期，每个人所享受到的政治公共产品也犹如工业革命所提供的产品一样，整齐划一且成本低廉，同时又可以保障每个人都拥有基本相同的初级权利。但是，这样的产品并不能够满足每个人的精准需求，同时也不能保证更高的质量和品质。而在信息革命的背景下，政治公共物品也开始能够因人而异、因地制宜地满足不同个体或群体的政治诉求。这是信息革命为人类民主政治发展所带来的一个重要的革命性变化。

进而言之，在信息文明时代，人类的民主政治发展趋势正在向着更加普遍和全面的方向发展，这一方面是在回归民主的本源性意义，同时也是在新的科技文明基础之上开辟了新的景象。在此前的发达工业社会中，社会运行和管理的基本特征，是每一个人犹如卓别林在《摩登时代》中所表现的那样，成为社会机器的固化零件。或者说，每个社会成员都可能成为马尔库塞所描述的“单向度的人”，[1] 在既定的选举框架下机械地做出投票的举动，而不去思考

[1] [美] 赫伯特·马尔库塞：《单向度的人：发达工业社会意识形态研究》，刘继译，上海译文出版社 1989 年版。

民主政治的真正意义和社会的整体福祉。那么，在信息文明社会，每个人的民主权利和政治主张都可以被唤醒，并且有条件去在现实政治中得到充分的实践，由此，他们可以不再通过代理人来实现自己的主张，而可以随时随地地参与到政治进程当中去，这就是信息革命给民主的“全过程性”发展所带来的新的需求和希望。而随着信息革命向着智能文明阶段的迈进，全过程民主的实践也迎来了新的前景和空间。

信息文明的进一步发展催生了新的移动互联网革命，而在移动互联网长足发展的基础上，大数据和人工智能技术取得了迅猛发展，推动人类站在了智能革命的门槛之上。由智能革命所引领的第四次工业革命正在如火如荼地发展之中，这次新的革命中最重要的技术是智能技术和区块链技术等。智能技术包括人工智能技术、生物智能技术和超级智能技术。智能技术的主要作用在于推动未来生产力的极大发展，尤其是避免了传统的劳动力局限，使得由人创造的机器可以仿照人的思维模式和生产方式去生产新的物品。而区块链技术则在更大程度上意味着生产关系的变革，对于人类社会的关系重塑将带来革命性的影响，并且对于智能技术所带来的隐私问题、安全问题和公平问题等带来解决的希望。在这两种主要技术的推动下，人类社会将迎来一种全新的文明形态，即智能文明阶段。目前，大数据与人工智能技术为民主政治带来的机遇和挑战，已经在西方世界引发了相应的学术讨论。[1]

从前述历史比较的视野来看，在智能文明的条件下，民主政治

[1] Dirk Helbing, eds., *Toward Digital Enlightenment: Essays on the Dark and Light Sides of the Digital Revolution*, Springer, 2019, pp. 73—98.

也将会朝着全过程民主的方向继续发展和完善。工业文明条件下诞生的代议制民主在进入信息文明和智能文明的条件下，需要更多的民主形式和程序来弥补其不足，并且将民主实践扩展到更广泛的人民主体上。换言之，尽管西方国家占据了现代民主政治的主流话语权，仍然强调所谓选举和代议制民主是真正的民主，但是民主实践及其技术条件已经要求超越选举和代议制民主，而朝向更为广泛的实质性民主方向发展。这种实质性的民主一方面需要消弭政治精英和平民大众之间的权力差距，另一方面也要消弭社会各阶层在社会财富和地位等方面存在的不平等。而这种追求，从根本上完全符合马克思主义对于民主政治和人民民主的根本主张，同时也符合马克思主义关于民主作为一种政治制度需要由经济社会基础所决定的基本判断。马克思指出："在民主制中，任何一个环节都不具有与它本身的意义不同的意义。每一个环节实际上都只是整体人民的环节。"[1] 让每一个民主环节真正成为"整体人民"能够参与和掌握的具体过程，乃是人民民主发展的基本要义。中国特色社会主义民主政治所秉持的人民民主理念和正在发展的协商民主实践，正体现了这种对于"真正民主制"的追求。在未来的发展中，中国应当在民主政治领域进一步顺应智能文明所带来的变革趋势和内在要求，进一步推动全过程民主的发展。

更为重要的是，中国目前在智能革命中所取得的优势同样可以在很大程度上转化为全过程民主的发展效能。具体而言，中国在农业文明时期长期处于世界领先的地位，但也为中国的现代化转型造

[1] [德] 马克思：《黑格尔法哲学批判》，载《马克思恩格斯全集》第3卷，人民出版社1995年版，第39页。

成了相当程度的路径依赖和历史难题。而改革开放以来的发展，使中国逐渐赶上了世界现代化的脚步，并且在互联网和移动互联网的革命性发展中逐步走到世界的最前沿。究其根本，就在于中国拥有活跃的市场和极其庞大的用户数量，为大数据的生产和智能技术的社会应用提供了广阔的空间。由此，在智能文明初期，中国首次与西方发达国家同时站在智能革命的门槛上。换言之，中国具有了同美国等西方发达国家进行科技竞争的基本力量。相较而言，美国的主要优势在于其掌握了一系列人工智能的高端技术创新以及标准制定的主导权，但是中国的主要优势则在于海量的用户数据、统一活跃的市场和政府的大力支持。[1] 因此，中美双方在智能技术发展的主导权方面已经开始了日益明显的争夺，但是从更为广义的智能文明的发展角度来看，中美或中西之间的竞争并不仅仅体现在新兴的智能技术上，而更多体现为智能技术影响下的社会政治发展上。因此，在智能文明的基础上，新型的民主模式应当向着全过程民主的方向发展，从而弥补代议制民主的固有缺陷，真正推动民主政治向着更加全面和实质的方向发展。

整体来看，当人类社会开始进入到新的智能文明的背景下，应当充分运用智能技术和相应的社会条件，推动全过程民主这一更高的实践形式的发展。从这个角度而言，同时兼具智能社会基础和全过程民主条件的中国将变得更为重要，而中国特色社会主义民主政治和制度建设则可能成为全过程民主的新典范。全过程民主是基于“中国式民主”的最新理论总结，契合中国民主政治发展的基本要

[1] 高奇琦：《人工智能、四次工业革命与全球政治经济格局》，载《当代世界与社会主义》2019 年第 6 期。

求。全过程民主的核心要义在于“全过程性”，基本问题就在于要将民主原则贯穿于政治实践的全过程、将民主程序内化入制度建设的全过程、将民主权利普惠至公民个体和作为整体的人民。具体而言，基于中国实践而发展起来的全过程民主，具有以下方面的基本特征和制度优势：

第一，全过程民主具有“全局性”，体现为五大民主形式的有机统一。党的十九大报告对于人民参与的民主过程总结为五个方面：“扩大人民有序政治参与，保证人民依法实行民主选举、民主协商、民主决策、民主管理、民主监督。”[1]相较于以往的四大民主，这一表述增加了“民主协商”，从而表明选举民主、协商民主、决策民主、管理民主和监督民主已经成为中国民主政治的五种主要形式。这五大形式涵括了民主实践的基本方面，形成了各种民主形式相互支撑和互为补充的基本格局。例如，作为中国民主的特有形式和独特优势，协商民主以“广泛、多层、制度化”的协商来弥补票决与选举对抗的不足，可以充分拓展民主实践的空间和有效性，从更广义的角度而言，“中国的民主不仅仅表现在政治选举上，还体现在经济、文化、社会方方面面”。[2]在政治制度领域，全过程民主也体现为不同党政机构和制度模块之间的相互支撑，既涵盖了党委、政府、人大和政协等基本政治领域，同时也涵盖了各个行政层级。

从全局性的角度来看，对整个社会和政治进程进行准确的宏观

[1] 习近平：《决胜全面建成小康社会　夺取新时代中国特色社会主义伟大胜利——在中国共产党第十九次全国代表大会上的报告》，新华社2017年10月27日电。

[2] 韩震：《全过程民主制度保证了中国道路的成功》，载《社会主义论坛》2019年第12期。

调控以及对于具体的公共事务进行精细化的科学决策，长期以来都存在相当的技术难度。但是，通过新的人工智能和大数据的算法，可以将社会中的复杂决策因素和变量进行更好的捕捉和判断，从而更大程度地优化整体性的民主架构和决策模式、提高国家治理现代化的水平。简言之，工业文明无法对大规模的信息进行有效的处理。信息文明尽管可以对大量信息进行有效处理，但是由于劳动力的缺乏和智能程度的不足仍然面临很多难题。但是在智能文明的新的基础上，人工智能的要义在于算法将人类的规则进一步固定化，可以通过机器模型来简化人的决策模式，从而提高运作效率，因此在智能文明的全局性上可以更好地得到体现。

第二，全过程民主具有“全程性”，构成程序性与实质性的有机统一。民主实践需要一定的程序和制度安排，同时更需要在实质意义上保障民众的民主参与。更为重要的是，从实质民主的角度来看，民主并不是一选了事，也不是一票了之，在选举之间和投票之后仍然需要保障民众的基本民主参与。因此，全过程民主强调在整个政治过程中，包括政府产生、官员任命、政策决定、政策执行、绩效评估等各个环节，都需要贯彻民主原则和民主实践。例如，在科学决策和民主决策方面，中国的民主实践就特别强调民主程序和民主实质的统一。杨光斌认为，中国的政策过程追求“共识民主”，其中一个重要的原则就是注重全过程性而非一次性票决。[1] 因此，民主既需要严肃的规则和程序，同时也要使程序并不仅仅局限于选举和投票，还应当在整个政治过程中得到体现并真正落实。

[1] 杨光斌：《中国的政策过程追求的是一种共识民主》，载《领导科学》2018年第9期。

然而，真正实现“全程性”需要解决一个重要的问题，即如何在不增加过多决策和协商成本的基础上，更大程度地拓展民众参与的民主程序。人工智能等相关技术的最大功效，就是大大降低民主参与和民意集合的成本。智能技术不仅能够有效提高投票和统计的效率，同时也能够提升协商的效率。例如，通过自然语言处理等技术，可以通过分析民众表达的观点及其关键词，进而通过相关的算法将民众的意愿进行更有效的加总。传统的立法听证无法以较低成本对民众的意愿进行有效的集合，但在智能技术的支持下，不仅可以增加民众参与立法的互动性，同时也能够提升意愿加总和个体性分析的效率，而目前的技术条件已经完全可行。在中国对于人工智能进行初步规划时，便明确提出要“加强政务信息资源整合和公共需求精准预测，畅通政府与公众的交互渠道”。[1]

第三，全过程民主具有“全民性”，促进各阶层民众权利的有机统一。全过程民主的主体是人民，而就人民的内涵而言，既包括作为公民个体的人民，也包括作为整体的人民。人民民主所强调的也不仅仅是个体的权利，同时也强调作为整体的人民的权利得到充分保障。相较于西方资本主义民主政治，我国的社会主义民主则始终强调民主的全民性，这是一种更加全面和彻底的民主追求。从这个角度而言，全过程民主不仅体现为形式和程序的全面性，更体现为对最广大人民的民主权利的充分尊重和保障。由于目前中国社会发展依然存在不充分不均衡的问题，因此，不同阶层和地区的民众在民主需求、民主参与和民主权利上的实际状况也存在一定的差异。但是，这种状况不应当成为中国民主发展的障碍，相反，应当

[1]《新一代人工智能发展规划》，人民出版社2017年版，第29页。

成为中国特色社会主义民主政治的出发点，通过全过程民主的实践促进民主权利在全民范围内的有机统一。

因此，全程性民主既需要服务于作为整体的人民，也需要服务于作为个体的每一个人。工业文明只能提供规模化、“千篇一律”的民主，公民只能通过选票来表达政治诉求。而通过智能技术的应用，可以通过信息数据和算法的力量做到“千人千面”，即更加精准地把握每个公民的政治意图和公共服务需求，在此基础上，可以充分实现广大人民的民主权利。应用智能技术的公共服务可以做到个性化和精准化，同时也可以在算法设定上对弱势群体进行倾斜和援助，从而促进公共服务的均等化。只有满足了不同地区、阶层和类别的群体，民主的“全民性”才能够真正得以实现。

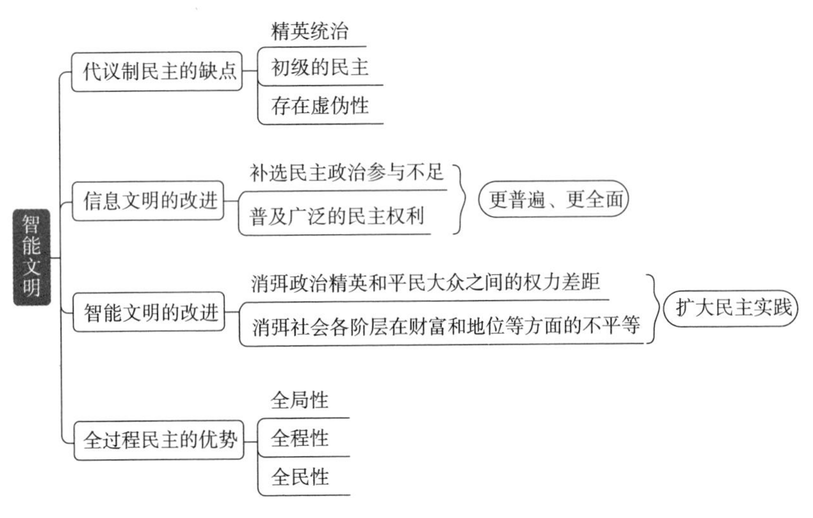

图 6-1　智能文明背景下的全过程民主

智能文明与全过程民主的中国优势

上述三个方面的主要特征和制度优势，实际上是对我国所坚持的人民民主在形式、程序和范围等方面的基本总结，而这些特征均可以用“全过程”这样鲜明形象的概念来加以概括。归根结底，全过程民主实际上是人民民主在理论内涵和制度实践等层面的基本表现，体现了中国特色社会主义民主政治对实质民主的鲜明追求。综合世界范围内的民主政治发展逻辑和中国式民主的发展实践可以看到，中国的制度自信的关键，就在于中国的民主发展符合人民民主的本源和根本要求，同时也建构了全过程民主的各种制度体系和程序政策。正是由于中国的理论和实践而形成的“全过程民主”具有上文阐述的理论品格，围绕全过程民主所构建的一系列中国特色社会主义民主政治制度及其实践，便具有了深厚的理论根源和鲜明的制度优势。在智能文明日新月异的发展背景下，中国的民主政治将呈现出更鲜明的时代特征和更广阔的发展空间。同样，我们也需要深入研究全过程民主的理论、制度和重要性，从全球比较和智能文明的视野中深入认识全过程民主的制度优势。

第一，中国制度建设将更加充分地贯彻全过程民主的原则。党的十九届四中全会擘画了新时代中国特色社会主义制度建设的宏伟蓝图，列出了各个方面的制度建设目标和任务。这些制度建设最终要实现的便是党的领导、依法治国和人民当家作主的有机统一，而归结到最基本的原则上，就是要贯彻人民民主的原则并将其体现到制度建设的全过程之中。有学者认为，全过程民主的基本优势包括“重形式程序的闭路循环”“强调实质内容的全面有序”“提倡不同层级的上下联动”“强化各类主体的关系耦合”以及“彰显国家治理的良好成效”。[1] 因此，中国的制度发展和国家治理现代化，就是

[1] 孙培军：《充分认识和发挥人民民主的全过程优势》，载《学习时报》2019年11月27日。

围绕着全过程民主的特征和原则所建构起来的，最终也需要充分发挥全过程民主的鲜明特色和基本优势。可以说，全过程民主是对中国制度建设的出发点和落脚点，是中国制度能够体现出巨大制度优越性的根本所在。

在这种情况下，应当深入研究全过程民主的理论生长点及其技术基础。全过程民主是对中国民主政治新的理论总结，并且会随着中国民主政治的发展而呈现出新的理论生长点：一是在中西比较的理论视野中探究全过程民主的本源，充分发掘其理论实质和先进性；二是提升全过程民主的学理化高度，由此引领和超越关于中国式民主的理论争议。更为重要的是，这种理论发展不仅要对民主本身进行进一步的学理化的研究，同时更要深入研究智能技术对民主的影响以及如何运用智能技术支持全过程民主的进一步有效实现。同时，应当更具前瞻性地重视区块链在民主效能提升中的作用，因为区块链的本质便是人类社会交往的规则重构。目前来看，区块链 2.0 的主要表现便是智能合约，而社会整体的契约程度可以在智能合约的基础上进一步提高，从而对于未来的民主运作产生深远影响。

第二，制度的治理效能是体现全过程民主优势的根本旨归。通过国家治理体系和治理能力的现代化，充分实现中国的制度优势和不断提升治理效能，是中国特色社会主义制度发展成熟和完善的基本内涵。从比较视野而言，西方民主制度片面追求“选战取胜”乃至恶性竞争，但对施政和治理过程缺乏有效的民主参与和监督，由此也在很多国家造成了社会撕裂、效率低下和政治动荡等恶性后果。而中国在稳健的制度建设中逐步发挥全过程民主的巨大优势，实现了社会团结、高效治理和政治稳定等成效，体现了全过程民主在制度实践方面的基本效能。习近平总书记曾经提出评价一个国家政治制度是不是民主的、有效的八个标准，[1]这些标准的核心就在于全体人民的有效参与和制度效能的发挥。在全球大变局的背景下，中国之治与西方之乱日益形成鲜明的对比，其中的关键就在于民主制度是否能在整个政治过程中发挥出治理的效能，是否能够体现出制度的有效性。因此，深入探究如何将全过程民主的制度优势转化为更强大的治理效能，将会是未来我国民主政治发展的核心所在。

因此，应当结合智能文明的特性积极发挥全过程民主的制度优越性。全过程民主的生命力在于制度实践的效能，而效能的发挥有赖于具体的程序和技术支撑：一是人民民主和实质民主如何在程序和操作层面得到更切实的实现，并且有效降低民主程序的运行成本；二是不同领域和不同层级的民主制度和机制如何实现协调和有机统一，实现信息的高度统一和运作程序的有机统一；三是如何借助智能技术和算法进一步拓展民主程序和民主制度实践的覆盖范围并提升全民的民主参与程度与质量。在这些机制性问题上，智能技术和区块链技术能够发挥更大的作用。从技术上看，智能技术的本质是更高效率的加总，能够把民众的意愿进行更好的汇集和分析，但是人们可能会担心其算法是否公平，因此，区块链技术的分布式特性就显得至关重要。区块链技术的本质是分布和多中心化。作为区块链构成性技术的分布式账本和加密技术可以将有效的资源分布在不同的超级节点手中，然后通过加密技术可以进一步保障公民的

[1] 习近平：《在庆祝全国人民代表大会成立六十周年大会上的讲话》，载《求是》2019年第18期。

隐私权。因此，区块链技术是与民主的发展趋势是相一致的。智能技术与区块链技术相结合，将在民主的全过程实践以及治理效能的提升中产生非常重要的影响。

第三，全过程民主的制度实践可为全球发展贡献新的方案。全过程民主是一种更先进、更具实质性的民主实践，而中国围绕全过程民主所构建的基本制度和治理体系，也将会在未来发展中体现出更大的制度优势。优势体现于比较，中国和西方之间的制度比较将会成为未来全球政治发展的基本主题。在这种情况下，中国一方面需要继续完善自身的制度建设和优化全过程民主的制度实践，另一方面也需要通过中国制度优势的彰显来对全球产生更加深远的影响，改变制度上的“挨骂”状况。从这个意义上讲，全过程民主实际上鲜明体现了中国民主在操作层面的特征和经验，而从技术层面来探索民主制度的有效性，则能够发挥更广泛的借鉴意义。同时，从全球治理的角度来看，对于人工智能实现更好的治理，也需要更加灵活和包容的国际合作。[1] 而对于智能技术发展的全球协调，同样也需要进一步拓展民主治理的国际空间。

因此，应当在智能文明的背景下稳步提升全过程民主的效能，进而主动探索中国制度优势的全球性意义。可以从全过程民主的制度实践和操作技术层面入手，积极总结中国民主政治的有效经验和制度措施，为世界民主政治的发展提供新的思路、手段和模式。当然，这种“主动出击”的关键在于，中国需要采取更加稳健的步骤和手段，也就是说，应当首先在具体政治实践中发挥技术优势和制

[1] Wendell Wallach and Gary Marchant, *Toward the Agile and Comprehensive of AI and Robotics*, Processing of the IEEE, Vol. 107: 3, pp. 505—508 (2019).

度效能来解决实际问题，进而形成积极的经验总结和示范效应，最后通过国际传播来稳步提升中国之治的吸引力。可以预见，中国的全过程民主将会伴随着智能文明的发展而呈现出更加先进的理论特色和制度优势，这一方面是由于中国秉持的人民民主理念在新的技术条件下能够进一步凸显全过程的优势，另一方面则是由于中国在智能文明发展的过程中所具有的独特优势和广阔的发展前景。因此，中国应当把握民主发展的理论前沿和智能技术发展的时代脉搏，深入推进智能技术与全过程民主的有机结合，通过不断提升民主实践的整体制度效能，为人类民主政治的发展提供智能文明的民主典范。

民主的发展程度与科技文明的背景以及经济社会基础有着密切的关联。按照马克思主义的经典判断，民主政治的上层建筑从根本上要由物质生产的经济基础来决定。作为“第一生产力”的科学技术，对于民主的实现形式具有深刻的历史规定性。代议制民主在本质上是工业文明的产物，同时也在很大程度上悖离了民主的本源意

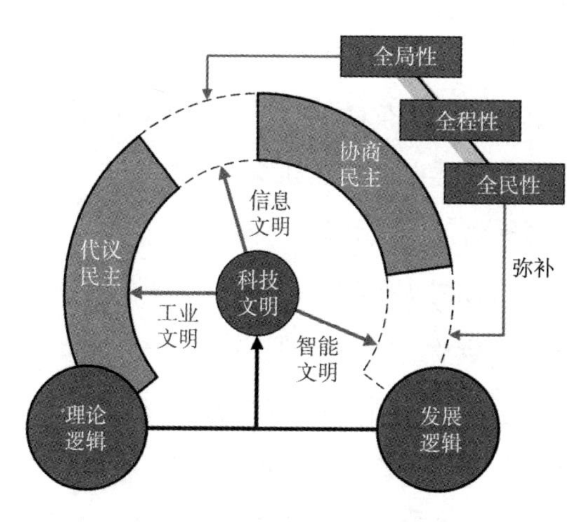

图 6-2 科技文明与民主的关系

义。因此，在进入信息文明之后，新兴民主理论都在重新讨论民主的本质和内涵，其核心取向便是将民主实践拓展至政治生活的更多方面。智能文明的发展，为这种民主的“全过程性”的拓展提供了新的时代背景，而中国则在人民民主和智能技术的发展方面取得了相应的优势。因此，在智能文明的基础上，中国的全过程民主可以通过制度优势和智能技术的支撑，进一步实现其“全局性”“全程性”和“全民性”的基本特征。当然，目前人类文明刚刚站在了智能文明的门槛上，未来仍然需要克服诸多的挑战和解决诸多的问题。从这个意义上来看，尽管全过程民主在中国的实践初具规模并且显示出一定的优势，但是全过程民主的完全实现依然需要一个历史过程。智能文明为这种历史过程提供了基本要素，中国需要把握这种时代特色，进一步将全过程民主的制度优势转化为治理效能，从而为智能时代的世界民主政治实践提供更加丰富的实践方案和路径选择。

智能社会科学的必要性、本体与方法

在智能革命的背景下，智能社会科学的发展势在必行。本章试图回答三个问题：为什么智能社会科学必须要发展？智能社会科学是什么？智能社会科学如何构建和发展？对于这三个极具挑战性的问题，笔者尝试提出自己的见解。

在人工智能蓬勃发展的时代背景下，智能社会科学应运而生。智能社会科学不仅涉及一门全新的、复杂的综合性学科构建，更关系到中国社会科学界争取国际话语权的重大努力。就目前而言，我国推动智能社会科学的构建有两点重要意义：

第一，构建制度话语权的重要突破口。不可否认，以美国为首的西方国家在法律规范、科学技术、学科建设等方面都处于世界前列。例如，在人工智能领域，西方（特别是美国）的主导和支配仍然是明显的。不仅在技术上，而且在相关法律规范、伦理观念、创新人才等方面，西方仍然处于优势地位。就中国社会科学界而言，目前的知识体系大多是在西方话语下形成的。关于学科的分类基本上照搬西方，而我国学术界的原创性贡献非常少。自 21 世纪以来，中国的经济实力显著提高，在国际上的影响力也越来越大，因此，突破西方的制度性话语壁垒，并形成具有中国特色的话语体系愈加重要。毫无疑问，学科建设将成为未来中国构建制度性话语权的重要一环。如何在一些新空间中构建新的学科体系和知识体系，已成为中国当代学者共同努力的一个重要方向。笔者认为，治理科学和智能社会科学将成为未来中国社会科学界共筑中国特色话语体系的两个重要突破口。

管理学是工业化时代的产物。在第一次工业革命和第二次工业革命的基础上，西方的管理学应运而生。20 世纪八九十年代，治理理念崛起，之后治理成为各个学科的重要概念。治理与管理仅一字之差，却在内涵上有着明显区别。管理强调自上而下的、对人的强约束，而治理则更强调双向互动的、对人的软约束。相较于管理，治理拥有更强的多中心化内涵，因此，治理科学可以在跨学科交流下糅合出新的研究课题和方向，成为未来新学科构建的重要发力点。在治理科学之外，未来新学科另一个重要突破点就是智能社会科学。

第二，赢得智能革命竞争的重要保障。第三次工业革命表现为信息革命，而第四次工业革命则表现为智能革命。智能社会科学是智能革命在知识体系上与人文社会科学交叉后的自然产物。进一步讲，智能社会科学可以成为第四次工业革命给中国人文社会科学界的“惊喜”。两百多年来，中国首次与西方发达国家一道站在新工业革命的起点上，因此中国需要抓住时机争取第四次工业革命的主动权，这就需要当代中国社会科学学者携起手来，共同构建智能社会科学，以保障智能革命的顺利和健康发展。简言之，智能社会科学对于智能革命具有重要的保障意义和引领意义。

任何一个成熟学科都必须要有本体。本体构成学科最重要的内核。例如，政治学研究的本体是政治现象。那么，作为一个新兴学科，智能社会科学的本体是什么呢？笔者认为，智能社会科学的本体应是一个综合性本体，由微观本体、中观本体和宏观本体三个层次的内容构成。

在微观层面，智能社会科学的本体由智能体和人两方面组成。作为智能革命的产物，智能体将成为未来社会生活中的新兴个体，因此智能体的个体地位以及附着在上面的法律、社会、政治关系就变得至关重要。人同样是智能社会科学的微观本体，这是因为智能体首先是作为人的辅助物而出现的，但同时智能体表现出的重要特征是类人。因此，在未来是否给予智能体以类似于人的地位，将会成为智能体研究中的重点问题。同时，这种社会关系的变化会对人产生重大影响，例如，大量智能体的出现对劳动和就业会产生何种影响，因此在智能体下受到冲击的人同样应是智能社会科学研究的重要本体。

在中观层面，智能社会科学的本体应该是运用人机互动或人机协作的政府、企业及社会等各类组织。在未来，大量组织将会出现人机混合的情况，因此，人机混合型组织对未来社会的组织结构将产生何种影响，这类组织形态对经济活动以及政府治理过程的重构性作用等都会成为中观本体研究中的关键问题。

在宏观层面，智能社会科学的本体则是人机世界或智能文明这样的宏大内容。人机世界可以成为未来社会的一种本体性描述，而智能文明则可以将这一描述拔高一个层次，其可以与之前的农业文明、工业文明、信息文明在同一层次上加以讨论。在宏观整体层面可以讨论的本体性议题，包括通用人工智能对人类的整体性挑战、人机是否可以和谐相处、智能文明代表了社会进步还是社会退步等。

同时，一个学科的成熟还表现在其有一整套完整的研究方法。哲学家保罗·费耶阿本德（Paul Feyerabend）反对研究方法，认为没有方法的方法是最好的方法。事实上，研究方法的优点在于它可以给一个学科建立边界，即不是任何人都可以谈论该学科的内容。树立边界可以让学科的讨论更加聚焦和专业化。因此，研究方法对于智能社会科学边界的建立具有重要意义，即研究方法不可或缺。但同时，由于智能社会科学是一个更具开放性和未来性的学科，所以其研究方法也应该更具包容性和广泛性。整体来看，智能社会科学的研究方法应该至少应该包含如下三个方面。

第一，科学方法。在这里，既包括自然社会科学色彩最为浓重的实验法和统计法，也包括人文特征相对浓厚的质性比较分析（QCA）或内容分析等。科学方法强调提出假设、验证规律以及可重复性等一整套科学设计。这里还可以将人工智能的新方法引入进来，例如卷积神经网络（CNN）、循环神经网络（RNN）、长短时间记忆模型（LSTM）、生成对抗网络（GAN）、支持向量机（SVM）、知识图谱（Knowledge Graph）等。这些方法的运用将有助于产生许多新的发现。

第二，哲学方法。因为智能社会科学所探讨的许多内容完全是面向未来的，因此哲学反思非常重要。人类智能的基本特征是举一反三，即在小数据基础上进行一种更加广泛的推断。因为哲学反思更加强调知识之间的体系结构以及相互的逻辑自洽，所以运用哲学反思，能让我们更为全面地思考智能社会科学这一新兴学科、帮助我们原创性地提出一些重要假设。

第三，人文方法。因为智能社会科学的许多研究对象是在未来发生的，所以某些研究成果很难用科学的方法去检验。哲学方法更加强调逻辑推理和知识结构，其对研究者的要求较高。换言之，并不是所有的研究都可以采用科学方法，也并不是所有的人都可以掌握哲学方法。因此，人文科学的方法，例如科幻小说作品中极为强调的想象，也可以成为智能社会科学的研究方法。一个经典例证是，阿西莫夫的“机器人三定律”本来就是小说作品中的成果，之后被引入进机器伦理学的领域，并成为机器伦理研究的起点问题。这充分说明了人文方法在智能社会科学研究中的重要作用。

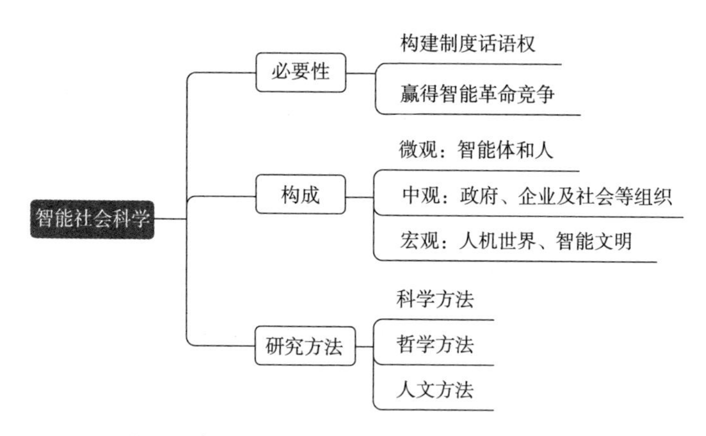

图 6-3　智能社会科学的必要性、构成与研究方法

最后，我们仍然需要回到费耶阿本德的“反对方法”的观点。费耶阿本德的意义在于，他提出了一种新思维，即强调法无定法。简言之，在智能社会科学的研究中，应该采取实践驱动的策略。只要研究有逻辑、能说服人，具体研究设计和操作性方法都应该被开放性地接受。这样，智能社会科学的研究方法就可以在有边界的同时又保持足够的开放性。

智能社会科学的学科构成、议题与构建路径

伴随着智能革命的深入推进，笔者认为，鉴于其特殊的重要性，智能科学将来需要成为一个单独的学科门类，其由智能科学理论、智能工程学和智能社会科学三个一级学科构成。智能科学理论重点研究以智能为中心的科学理论，如人工智能、生物智能和超级智能的相关科学理论等。智能工程学则是将智能技术作为一种问题解决方式运用在社会各领域的工程性技术，其主要包括机器学习、知识工程等具体性和操作性的工程实现路径。智能社会科学则是智能技术和社会科学的交叉。

智能社会科学有三个内核：伦理、法律和政策。伦理是基本原则。人工智能的发展首先要通过伦理这一关。在学科上，伦理更多是哲学的范畴。但是在实际操作过程中，伦理涉及不同学科的不同应用场景。法律是人工智能发展的规范。法律主要起到令行禁止的作用，即告诉人们应该做什么和不应该做什么。人工智能下一步发展将面临的安全、隐私、公平等问题都需要以约束性规范的形式将其确定下来。第三个内核是政策，即政府在人工智能领域的公共性引导行为，其对人工智能发展更多起到产业推动和应用促进的作用。在这三个内核之外，智能社会科学的内容还辐射到哲学、政治

学、法学、经济学、社会学、教育学等各个领域。智能社会科学的构成大致体现出“3+X”的特征。

智能社会科学的基本特征是跨学科交流。2019 年 12 月 1 日—12 月 2 日在华东政法大学召开的“第一届智能社会科学论坛”正体现这样出的特征。以基调演讲嘉宾为例，中科院褚君浩院士从人工智能的技术特征、宏观发展趋势及其社会影响等角度来展开宏观讨论。主旨演讲嘉宾中智能哲学领域的探讨比例较高。

智能社会的构建可以有两种路径：一是顶层设计，二是自发秩序。顶层设计是以政府指导为核心，对智能社会科学的构建和发展进行整体性的规划和推动。自发秩序是通过智能社会科学共同体的共同讨论，逐渐形成共识。顶层设计的优点是推进快，且具备某种整体性。这种方法在实施追赶战略时最为有效，即可以参照模板快速学习，然而在实施创新活动时，就会面临诸多困难。智能社会科学的构建是一个具备高度创新性的活动。即便是处于战略高度的政府高层也很难把握未来智能社会科学的面貌和方向，因此，自发秩序路径在这一学科构建中的作用就会更加重要。

在初步建立时，这样的学术共同体很有可能是“英雄会”，即通过跨学科交流解决实际问题，也有可能是“大杂烩”，即仅仅是不同的学科的学者聚在一起，甚至于大家使用的学术语言差异都比较大。然而，这样一种直接的、面对面的对话，往往有助于整体性地思考一些重要的刚需问题，例如无人驾驶的伦理与政策问题。出于实际需要，我们不得不思考这些问题的解决，并且在这些问题的互动讨论过程中，各个学科之间可能会逐渐形成或接近共识，那么“大杂烩”就逐渐会变成“英雄会”。刚开始，智能社会科学的研究是跨学科的，即大家需要从各自不同的学科中跨出来，或者说运用各自学科中的方法、工具、理论、思维、话语来讨论人工智能的相关问题。在逐渐发展的过程中，新的智能社会科学就会渐渐地转变成新的学术共同体。

一个学术共同体的形成需要如下四要素：第一，明确的研究本体。第二，大家共同关心的、既整齐但同时又具有开放性的议题。第三。成熟的研究方法。成熟的研究方法可以把外行人划定在学科之外。第四,一定的学科边界，但同时要对外来者保持一定的开放性。智能社会科学还是一个处于成长期的知识体系。起初应更具有高度的开放性，边界要模糊，甚至刚开始不需要有边界。在一段时间之后，边界应逐渐形成，这是学科成熟的标志之一。不是任何人都可以来谈论智能社会科学相关的问题。智能社会科学的相关讨论，要想变得越来越专业，拥有更高的技术含量，就需要学科内知识的不断积累。

智能社会科学将来发展的重点是制度化地将讨论产生的内容逐步变成成果，然后通过学术界的互动逐渐在成果中形成“共有知识”，即共同的概念、范式和核心观点。在社会或政府举办的一些大型人工智能相关会议中，共同宣言往往是标配，因为宣言是一个具有高度显示度的展示形式。然而，学术界不太需要宣言，需要的是扎扎实实的、能说服人的学术成果。人工智能的一个重要特点是，其可以发挥“众智成城”的作用。一个智能体单元是微不足道的，然而把它们加总起来进行并行计算就会出现巨大的生产力。同样，要把这一内涵放到智能社会科学形成的过程当中。因此，我们接下来一个非常重要的工作就是要将“智能社会科学论坛”机制化，逐步形成常态化组织，并将活动定期化。把相关的学术讨论用知识的方式固定下来，并逐步为社会发展提供一些参考性意见，逐步在社会科学中生根发芽。

因此，智能社会科学的构建将更加需要基于自发秩序而不是顶层设计。因为没有哪位天才的学者或政府官员会知道未来智能社会科学的构成和要义，所以我们需要更多同仁在共同体内共同发力，形成共同的概念、方法和话语。简言之，智能社会科学的构建将会是一个自发秩序的形成过程。

新文科：新时代文科教育的新方向

近年来，关于“新工科”的讨论持续升温。一时间，“新工科”成为高等教育中的核心词汇，广受关注。然而，笔者认为，中国的高等教育要走出中国特色和中国气象，不仅要建设“新工科”，而且还要建设“新文科”。

为什么要建设“新文科”？原因如下：

第一，国家大战略的实施不仅需要大批新型的工程科技人才，同样需要大批新型的文科专业人士。国家正在实施“中国制造2025”“互联网 +”“网络强国”等重大战略，这些大战略作为系统工程，需要整个社会的协同和助力。例如，汽车厂商将2020年看成是无人驾驶落地的关键年份，而目前无人驾驶落地最大的障碍并不是技术本身，而是与无人驾驶配套的相关法律、公共政策以及社会心理等。因此国家大战略的实施需要大批了解科技进展并能积极作出回应的新型文科人才。

第二，中国需要在文科教育改革中进一步加强在国际社会中的制度性话语权。中国在文科教育的规模上已经取得巨大成就，但是目前的社会科学教科书几乎都被西方知识所主导，其中还夹杂了不少的西方意识形态内容。换言之，尽管中国是文科大国，但不是文科强国。中国文化和中国知识需要进一步的理论化和学科化，也需要进一步提升其在国际社会的影响力。新一轮科技革命出现了大量的新兴领域和命题，例如人工智能、区块链、基因工程、虚拟现实等技术对人类社会的巨大颠覆性影响及其防治等，这些都给中国重新定义文科教育的机会。

“新文科”是什么？“新文科”就是，在新一轮技术变革背景下，文科的相关学科通过主动回应技术和社会变革，积极运用人工智能和大数据等方法，并为未来社会发展和产业升级提供重要支撑的建设过程。具体而言，“新文科”的“新”重点体现在如下几点：

第一，广泛交叉。“新文科”应该是文科知识与科学、工程知识主动结合后的产物。在新一轮技术革命的影响下，文科传统的研究方法将受到巨大挑战。之前由于数据采集的成本过高，社会科学的调查研究主要基于以抽样为中心的小数据方法。而在大数据的时代背景下，社会科学需要对全样本的数据进行分析和处理，这是传统文科教育所没有提供的。因此，未来文科教育同样需要学习Python等编程语言，文科研究也同样需要掌握大数据采集和处理的技术，并运用机器学习或知识图谱等人工智能技术对社会科学问题展开分析。

第二，未来导向。新文科教育应该培养能对未来技术和社会变迁作出积极反应的人才。新文科应该更加关心大数据、人工智能、基因工程等技术在未来可能产生的社会影响。例如，人工智能的落地在未来可能对翻译、书记员、初级律师、银行柜员、汽车司机等职业形成巨大冲击，新文科培养的人才就需要对这些问题有更全面的认识和判断。再如，物联网和人工智能的发展，会使得传感器无处不在，那么这其中隐含的隐私泄露风险以及安全风险如何规制，也是新文科教育所关心的问题。

第三，能力培养。传统的文科教育主要是职业教育，即所选取的专业与之后从事的职业密切相关。然而，未来这种职业功能模式将会受到巨大挑战。近年来，银行已经大量减少对金融专业人才的招募，而全部转向对金融科技、人工智能和区块链人才的招募。因此，未来的文科教育应转变为多方面能力培养和以兴趣为中心的教育。“授人以鱼不如授人以渔”，否则，面对社会环境的剧烈变化，文科生将面临“一毕业就失业”的困境。

未来应该如何推进“新文科”教育？

第一，充分调研，凝聚共识。“新工科”的提出就经历了“复旦共识”“天大行动”和“北京指南”等过程，为此，教育部组织各方力量进行了深入调研，也通过学术研讨会等活动进一步凝聚高校和社会共识。“新文科”的推动同样需要这一过程。

第二，在不同院校和专业间分类实施。可以在综合性大学、综合性文科大学以及单科优势大学中选取一些牵头单位，也可以按照哲学、法学、经济学、政治学、社会学、教育学等学科展开探索，寻找文科各专业的新增长点和突破点。

第三，形成新兴文科交叉专业。大力发展与大数据、人工智能、虚拟现实、基因工程等新技术相关的新兴文科专业。当然，这些探索也不一定在短期内全面展开。由于目前人工智能对人类社会的影响更大，因此可以尝试先行推动智能法学、智能政治学、智能社会学、智能伦理学、智能新闻学、智能教育学等智能社会科学各学科的建设。

第四，更新文科人才的知识培养体系。将社会和技术的最新发展、行业对人才培养的最新要求引入教学过程。积极培养文科生的创新思维、智能思维、数字思维和工程思维，提升文科生的创新创业、跨学科交叉、自主终身学习、沟通协商等各方面的综合能力。

第五，形成一批示范成果。各类高校要审时度势、超前预判，根据办学定位和优势特色，大胆改革、先行先试，可在如下领域实现重点突破：建设一批新型高水平文科大学；建设一批社会急需的新兴文科专业；建设一批体现社会和技术最新发展的新课程；培养一批积极回应社会变化的高水平专业教师；建设一系列跨学科技术与社会应用研发平台。

后记

这是我第三本关于人工智能的书。在第一本《人工智能：驯服赛维坦》中，我希望回答的问题是，人工智能对未来社会的整体影响究竟如何？在第二本《人工智能Ⅱ：走向赛托邦》中，我希望解开西方人工智能观念中的“马斯克悖谬”。这种悖谬在西方人工智能学术界和工业界中影响非常大。如果从哲学上不解开这个悖论，人工智能就无法得到真正的发展。

在这本《人工智能治理与区块链革命》中，我希望回答的问题是，人工智能与区块链之间的关系究竟如何？国内外学术界在讨论人工智能和区块链的问题时，往往把两者割裂开来，很少有研究把两者放在一起。笔者认为，人工智能和区块链是智能革命的AB版。人工智能发展对世界政治经济格局会带来深刻的影响，但同时人工智能的发展又面临隐私、安全和公平三大问题，而这三大问题都需要从区块链中找到解决方案。这本书的基本脉络是从人工智能风险治理等问题出发，把重心落脚在区块链对未来社会的影响上。在最后一部分，笔者还讨论了智能文明与智能社会科学的问题。智能文明将成为人类社会在农业文明、工业文明和信息文明之后的新文明样态，而在此基础上，社会科学也将会迎来新的重构。两百多年来，中国首次与西方发达国家同时站在智能革命的门槛上，而这种智能社会科学的建构，不仅会助力于智能革命的顺利发生，同时也会成为中国建构制度性话语权的重要努力。

这本书并非我独立完成。其中部分章节由我与四位合作者共同完成。第二章的第五节“智能社会建设对领导干部执政能力的要求”由我和周荣超博士完成。第四章“区块链与全球经济治理转型”由我和张纪腾同学完成。第五章的第四至六节由我和阙天南同学完成。第六章的第一至三节由我和杜欢讲师完成。引言、第一章、第二章的第一至四节、第三章、第五章的第一至三节、第六章的第四至六节由我独立完成。

另外，本书的各个章节大都在国内的学术期刊或知名报纸上发表或刊登过。引言的核心内容发表在《解放日报》2019 年 11 月 26 日。第一章的第一到第三节的主要内容发表在《当代世界与社会主义》2019 年第 6 期上，第四、五节的主要内容发表在《探索与争鸣》2019 年第 1 期，第六、七节的核心观点则发表在《探索与争鸣》2017 年第 10 期。在第二章中，第一节的主要观点发表在《解放日报》2019 年 8 月 1 日，第二节的核心内容发表在《中国社会科学报》2019 年 3 月 29 日，第三节的主要内容发表在《光明日报》2018 年 11 月 21 日，第四节的主要内容发表在《人民日报》2018 年 12 月 2 日，第五节是我和周荣超的合作成果，发表在《中国党政干部论坛》2019 年第 2 期。第三章核心观点发表在《世界经济与政治》2019 年第 7 期上。第四章是我和张纪腾的合作成果，其中绝大部分观点发表在《学术界》2019 年第 9 期和《国际展望》2019 年第 5 期。在第五章中，第一节的核心内容发表在《学习时报》2019 年 8 月 23 日，第二节和第三节的内容发表《探索与争鸣》2020年第3期，第四至六节是我和阙天南的合作成果，其中绝大部分观点发表在《电子政务》2020年第1期。第六章第一至三节是我和杜欢的合作成果，发表在《社会科学》2020年第3期，第四、五节的主要内容发表在《上海交通大学学报（社会科学版）》2020年第2期，第六节的核心观点发表在《人民日报》2018年10月8日。在这里特别感谢帮助我发表这些成果的主编和编辑。他们包括：《世界经济与政治》副主编袁正清教授，《上海交通大学学报（社会科学版）》主编彭青龙教授，《探索与争鸣》主编叶祝第编审和杜运泉副编审，《社会科学》胡键主编，《人民日报》理论部何民捷主任和张垚编辑，《学术界》马立钊主编和刘鎏编辑，《解放日报》理论评论部王珍副主任，《当代世界与社会主义》鞠小俊编辑，《电子政务》宋文好副主编、《中国党政干部论坛》胡秀荣编辑、《国际展望》孙震海副主编，《学习时报》张丹丹编辑等。

我在第六章中讨论了智能社会科学的问题。我们还力图在实践上对其有所推动。在科技部新一代人工智能发展研究中心的指导之下，笔者负责的华东政法大学人工智能与大数据指数研究院联合北京大学、清华大学、中国社科院、复旦大学、上海交通大学等国内高校的相关研究机构发起"第一届智能社会科学论坛"暨"智能社会科学的未来"学术研讨会（2019年12月1日—2日）。在第一届论坛成功召开之后，我们组成了"智能社会科学论坛组委会"，希望将这一论坛制度化。组委会主席由中科院褚君浩院士担任，委员包括科技部新一代人工智能发展研究中心副主任李修全研究员、北京大学信息科学技术学院黄铁军教授、清华大学公共管理学院教育部长江学者特聘苏竣教授、北京大学软件与微电子学院创始院长陈钟教授、中国社科院哲学所科学技术和社会研究中心主任段伟文研究员、复旦大学应用伦理学研究中心主任王国豫教授、上海交通大学中国法与社会研究院院长教育部长江学者特聘季卫东教授、上海大学战略研究院院长李仁涵教授、上海社科院哲学所副所长成素梅教授、浙江大学科学技术与产业文化研究中心副主任张为志教授、上海大学社会科学学院王天恩教授、中山大学哲学系熊明辉教授、上海市科学学研究所科技发展研究中心主任王迎春教授。第二届论坛将由国家卫健委下的中国人口与发展研究中心主办。中国人口与发展研究中心的贺丹主任专门来参加“第一届智能社会科学论坛”，并积极要求主办第二届会议。

文科的学者研究人工智能和区块链的问题需要勇气。我在研究中得到许多人工智能领域的自然科学家、社会科学家以及企业家同仁的帮助。这些老师和朋友包括：中国科学院褚君浩院士、中国科学院张旭院士、上海交通大学前校长中国工程院翁史烈院士、中国工程院杨胜利院士、原国新办主任赵启正先生、中国社会学会会长李友梅教授、中国科学院自动化研究所复杂系统管理与控制国家重点实验室主任王飞跃研究员、美国芝加哥大学社会学系赵鼎新教授、国务院参事王辉耀理事长、上海交通大学科学史与科学文化研究院江晓原教授、零点有数袁岳董事长、微软亚太科技有限公司王枫副总裁、同程旅游李志庄副总裁、联想集团戴京彤副总裁、驭势科技 CEO 吴甘沙、天津科学学研究所所长李春成教授、中国信息经济学会杨培芳理事长、中国科学院自然科学史研究所刘益东研究员、同济大学经济与管理学院诸大建教授等。这里要特别感谢的是清华大学苏世民学院院长薛澜教授。2019 年 2 月，国家新一代人工智能治理专业委员会成立，我非常荣幸地成为八位委员之一。薛教授是治理专委会主任。薛教授为我的书《人工智能Ⅱ：走向赛托邦》专门写了推荐序，并为本书《人工智能治理与区块链革命》撰写推荐语，特此感谢。还特别感谢上海交通大学文科资深教授、中国法与社会研究院院长季卫东，为本书撰写了推荐语。

在这里还要特别感谢总参第四部原副部长郝叶力将军、科技部新一代人工智能发展研究中心副主任李修全研究员、汇真科技李利鹏董事长。郝将军近年来一直主办负责中美网络安全对话的观潮论坛，对我的人工智能研究也一直很关心，多次出席我们组织的活动并发表精彩演讲。在与郝将军的交流和思想碰撞中，我每次都有新的收获。李修全主任是国务院《新一代人工智能发展规划》的主要执笔人之一。李主任是清华人工智能的工科博士，多年从事人工智能的政策规划工作，对人工智能的未来发展有许多整体性的思考，对我的研究帮助很大。李利鹏先生是纵横商海的骄子，但是他有很强的民族使命感，积极思考国家大事。利鹏君还是人工智能领域的技术专家。与利鹏君的交流，可以令我在智能相关技术领域以及国家民族命运等问题上得到许多启示。三位老师也是我新负责的华东政法大学人工智能与大数据指数研究院的首批特聘高级研究员。

此外，笔者还要感谢上海市大数据社会应用研究会的发起人朋友，他们分别是上海交通大学凯原法学院杨力教授、复旦大学大数据学院吴力波教授、上海财经大学长三角与长江经济带发展研究院院长张学良教授、上海对外经贸大学人工智能与管理变革研究院院长齐佳音教授。我们这个组织是在时任上海市社联党组书记、现任上海市委副秘书长燕爽同志的支持下成立的。燕秘书长长期以来一直关心我们的指数和人工智能研究，对我们帮助非常大，在此特别感谢。

在此，笔者要特别感谢我的四位授业恩师：俞可平教授、沈丁立教授、李路曲教授和丁建顺教授。俞老师是国内政治学领域最有声望的大学者之一，是我第二站博士后的合作导师。他每次见到我时，都会鼓励我在政治哲学上多做思考，这促使我在思考人工智能的问题时尽量深入到哲学层面。沈老师是我读博期间的导师，沈老师的全球视野和强烈使命感鼓励我去思考人工智能给国际格局和全球治理带来的战略性影响。李老师是我硕士期间和第一站博士后期间的指导老师。他在比较政治领域的精深造诣鼓励我在不同政治文化背景下理解人工智能的新意义。丁老师是我终生的艺术学老师。他在中国人文艺术领域的卓越造诣和平易近人的指导风格，帮助我在思考人工智能和区块链等复杂问题时，更加深入地理解“政治不仅是一门技术，更是一门艺术”。这里还要特别感谢徐达华先生。徐先生是我生命中的贵人，徐先生特别强调中华文明和希腊罗马文明之间的比较，这使我更加深刻地认识到人工智能的发展对人类社会文明变迁所蕴含的巨大历史意义。

笔者还要对华东政法大学的领导表示感谢。郭为禄书记、叶青校长、应培礼副书记、闵辉副书记、唐波副书记、陈晶莹副校长、张明军副校长、周立志副校长在工作上给予了我非常多的指导和帮助。校领导非常关心人工智能给社会科学带来的整体影响，成立了华东政法大学人工智能与大数据指数研究院，并交由我来负责。这既是对我之前人工智能研究工作的肯定，也是一份新的沉甸甸的责任。学校各职能部门和各学院的领导如曲玉梁主任、虞浔主任、戴莹处长、刘丹华部长、夏菲处长、杨忠孝处长、洪冬英院长、周立表处长、韩强处长、屈文生处长、孙黎明处长、胡叶处长、李翔书记、陈金钊院长、崔永东主任、阙天舒书记等都对我帮助多多。这里一并表示由衷的感谢。

感谢华东政法大学计算机专业的同事对我的人工智能研究提供的支持和帮助。在此要特别感谢王永全教授、王奕教授、刘洋老师。在几位老师以及计算机专业的同学们的鼎力支持下，我们开始探索咨询机器人的技术实践，这让笔者在社会科学的研究之外还能亲自实践运用人工智能技术改变社会的可能。感谢政治学研究院的团队，包括王金良副教授、游腾飞副教授、严行健副教授、吉磊讲师、朱剑讲师、杜欢讲师。我们的研究院像一个年轻的大家庭。在理想和信念的支撑下，在团结和紧张的气氛下，大家在困难中快乐的前行。我们院的博士生和硕士生也是这个大家庭的成员，他们承担了院里大量的行政工作和数据整理工作。这些研究生主要包括周荣超、金华、蔡聪裕、阚天南、吕俊延、赵乔、杨帆、张纪腾、杨宇宵、束昱、蒙诺羿、汤孟南、莫非、贾艺琳、梁鸣悦、孙介楣、杨姣、王锦瑞、刘芝佑等。他们在该书的文献的查找和校对等辅助工作方面帮我节省了不少时间。这里要特别感谢束昱和莫非，他们为本书各章绘制了思维导图和结构图。

我要特别感谢我的好朋友谷宇教授。谷老师是中国政治思想史领域的专家。谷老师对我学习中的启发主要在国学领域。“执古之道，以御今之有”。国学知识更接近气宗，人工智能和区块链则更接近剑宗，我想以气御剑才是王道。

感谢我的妻子、女儿和父母。妻子最近对哲学产生了极为浓厚的兴趣，言必称德谟克利特、伊壁鸠鲁、维特根斯坦、康德、黑格尔云云。说实话，我是极为享受的。我希望每天浸泡在知识的海洋当中。与妻子的交流也在不断地学习，这确实是人生的享受。妻子不仅在学术研究上很投入，而且帮我承担了大量的家庭事务，这使得我可以非常自由地沉浸在对知识喜悦的享受之中。女儿已经十一岁，感觉她每天都在长大。之前我一直把她的观点看成是儿童或者青少年的视角，最近我发现其实并不是。因为她们这一代人更多地生活在电子产品之下，对人工智能和大数据有更加天然的理解。或者说，她们这代人或许比我们更能理解真正的人工智能。感谢我的父母，他们一直都在默默地支持着我。我的父亲对许多宏观问题都有非常有见地的观点，这些观点深深地影响着我。我的母亲特别乐观积极，退休之后自学了葫芦丝和太极拳等，每日辛苦练习，孜孜矻矻，这种精神时刻激励着我。

在这本著作的编辑和出版过程中，笔者得到了上海人民出版社副总编辑曹培雷女士和冯静编辑的鼎力帮助。她们对学术问题的宏观视野、严谨的编辑态度、对文字精准的要求，让我受益匪浅。

在此，我谨向所有曾经给予我支持和帮助的老师、领导、同仁、朋友和家人，表示衷心的感谢！

高奇琦

2020 年 10 月 1 日

图书在版编目(CIP)数据

人工智能治理与区块链革命/高奇琦等著.—上海：
上海人民出版社，2020
ISBN 978-7-208-16693-6

Ⅰ.①人… Ⅱ.①高… Ⅲ.①人工智能 ②区块链技术
Ⅳ.①TP18 ②F713.361.3

中国版本图书馆 CIP 数据核字(2020)第 176477 号

责任编辑 冯 静
封面设计 尚源光线

人工智能治理与区块链革命
高奇琦 等著

出　　版 上海人民出版社
（200001 上海福建中路 193 号）
发　　行 上海人民出版社发行中心
印　　刷 上海商务联西印刷有限公司
开　　本 635×965 1/16
印　　张 20.75
插　　页 2
字　　数 234,000
版　　次 2020 年 11 月第 1 版
印　　次 2020 年 11 月第 1 次印刷
ISBN 978-7-208-16693-6/D·3653
定　　价 85.00 元

“独角兽法学精品”书目

《美国法律故事：辛普森何以逍遥法外？》
《费城抉择：美国制宪会议始末》
《改变美国——25个最高法院案例》
《人工智能：刑法的时代挑战》
《链之以法：区块链值得信任吗？》
《上海法制史（第二版）》
《人工智能时代的刑法观》
《无罪之罚：美国司法的不公正》
《告密：美国司法黑洞》
《推开美国法律之门》
《美国合同法案例精解（第6版）》
《美国法律体系（第4版）》
《正义的直觉》
《失义的刑法》
《死刑——起源、历史及其牺牲品》
《制衡——罗伯茨法院里的法律与政治》
《弹劾》

人工智能

《机器人是人吗？》
《谁为机器人的行为负责？》
《人工智能与法律的对话》
《机器人的话语权》
《审判机器人》
《批判区块链》
《数据的边界：隐私与个人数据保护》
《驯服算法：数字歧视与算法规制》
《人工智能与法律的对话2》

区块链

《人工智能治理与区块链革命》

德国当代经济法学名著

《德国劳动法（第11版）》
《德国资合公司法（第6版）》
《监事会的权利与义务（第6版）》